U0930991

数据包络分析　第四卷

偏序集与数据包络分析

马占新　著

科 学 出 版 社

北 京

内 容 简 介

本书旨在研究偏序集的基本理论，探索偏序集与数据包络分析(DEA)之间的关系，并为进一步应用偏序集理论研究 DEA 方法提供理论基础. 本书共分 11 章，其中第 1 章与第 2 章主要介绍偏序集的基础知识及几种重要格的定义，并给出这些格的一些判定条件. 第 3 章给出格的一些性质；第 4 章将格论引入树形图结构中，给出树形图转化为格结构的方法；第 5 章和第 6 章主要介绍 DEA 方法的一些基本模型；第 7 章与第 8 章将偏序集理论引入 DEA 方法中，探讨如何应用偏序集理论研究 DEA 方法；第 9 章从权重角度研究 C^2R 模型的偏好性质；第 10 章应用偏序集理论给出能够改进模糊综合评价结果的定量方法；第 11 章应用偏序集理论给出多指标综合风险的评价方法.

本书可供数学系、管理系、经济系的本科生、研究生和教师使用，也适合经济、管理领域从事数据分析和评价的工作人员参考使用.

图书在版编目(CIP)数据

偏序集与数据包络分析/马占新著. —北京：科学出版社，2013.10

(数据包络分析　第四卷)

ISBN 978-7-03-038877-3

Ⅰ. 偏…　Ⅱ. ①马…　Ⅲ. ①偏序集　②统计数据—统计分析

Ⅳ. ①O153.1②　O212.1

中国版本图书馆 CIP 数据核字(2013) 第 243987 号

责任编辑：王丽平／责任校对：邹慧卿

责任印制：徐晓晨／封面设计：陈　敬

科学出版社出版

北京东黄城根北街 16 号

邮政编码：100717

http://www.sciencep.com

北京建宏印刷有限公司印刷

科学出版社发行　各地新华书店经销

*

2013 年 10 月第　一　版　开本：720×1000 1/16

2017 年 2 月第二次印刷　印张：16 1/2

字数：330 000

定价：98.00 元

(如有印装质量问题，我社负责调换)

前　言

数据包络分析(Data Envelopment Analysis, DEA) 是美国著名运筹学家 Charnes 等提出的一种效率评价方法, 经过 30 多年的发展现已成为管理学、经济学、系统科学等领域中一种常用而且重要的分析工具. 某些运筹学或经济学的主要刊物, 如*Annals of Operations Research* (1985), *European Journal of Operational Research* (1992), *Journal of Productivity Analysis* (1992), *Journal of Econometrics* (1990) 等都先后出版了 DEA 研究的特刊. 从 DEA 30 年的发展历史看, DEA 方法在经济管理学科中的应用十分广泛, 其中比较主要的方向有技术经济与技术管理、资源优化配置、绩效考评、人力资源测评、技术创新与技术进步、财务管理、银行管理、物流与供应链管理、组合与博弈、风险评估、产业结构分析、可持续发展评价等. 有关统计数据表明: 自 1978 年以来 DEA 方法的研究保持了持续、快速增长的趋势. 特别是在 2000 年以后, DEA 方法的应用迅速增长、应用的范围也在不断扩大, 已经成为经济管理学科中的热点研究领域.

我开始对 DEA 的研究是在 1996 年, 当时我刚考入大连理工大学管理学院攻读博士学位, 在导师唐焕文教授的指导下开始研读 DEA 方面的文章, 并把对 DEA 的研究作为博士学位论文的选题方向. 从那时开始我一直在这个领域工作和 DEA 方法结下了不解之缘. 从 2008 年开始, 我想对以往的工作进行一次系统梳理和归纳, 陆续出版了《数据包络分析模型与方法》《广义数据包络分析方法》和《数据包络分析方法及其应用案例》三部专著. 但总感觉还有一部分重要的研究内容和它的脉络没有被系统阐述, 这就是偏序集和 DEA 之间的关系.

我对偏序集理论的研究主要是在攻读硕士学位期间, 1993 年 6 月我被推荐为内蒙古大学格论和模糊数学方向的研究生, 在导师赵萃魁教授的指导下从事格论方面的研究. 1996 年之后我的研究方向转向了管理科学与工程领域. 由于传统 DEA 方法产生的基础是经济系统的公理体系, 所以并不一定适合非经济领域的问题. 另外, 传统 DEA 方法是一种效率评价方法, 而效率只是管理的一部分, DEA 方法是否还可以在管理学的更广泛领域上发挥作用仍需进一步研究. 为了解决这些问题, 我从 1996 年开始试图寻找一种新的、更具广泛性的 DEA 理论基础. 在导师唐焕文教授和赵萃魁教授的鼓励下, 我开始探讨数据包络分析与偏序集理论之间的关系. 先后证明了 C^2R 模型、BC^2 模型刻画的 DEA 有效性实际上就是在经验状态下决策者偏好的极大 (1999 年, 大连理工大学学报), 进而应用偏序集理论探讨了 DEA 方法的数据变换性质 (1999 年, 系统工程学报); 并应用偏序集理论刻画 DEA 有效决策单元的本质特征, 证明了 DEA 有效决策单元 (C^2R、BC^2, C^2WH、C^2W、C^2WY) 本质上就是某一偏序集的极大元 (2002 年, 系统工程学报; 2003 年, 系统工程理论与实践); 另外, 探讨了偏序集理论在 DEA 相关理论中的应用问题 (2002 年, 系统工程学报) 以及基于偏好理论的 DEA 方法在风险评估 (2001 年, 系统工程与电子技术)、模糊综合评判 (2001 年, 模糊系统与数学) 等方面的应用. 到 2003 年为止, 用了 8 年时间初步建立了基于偏好理论的 DEA 方法理论新体系. 通过研究发现: ①从偏序集的理论出发不仅可以刻画 DEA 有效的本质特征、给出不同于 Charnes 和 Cooper 等的原始解释, 而且, 还可能为离散型 DEA 模型的建立找到出路. ②该理论打通了 DEA 方法与其他众多传统评价理论之间的联系. 例如, 原有的模糊综合评判方法只能评价结果的好坏, 而不能说明无效的原因, 该结果的提出为这一问题的解决找到了出路. ③由于传统 DEA 方法产生的基础是经济系统的公理体系, 所以并不一定适合非经济领域的问题. 该项研究为 DEA 方法在非经济领域中的应用找到了根据.

2003 年, 木仁被推荐为内蒙古大学格论和模糊数学方向的研究生, 在我的师兄张昆龙教授指导下, 从事格等式定义方面的研究工作 (2010 年, 数学的实践与认识). 2009 年, 木仁考取了我的博士生, 参与有关基于偏序集理论 DEA 方法的研究 (系统工程与电子技术, 2012).

本书的内容主要取材于上述工作. 在本书的撰写过程中, 木仁与我合作研究了第 2 章和第 9 章的内容, 马生昀与我合作了第 5 章的内容并协助我完成书稿的后续校对工作.

为了帮助读者更好地阅读本书, 在内容安排上, 尽量保持内容的简洁性、完整性和易读性. 同时, 尽量保持每个章节的独立性和完整性, 以便于读者在阅读时能够更加清晰和便利, 其中第 1 章主要介绍偏序集的基础知识; 第 2 章主要介绍格及几种重要的特殊格的定义, 并给出这些格的一些判定条件; 第 3 章给出格的一些性质, 包括格的子格格长度及其包含五边形格的数量估计式; 第 4 章将格论引入树形图结构中, 给出树形图转化为格结构的办法; 第 5 章和第 6 章主要介绍 DEA 的一些基本模型; 第 7 章将偏序集理论引入 DEA 方法中, 证明 DEA 有效单元与偏序集极大元之间的关系; 第 8 章探讨如何应用偏序集理论研究 DEA 方法的相关性质; 第 9 章通过引入一种特殊的序关系对 C^2R 模型的相关性质进行系统研究; 第 10 章将偏序集理论与模糊综合评判方法相结合, 给出能够改进模糊综合评价结果的定量方法; 第 11 章将偏序集理论与风险评估方法相结合, 给出多指标综合风险的评价方法.

在我研究的过程中, 得到了许多前辈和朋友的大力支持, 美国著名管理运筹学家 Cooper 教授、中国人民大学魏权龄教授给予我许多指导和帮助, 在此表示深深的感谢! 同时, 也要深深感谢一直关心和支持我的同学、同事和朋友们, 你们的支持和帮助是我前进的动力. 最后, 我还要特别感谢父母和家人几十年来默默的支持和无私的帮助.

本书的出版得到了国家自然科学基金 (项目编号: 71261017, 70961005, 70501012) 的连续资助, 在此表示深深的感谢!

马占新

2013 年 1 月于内蒙古大学

目　　录

第 1 章 偏序集及其相关理论

偏序集理论是本书研究内容的基础. 本章首先介绍集合的概念及其性质. 其次, 进一步介绍偏序集和偏序关系的有关概念. 选择这些内容作为初学者学习的基础知识和介绍后续工作的预备知识. 本章内容主要来源于文献 [1]~[5].

1.1 集 合

1.1.1 集合的概念

集合是数学中最基本的概念之一, 它像几何学中的 "点""直线" 一样, 不能用别的概念加以定义. 以下仅给出描述性的说明.

所谓一个**集合**是指具有某一特定性质的事物 (或对象) 的全体. 组成一个集合的每个事物 (或对象) 称为该集合的**元素**.

下面举几个集合的例子来进一步说明.

例 1.1 某学校的全体教师.

例 1.2 某班级的全体同学.

例 1.3 方程

$$x^2 - 4x + 4 = 0$$

的所有根.

例 1.4 全体实数.

一个集合的各个元素必须是彼此互异的, 并且哪些事物是给定集合的元素必须是明确的. 例如, 某班全体高个子人构不成集合, 因为高个子这一词没有明确的定义. 一个人究竟算不算高个子并没有明确的界限. 但如果说某班身高高于 180cm 的全体学生就能构成集合.

一般将集合用大写拉丁字母 A, B, C 等表示, 集合中的元素用小写拉丁字母 a, b, c 等表示. 元素与集合的关系有且仅有两种关系: 属于和不属于; 如果 a 是集合 A 的一个元素, 则记作 $a \in A$, 读作 "a 属于 A"; 如果 a 不是集合 A 的元素, 则记作 $a \notin A$, 读作 "a 不属于 A".

一个具体的集合 A 可以通过列举其元素 $a, b, c, \cdots$ 来定义, 并记为

$$A = \{a, b, c, \cdots\},$$

也可以通过该集合中的各元素必须且只需满足的条件 p 来定义, 并记为

$$A = \left\{x | x\text{满足条件}p\right\}.$$

例如, 由 1, 3, 5, 7 构成的集合可表示为

$$C = \{1, 3, 5, 7\},$$

由

$$x^2 - 5x + 5 = 0$$

的所有根所构成的集合 D 可表示为

$$D = \{x | x^2 - 5x + 5 = 0\}.$$

如果一个集合不含任何元素, 则称其为**空集**, 记为 $\varnothing$.

例如, 若 $\mathbf{R}$ 为实数集, 则

$$E = \{x | x^2 + 1 = 0, x \in \mathbf{R}\}$$

就是一个空集.

只含有有限个元素的集合称为**有限集**. 否则, 称为**无限集**.

例 1.1、例 1.2 和例 1.3 中的集合都是有限集, 例 1.4 中的集合则是一个无限集.

设有两个集合 A 和 B, 如果集合 A 的任何元素都属于集合 B, 则称集合 A 为集合 B 的**子集**, 记作 $A \subseteq B$(或 $B \supseteq A$), 读作 A 包含于 B(或 B 包含 A).

如果 $A \subseteq B$, 且存在 $b \in B$, 但 $b \notin A$, 则称 A 是 B 的**真子集**, 记为 $A \subset B$.

例 1.5 若 $\mathbf{R}$ 为实数集,

$$A = \{x | 2 < x < 5, x \in \mathbf{R}\},$$

$$B = \{x | 2 < x < 4, x \in \mathbf{R}\},$$

显然, B 是 A 的子集, 即 $B \subseteq A$. 因 $4 \in A$, 但 $4 \notin B$, 故 B 还是 A 的真子集.

根据定义易知, 任何一个集合 A 都是它自身的子集, 即 $A \subseteq A$. 空集是任何一个集合 A 的子集, 即 $\varnothing \subseteq A$.

如果两个集合 A 和 B 满足

$$B \subseteq A\text{且}A \subseteq B,$$

则集合 A 和 B 相等, 记为 $A = B$.

1.1.2 集合的运算

设 A, B 是任意两个集合, 则由所有既属于集合 A 又属于集合 B 的元素组成的集合称为 A 与 B 的**交集**(或交), 记为 $A\cap B$, 读作 A 交 B. 显然

$$A\cap B=\{x|x\in A \text{ 且 } x\in B\}.$$

由所有属于 A 或 B 的元素组成的集合称为 A 与 B 的**并集**(或并), 记为 $A\cup B$, 读作 A 并 B. 显然

$$A\cup B=\{x|x\in A \text{ 或 } x\in B\}.$$

由所有属于集合 A 但不属于集合 B 的元素组成的集合称为 A 与 B 的**差集**(或差), 记为 $A-B$.

$$A-B=\{x|x\in A \text{ 且 } x\notin B\}.$$

特别地, 若集合 B 是集合 A 的子集, 则差集 $A-B$ 被称为 B 在 A 内的**余集**(或**补集**), 记为 $\overline{B}$.

集合的交、并和差运算可以用图 1.1 表示如下.

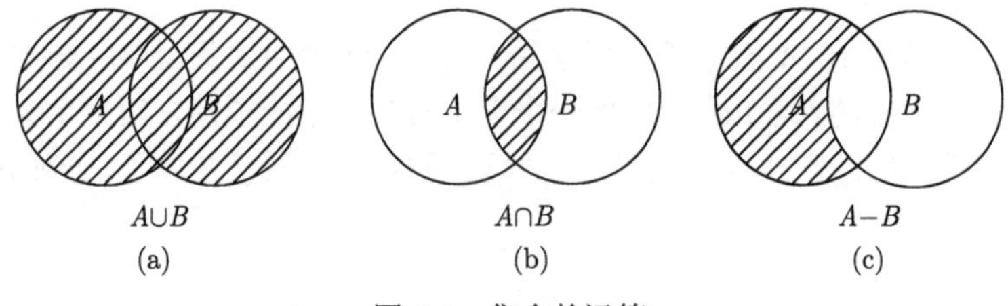

图 1.1　集合的运算

集合的交、并和差运算的基本性质可以概括如下.

(1) 幂等律

$$A\cap A=A,$$
$$A\cup A=A.$$

(2) 交换律

$$A\cap B=B\cap A,$$
$$A\cup B=B\cup A.$$

(3) 结合律

$$A\cap(B\cap C)=(A\cap B)\cap C,$$
$$A\cup(B\cup C)=(A\cup B)\cup C.$$

(4) 分配律

$$A\cap(B\cup C)=(A\cap B)\cup(A\cap C),$$
$$A\cup(B\cap C)=(A\cup B)\cap(A\cup C).$$

(5) 吸收律

$$A \cap (B \cup A) = A,$$
$$A \cup (B \cap A) = A.$$

1.1.3 映射

设 A 与 B 为给定的两个集合, 则集合 A 到集合 B 的一个**映射**f 是指一个对应法则, 它使集合 A 中的任何一个元素 a 都有集合 B 中唯一确定的元素 b 与之对应. 记为

$$f : A \to B,$$
$$a \mapsto b,$$

其中 b 称为 a 在 f 下的**象**, 记为 $f(a)$; a 称为 b 的一个**原象**. 集合 A 称为映射 f 的**定义域**, 记为 D_f; 而 A 中所有元素的象 $f(a)$ 的集合

$$\{f(a)|a \in A\}$$

称为映射 f 的值域, 记为 $f(A)$.

例 1.6　设集合 A 表示管理科学系一班的全体学生, 集合 B 表示管理科学系一班的全体学生的入学成绩, 将每一个学生与其入学成绩建立对应关系, 则每一个学生都有唯一的入学成绩与之对应, 故这样的对应关系就构成了 A 到 B 的映射 (图 1.2).

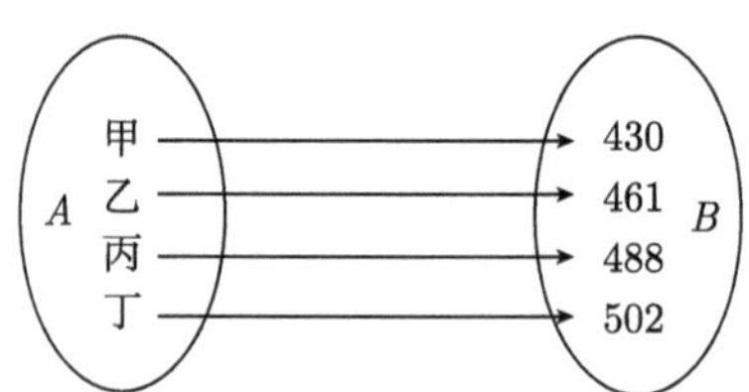

图 1.2　学生与入学成绩的对应关系

例 1.7　设 A 表示 -7 和 6 之间的全体偶数, B 表示 -7 和 6 之间的全体奇数. 将每一个偶数与小于该偶数且最接近该偶数的奇数建立对应关系, 则每一个偶数都有唯一的奇数与之对应, 这样的对应关系构成了 A 到 B 的映射 (图 1.3).

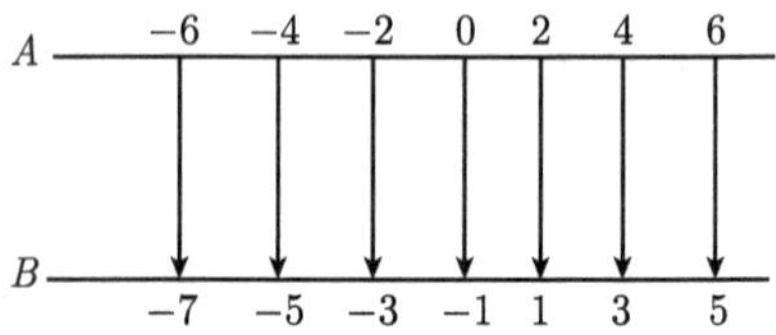

图 1.3　集合 A 与集合 B 的对应关系

从例 1.6 和例 1.7 可以看出, 构成一个映射必须具备下列三个基本要素:

(1) 定义域 $D_f = A$;

(2) $f(A) \subseteq B$;

(3) 对于每一个 $a \in A$, 有唯一确定的 $b = f(a)$ 与之对应.

需要强调的是

(1) 映射要求元素的象必须是唯一的;

(2) 映射并不要求象的原象也是唯一的.

设 f 是集合 A 到集合 B 的一个映射, 对任意 $a_1, a_2 \in A$, 若 $a_1 \neq a_2$, 必有 $f(a_1) \neq f(a_2)$, 则称 f 为 A 到 B 的一个**单射**; 若对任意 $b \in B$, 均存在 $a \in A$, 使得 $f(a) = b$, 则称 f 为 A 到 B 的一个**满射**; 如果映射 f 既是单射, 又是满射, 则称 f 为**双射**(或称一一映射).

如果映射 f 为双射, 则对任意 $b \in B$, 它的原象 $a \in A$ 是唯一确定的. 于是, 这种对应关系 $g : B \to A$ 构成了 B 到 A 上的一个映射, 称为 f 的**逆映射**, 记为 f^{-1}. f^{-1} 定义域为 B, 值域为 $f^{-1}(B) = A$.

假设 A, B, C 是三个给定的集合, 映射

$$f : A \to B, \quad g : B \to C,$$

则由 f, g 确定 A 到 C 的一个新映射

$$\begin{aligned} h : A &\to C, \\ a &\mapsto g(f(a)), \end{aligned}$$

称为 f 与 g 的**复合映射**, 记为 $h = g \cdot f$(或 gf).

例 1.8　如果有两个映射

$$\begin{aligned} g : \mathbf{R} &\to [-1, 1], \\ x &\mapsto \sin x \end{aligned}$$

和

$$\begin{aligned} f : [-1, 1] &\to [0, 1], \\ x &\mapsto x^2, \end{aligned}$$

则映射 f 和映射 g 可构成复合映射 $f \cdot g : \mathbf{R} \to [0, 1]$, 对 $\mathbf{R}$ 中的任一元素 x, 有对应关系

$$(f \cdot g)(x) = f(g(x)) = f(\sin x) = (\sin x)^2.$$

而映射 g 和映射 f 可构成复合映射

$$g \cdot f : [-1, 1] \to [0, \sin 1],$$

对 $[-1,1]$ 中的任一元素 x, 有对应关系

$$(g\cdot f)(x)=g(f(x))=g(x^2)=\sin(x^2).$$

显然, 映射 $f\cdot g$ 和映射 $g\cdot f$ 是两个不同的映射, 这表明两个映射复合时与次序是有关系的.

例 1.9　假设有两个映射

$$\begin{aligned}f:\mathbf{R}&\to[-1,1],\\ x&\mapsto\cos x\end{aligned}$$

和

$$\begin{aligned}g:[0,+\infty)&\to[0,+\infty),\\ x&\mapsto\sqrt{x},\end{aligned}$$

则映射 f 和映射 g 可构成复合映射

$$f\cdot g:[0,+\infty)\to[-1,1],$$

对 $[0,+\infty)$ 中的任一元素 x, 有对应关系

$$(f\cdot g)(x)=f(g(x))=f\left(\sqrt{x}\right)=\cos\sqrt{x}.$$

由于 $f(\mathbf{R})\not\subset D_g$, 故映射 g 和 f 不能复合, 但这并不表明 $\sqrt{\cos x}$ 就没有意义, 这可以通过限制原映射的定义域或值域之后再复合. 一般给出的复合映射的定义域应该使得该表达式有意义.

1.2　偏序集和偏序关系

1.2.1　关系

给定 n 个集合 $S_1,S_2,\cdots,S_n$(n 是自然数), 称 $S_1\times S_2\times\cdots\times S_n$ 的子集 R 为集合 $S_1,S_2,\cdots,S_n$ 间的一个 n 元关系.

特别地, 当

$$S_1=S_2=\cdots=S_n=S$$

时, 称 R 为集合 S 上的一个 n 元关系.

如果

$$(a_1,a_2,\cdots,a_n)\in R\ (a_i\in S_i,i=1,2,\cdots,n),$$

则称有序元素组 $a_1,a_2,\cdots,a_n$ 具有关系 R, 记作 $(a_1,a_2,\cdots,a_n)R$; 否则, 称 $a_1,a_2,\cdots,a_n$ 不具有关系 R, 记作 $(a_1,a_2,\cdots,a_n)\overline{R}$.

若 R 是 S 上的一个二元关系(即 $R\subseteq S\times S$), 常将 $(a_1,a_2)R$ 记为 a_1Ra_2, 而将 $(a_1,a_2)\overline{R}$ 记为 $a_1\overline{R}a_2$. 显然对任意的 $a,b\in S$, 要么 aRb, 要么 $a\overline{R}b$, 且二者仅有一个成立.

例 1.10 设 $A=\mathbf{R}$(实数集合),

$$R_1=\{(a,b)|a,b\in\mathbf{R},b-a>0\},$$

$$R_2=\{(a,b)|a,b\in\mathbf{R},a^2+b^2<1\},$$

则 R_1,R_2 都是实数集 $\mathbf{R}$ 上的二元关系, 对任意的 $a,b\in\mathbf{R}$, aR_1b 当且仅当 $a<b$; aR_2b 当且仅当平面上的点 (a,b) 位于单位圆内.

二元关系通常可用图形表示出来, 例如, 例 1.10 中的 R_1,R_2 可用图形表示如下 (图 1.4).

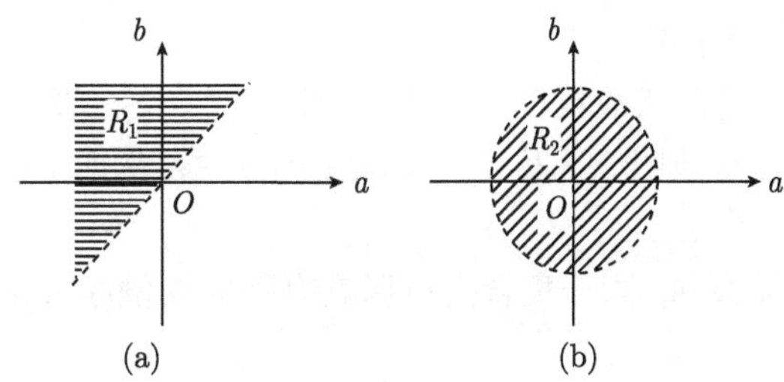

图 1.4 关系 R_1 和 R_2

设 R 是 S 上的一个二元关系, 则 R 可能会满足下面的某些特殊性质:

(1) 自反性: 对任意的 $x\in S,xRx$;

(2) 对称性: 若 xRy, 则 yRx;

(3) 反对称性: 若 xRy,yRx, 则 $x=y$;

(4) 传递性: 若 xRy,yRz, 则 xRz;

(5) 逆传递性: 若 yRx,zRy, 则 xRz;

(6) 右可比性: 若 xRy,zRy, 则 xRz;

(7) 左可比性: 若 yRx,yRz, 则 xRz;

(8) 右全性: 对任意的 $y\in S$, 存在 $x\in S$, 使得 xRy;

(9) 左全性: 对任意的 $x\in S$, 存在 $y\in S$, 使得 xRy.

如果一个二元关系满足自反性、对称性与传递性, 则称其为**等价关系**.

如果一个二元关系满足自反性、反对称性与传递性, 则称其为**偏序关系**, 带有偏序关系的集合称为**偏序集**.

下面对偏序关系的相关问题进行进一步讨论.

1.2.2　偏序集与偏序关系

设 P 是一个集合, P 上的一个二元关系 $\ll$ 如果满足下述三个条件:

(1) 自反性: 对任意的 $a \in P, a \ll a$;

(2) 反对称性: 对任意的 $a, b \in P$, 若 $a \ll b, b \ll a$, 则有 $a = b$;

(3) 传递性: 对任意的 $a, b, c \in P$, 若 $a \ll b, b \ll c$, 则有 $a \ll c$,

则称二元关系 $\ll$ 为**偏序关系**(或**半序关系**), 此时称 $(P, \ll)$(或简称 P) 为一个**偏序集**(或**半序集**).

对任意的 $a, b \in P$, 若 $a \ll b$, 则读作 "a 含于 b" 或 "a 小于或等于 b". 如果 $a \ll b$ 或者 $b \ll a$, 则称 a 与 b 是**可比**的, 否则, 称 a 与 b 是**不可比**的. 记为 $a||b$.

假设 $a, b \in P, a \ll b, a \neq b$, 如果不存在 $x \in P$, 使得 $a \ll x \ll b$ 且 $a \neq x, x \neq b$, 则称 b **覆盖** a 或 a 被 b 覆盖, 记为 $b \succ a$ 或 $a \prec b$.

例 1.11　设 A 是任意一个集合, $P(A)$ 是 A 的幂集, $\subseteq$ 表示集合包含关系, 则 $(P(A), \subseteq)$ 构成一个偏序集.

例 1.12　设 $\mathbf{N}$ 是自然数集合, "$|$" 表示整除关系, "$\leqq$" 表示通常意义下的 "小于或等于关系", 则容易证明 "$|$" 及 "$\leqq$" 均是偏序关系, 从而 $(\mathbf{N}, |)$ 与 $(\mathbf{N}, \leqq)$ 都是偏序集.

通过例 1.12 不难发现, 同一集合上可以具有不同的偏序关系, 它们应被视为不同的偏序集.

设 $(P, \ll)$ 是一个偏序集, 如果 P 中的任意两个元素均是可比的, 则称 $(P, \ll)$ 是一个**全序集**(或**链**), 此时将偏序关系 $\ll$ 称为**线性序**(或**全序**); 反之, 如果 P 中的任意两个不同元素均是不可比的, 则称 $(P, \ll)$ 是一个**非序集**(或**反链**).

例如, 例 1.12 中的 $(\mathbf{N}, \leqslant)$ 就是一个全序集.

设 $(P, \ll)$ 是一个偏序集, A 是 P 的一个非空子集, 若 $a \in P$, 对任意的 $x \in A$, 均有 $x \ll a$, 则称 a 为 A 的一个**上界**; 若 $a \in A$, 对任意的 $x \in A$, 均有 $x \ll a$, 则称 a 为 A 一个**最大元**; 对于一个元 $b \in A$, 若不存在 $y \in A$, 使得 $b \ll y$, 且 $b \neq y$, 则称 b 为 A 的一个**极大元**.

对应地, 可以定义**下界**, **最小元**与**极小元**的定义.

特别地, 如果偏序集 $(P, \ll)$ 存在最大元, 则也称为**单位元**, 记为 1; 同样地, 如果 $(P, \ll)$ 存在最小元, 则称为**零元**, 记为 0.

显然, 最大元一定是极大元, 但反之未必成立; 同样地, 最小元一定是极小元, 但反之也未必成立.

设偏序集 $(P, \ll)$ 的子集 A 有上界, 如果上界的集合作为 P 的子集有最小元, 则这个最小上界称为 A 的**上确界**, 记为 $\sup A$ 或 $\vee A$.

类似地, A 的最大下界称为 A 的**下确界**, 记为 $\inf A$ 或 $\wedge A$.

有时也可以用几何图形来表示偏序集的结构. 假设 $(P,\ll)$ 是一个偏序集, 如果将 P 中的每个元素都用一个小圆圈在同一个平面上表示出来, 当 a 覆盖 b 时, 将 a 画在 b 的上方, 并用线段将 a,b 连接起来. 这样得到的图形称为偏序集 $(P,\ll)$ 的**Hasse 图**.

例 1.13 假设 $P=\{1,2,3,\cdots,11\}$, $\ll$ 表示数的整除关系, 则 $(P,\ll)$ 构成一个偏序集, 其 Hasse 图如图 1.5 所示.

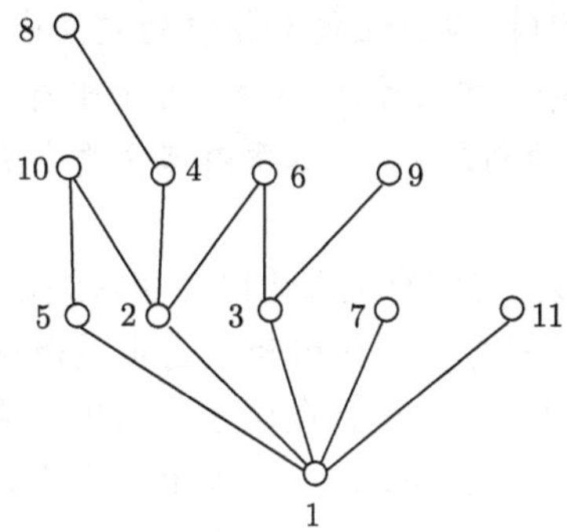

图 1.5 集合 P 的 Hasse 图

在图 1.5 中 6, 7, 8, 9, 10, 11 均是极大元, 但它们均不是最大元. 1 是极小元, 同时它也是该偏序集中的零元.

设 $(P,\ll)$ 与 $(Q,\ll_1)$ 是两个偏序集, 称映射 $f:P\to Q$ 为**序同态**(或**保序**的), 如果 f 满足以下条件

$$x\ll y\Rightarrow f(x)\ll_1 f(y)(\forall x,y\in P).$$

如果 f 是一个双射, 并且满足以下条件,

$$x\ll y\Rightarrow f(x)\ll_1 f(y)(\forall x,y\in P),$$

$$f(x)\ll_1 f(y)\Rightarrow x\ll y(\forall x,y\in P),$$

则称映射 f 为**序同构**(或**同构**).

参 考 文 献

[1] Gratzer G. General lattice theory[M]. New York: Academic Press, 1978

[2] 胡长流, 宋振明. 格论基础 [M]. 开封: 河南大学出版社, 1990

[3] 熊金城. 点集拓扑讲义 [M]. 北京: 高等教育出版社, 1990

[4] 程其襄, 张奠宙, 魏国强, 等. 实变函数与泛函分析基础 [M]. 北京: 高等教育出版社, 1991

[5] 陈杰. 格论初步 [M]. 呼和浩特: 内蒙古大学出版社, 1990

第 2 章　格的概念及其特征

首先, 介绍格及一些重要特殊格的概念. 其次, 给出格的四条件和三条件等价定义等式. 同时, 从分配格和模格的定义出发, 给出分配格和模格的二条件和三条件等价定义等式. 另外, 也给出有 1 模格的等价定义等式. 最后, 给出半模格的判定定理. 本章内容主要来源于文献 [1]~[3].

格是一类重要的偏序集, 格的有关理论已经深入到数学的许多分支, 在抽象代数、射影几何、点集论、拓扑学、泛函分析、逻辑及概率论等许多领域都有广泛的应用 [4]. 在格的定义方面, 人们一直在探索如何用较少和较短等式来定义格及特殊格的问题 [5−7]. 1970 年, McKenzie R 提出的用于定义格的单一等式长度为 30 0000, 含变量 34 个 [6]. 1977 年, Padmanabhan 给出的单一等式长度为 243, 变量个数为 7[8]. 1996 年, McCune 给出的定义格的单一等式长度缩减到 79, 变量个数缩减到 7[9]. 2003 年定义格的等式总长度已经降到 29, 变量个数为 8[10]. 在对格的单一等式定义探讨的同时, 对特殊格的相关问题的研究也一直在进行. 本章主要在已有结论的基础上, 开展了以下三方面的工作.

(1) 针对格的等价定义等式问题, 给出格的四条件和三条件等价定义等式.

(2) 从分配格和模格的基本定义出发给出分配格的二条件和三条件等价定义等式、模格的二条件与三条件等价定义等式. 同时也给出有 1 模格的等价定义等式.

(3) 给出半模格的判定定理.

2.1　格的概念

2.1.1　格的定义

定义 2.1[11]　偏序集 $(L,\ll)$ 称为**格**, 如果对任意两个元 $a,b\in L$, $\sup\{a,b\}$ 和 $\inf\{a,b\}$ 都存在.

例 2.1[11]　设 $\mathbf{R}$ 是实数集, “$\leqq$” 表示通常意义下的 “小于等于关系”, 则 $(\mathbf{R},\leqq)$ 就构成了一个格. 对任意两个元 $a,b\in\mathbf{R}$, 则

$$\inf\{a,b\}=\min\{a,b\},\quad \sup\{a,b\}=\max\{a,b\}.$$

例 2.2[11] 设 A 是一个非空集合, 则 $(P(A),\subseteq)$ 也是一个格. 对任意两个元 $a,b\in P(A)$, 有

$$\inf\{a,b\}=a\cap b,\quad \sup\{a,b\}=a\cup b.$$

如果在格 $(L,\ll)$ 上定义两个运算 $\vee$ 和 $\wedge$, 满足对任意 $a,b\in L$, 有

$$a\vee b=\sup\{a,b\},\quad a\wedge b=\inf\{a,b\},$$

则称 $(L;\vee,\wedge)$ 为由格 $(L,\ll)$ 所诱导的代数系统. $\vee$ 和 $\wedge$ 分别称为并运算与交运算.

定理 2.1[11] 如果 $(L,\ll)$ 是一个格, 则对于任意 $a,b,c\in L$, 运算 $\vee$ 和 $\wedge$ 满足下述 8 个条件.

(L_1) $a\vee a=a, a\wedge a=a$ (幂等律),

(L_2) $a\vee b=b\vee a, a\wedge b=b\wedge a$ (交换律),

(L_3) $(a\vee b)\vee c=a\vee(b\vee c), (a\wedge b)\wedge c=a\wedge(b\wedge c)$ (结合律),

(L_4) $a\vee(a\wedge b)=a, a\wedge(a\vee b)=a$ (吸收律).

证明 条件 (L_1)、条件 (L_2) 和条件 (L_4) 显然成立. 以下主要证明条件 (L_3) 成立. 设

$$x=a\vee b,\quad y=x\vee c,\quad z=b\vee c,\quad w=a\vee z,$$

由于

$$x=a\vee b,\quad a\vee b=\sup\{a,b\},$$

故有

$$a\ll x,\quad b\ll x.$$

又因为

$$y=x\vee c,$$

所以

$$x\ll y,\quad c\ll y,$$

由此可得

$$a\ll x\ll y,\quad b\ll x\ll y,\quad c\ll y,$$

从而

$$z=b\vee c\ll y,\quad w=a\vee z\ll y.$$

同理, 也有

$$y\ll w.$$

即得

$$(a \vee b) \vee c = a \vee (b \vee c).$$

对于

$$(a \wedge b) \wedge c = a \wedge (b \wedge c)$$

的情况类似可证. 证毕.

定义 2.2[12] 非空代数 $L = (L; \vee, \wedge)$ 称为格, 如果运算 $\vee$ 和 $\wedge$ 满足上述条件 $(\mathrm{L}_1) \sim$ 条件 (L_4).

如果 P 是关于偏序集的一个命题, 则把 P 中所有 "$\ll$" 与 "$\gg$" 互换得到的命题 P', 称为 P 的**对偶命题**.

如果 P 是一个关于格 $(L; \vee, \wedge)$ 的命题, 则把 P 中所有 "$\vee$" 与 "$\wedge$" 互换得到的命题 P', 称为 P 的**对偶命题**.

对于偏序集和格存在以下对偶原理[12]:

(1) 如果命题 P 对所有的偏序集都成立, 则 P 的对偶命题也对所有的偏序集成立.

(2) 如果命题 P 对所有的格 $(L; \vee, \wedge)$ 成立, 则 P 的对偶命题也对所有的格成立.

2.1.2 格的等价定义等式

从定义 2.2 中可以看出, 格的定义可以用格等式来定义. 那么是否可以用更短更少变量的格等式来定义格呢? 以下对这一问题进行进一步研究.

1. 格的六条件等价定义

定理 2.2 表明: 在格的 8 个条件定义 (定义 2.2) 中幂等律是多余的.

定理 2.2[11] 非空代数 $L = (L; \vee, \wedge)$ 构成一个格, 当且仅当对于任意 $a, b, c \in L$, 运算 $\vee$ 和 $\wedge$ 满足下述 6 个条件.

(1) $a \vee b = b \vee a, a \wedge b = b \wedge a$ (交换律),

(2) $(a \vee b) \vee c = a \vee (b \vee c), (a \wedge b) \wedge c = a \wedge (b \wedge c)$ (结合律),

(3) $a \vee (a \wedge b) = a, a \wedge (a \vee b) = a$ (吸收律).

证明 事实上, 只需在吸收律等式当中分别取 $b = a \wedge a$, $b = a \vee a$, 则有

$$a \wedge (a \vee (a \wedge a)) = a \wedge a = a,$$

$$a \vee (a \wedge (a \vee a)) = a \vee a = a.$$

证毕.

2. 格的四条件等价定义

在计算格等式的长度时, 变量、交、并运算符号和等号计入长度大小, 但括号不计算. 计算变量个数时, 只计算在格等式中出现的不同变量个数. 事实上, 定义格的等式可以进一步减少, 即可以用 McKenzie 等式来定义一个格.

定理 2.3[6] 非空代数 $L=(L;\vee,\wedge)$ 构成一个格, 当且仅当对于任意 $a,b,c\in L$, 运算 $\vee$ 和 $\wedge$ 满足下述 4 个条件.

(1) $a\vee(b\wedge(a\wedge c))=a$,

(2) $a\wedge(b\vee(a\vee c))=a$,

(3) $((b\wedge a)\vee(a\wedge c))\vee a=a$,

(4) $((b\vee a)\wedge(a\vee c))\wedge a=a$.

根据定理 2.3 可以进一步给出以下结论, 即可以用以下 4 个条件定义一个格.

定理 2.4 非空代数 $L=(L;\vee,\wedge)$ 构成一个格, 当且仅当对于任意 $a,b,c\in L$, 运算 $\vee$ 和 $\wedge$ 满足下述 4 个条件.

(1) $(a\vee b)\vee c=(c\vee b)\vee a$,

(2) $(a\wedge b)\wedge c=(c\wedge b)\wedge a$,

(3) $a\vee(b\wedge a)=a$,

(4) $a\wedge(b\vee a)=a$.

证明 若非空代数 $L=(L;\vee,\wedge)$ 构成一个格, 定理 2.4 中的条件 (1)~ 条件 (4) 显然成立. 反之, 在定理 2.4 的条件 (1) 和条件 (2) 中取 $c=b$, 则有

$$(a\vee b)\vee b=(b\vee b)\vee a, \tag{2.1.1}$$

$$(a\wedge b)\wedge b=(b\wedge b)\wedge a. \tag{2.1.2}$$

由定理 2.4 的条件 (3) 和条件 (4), 可知

$$a\wedge b=(a\wedge b)\wedge(b\vee(a\wedge b))=(a\wedge b)\wedge b, \tag{2.1.3}$$

$$a\vee b=(a\vee b)\vee(b\wedge(a\vee b))=(a\vee b)\vee b. \tag{2.1.4}$$

由式 (2.1.1) 和式 (2.1.4) 可知

$$a\vee b=(b\vee b)\vee a. \tag{2.1.5}$$

由式 (2.1.2) 和式 (2.1.3) 可知

$$a\wedge b=(b\wedge b)\wedge a. \tag{2.1.6}$$

在定理 2.4 的条件 (3) 和条件 (4) 中分别取 $b=d\wedge d$, $b=d\vee d$, 则有

$$a \vee ((d \wedge d) \wedge a) = a, \quad a \wedge ((d \vee d) \vee a) = a. \tag{2.1.7}$$

由式 (2.1.5)~ 式 (2.1.7) 可得

$$a \vee (a \wedge d) = a, \quad a \wedge (a \vee d) = a. \tag{2.1.8}$$

在式 (2.1.8) 中分别取 $d = a \wedge a$, $d = a \vee a$, 则有幂等律成立,

$$a \wedge a = a, \quad a \vee a = a. \tag{2.1.9}$$

由式 (2.1.5)、式 (2.1.6) 和式 (2.1.9) 可知, 交换律成立,

$$a \vee b = b \vee a, \quad a \wedge b = b \wedge a. \tag{2.1.10}$$

由定理 2.4 中的条件 (1)、条件 (2) 和式 (2.1.10) 可得结合律成立,

$$(a \vee b) \vee c = a \vee (b \vee c), \quad (a \wedge b) \wedge c = a \wedge (b \wedge c).$$

由定理 2.2 可知代数 $L = (L; \vee, \wedge)$ 构成一个格. 证毕.

3. 格的三条件等价定义

定理 2.5 表明一个格可以用以下 3 个条件来定义.

定理 2.5　非空代数 $L = (L; \vee, \wedge)$ 构成一个格, 当且仅当对于任意 $a, b, c, d \in L$, 运算 $\vee$ 和 $\wedge$ 满足下述 3 个条件.

(1) $a \vee a = a$,

(2) $((a \vee b) \vee c) \wedge (d \vee ((a \vee b) \vee c)) = (c \vee b) \vee a$,

(3) $((a \wedge b) \wedge c) \vee (d \wedge ((a \wedge b) \wedge c)) = (c \wedge b) \wedge a$.

证明　若非空代数 $L = (L; \vee, \wedge)$ 构成一个格, 定理 2.5 中的条件 (1)~ 条件 (3) 显然成立. 反之, 在条件 (2) 中令 $b = a, c = a$, 并利用条件 (1) 可得

$$a \wedge (d \vee a) = a. \tag{2.1.11}$$

令 $d = a$, 进一步可得

$$a \wedge a = a, \tag{2.1.12}$$

在条件 (3) 中令 $b = a, c = a$, 并利用式 (2.1.12) 可得

$$a \vee (d \wedge a) = a. \tag{2.1.13}$$

由条件 (2) 和式 (2.1.11) 可得

$$(a \vee b) \vee c = (c \vee b) \vee a.$$

由条件 (3) 和式 (2.1.13) 可得

$$(a \wedge b) \wedge c = (c \wedge b) \wedge a,$$

由定理 2.4 可知, 非空代数 $L=(L;\vee,\wedge)$ 构成一个格. 证毕.

4. 格的二条件等价定义

Kalman 在 1968 年给出了以下结论 [11].

一个非空代数 $L=(L;\vee,\wedge)$ 构成一个格, 当且仅当对于任意 $a,b,c,d,e,f \in L$ 满足

$$(b \wedge a) \vee a = a,$$

$$(((a \wedge b) \wedge c) \vee d) \vee e = (((b \wedge c) \wedge a) \vee e) \vee ((f \vee d) \wedge d).$$

5. 格的单一等式等价定义

文献 [10] 应用计算机进行分析认为, 一个格可以用以下长度为 29 含有 8 个变量的单一等式来定义:

$$(((b \vee a) \wedge a) \vee (((c \wedge (a \vee a)) \vee (d \wedge a)) \wedge e)) \wedge (f \vee ((g \vee a) \wedge (a \vee h))) = a.$$

2.2　分配格及其等价定义

2.2.1　分配格的定义

以下首先给出分配格的定义.

定义 2.3　如果 $L=(L;\vee,\wedge)$ 是一个格, 对于任意 $a,b,c \in L$ 均满足以下两个条件当中的任一条件:

(1) $a \wedge (b \vee c) = (a \wedge b) \vee (a \wedge c)$,

(2) $a \vee (b \wedge c) = (a \vee b) \wedge (a \vee c)$,

则称格 $L=(L;\vee,\wedge)$ 为分配格.

定理 2.6[4]　如果 $L=(L;\vee,\wedge)$ 是一个格, 则下述条件等价:

(1) $L=(L;\vee,\wedge)$ 是一个分配格,

(2) 对于任意 $a,b,c \in L$, 以下条件成立

$$a \wedge (b \vee c) = (a \wedge b) \vee (a \wedge c),$$

(3) 对于任意 $a,b,c \in L$, 以下条件成立

$$a \vee (b \wedge c) = (a \vee b) \wedge (a \vee c).$$

2.2.2 分配格的二条件与三条件等价定义

格的有关研究已经证明分配格、模格及半模格不能用单一等式来定义, 那么是否可以用两个格等式来定义分配格呢? 由于格可以用单一等式来定义, 那么分配格显然可以用这个单一格等式再加上分配律来定义. Sholander 对这一问题进行了研究, 给出了以下分配格的二条件等价等式定义[5]:

$$a \wedge (a \vee b) = a,$$

$$a \wedge (b \vee c) = (c \wedge a) \vee (b \wedge a).$$

以下针对分配格的格等式定义问题进行分析, 给出分配格的二条件和三条件等价定义等式.

1. 分配格的三条件等价定义

定理 2.7 表明在分配格定义中可以去掉幂等律和结合律.

定理 2.7　非空代数 $L = (L; \vee, \wedge)$ 构成分配格, 如果运算 $\vee$ 和 $\wedge$ 满足下述五个条件:

(1) $a \vee b = b \vee a$,

(2) $a \wedge b = b \wedge a$,

(3) $a \vee (a \wedge b) = a$,

(4) $a \wedge (a \vee b) = a$,

(5) $a \vee (b \wedge c) = (a \vee b) \wedge (a \vee c)$.

证明　在条件 (3)、条件 (4) 中分别令 $b = a \vee a$ 和 $b = a \wedge a$ 可得

$$a \vee (a \wedge (a \vee a)) = a \vee a = a,$$
$$a \wedge (a \vee (a \wedge a)) = a \wedge a = a.$$

由吸收律和分配律得

$$a \vee ((a \wedge b) \wedge c) = (a \vee (a \wedge b)) \wedge (a \vee c) = a \wedge (a \vee c) = a,$$
$$b \vee ((a \wedge b) \wedge c) = (b \vee (a \wedge b)) \wedge (b \vee c) = b \wedge (b \vee c) = b,$$
$$c \vee ((a \wedge b) \wedge c) = c \vee (c \wedge (a \wedge b)) = c,$$
$$(a \wedge (b \wedge c)) \vee a = a \vee (a \wedge (b \wedge c)) = a,$$

$$\begin{aligned}(a \wedge (b \wedge c)) \vee b &= b \vee (a \wedge (b \wedge c)) \\ &= (b \vee a) \wedge (b \vee (b \wedge c)) = b \wedge (b \vee a) = b,\end{aligned}$$

$$\begin{aligned}(a \wedge (b \wedge c)) \vee c &= c \vee (a \wedge (b \wedge c)) \\ &= (c \vee a) \wedge (c \vee (b \wedge c)) = c \wedge (c \vee a) = c.\end{aligned}$$

从而

$$\begin{aligned}a \wedge (b \wedge c) =& (a \vee ((a \wedge b) \wedge c)) \wedge ((b \vee ((a \wedge b) \wedge c)) \wedge (c \vee ((a \wedge b) \wedge c)))\\ =& (a \vee ((a \wedge b) \wedge c)) \wedge ((b \wedge c) \vee ((a \wedge b) \wedge c))\\ =& (a \wedge (b \wedge c)) \vee ((a \wedge b) \wedge c).\\ (a \wedge b) \wedge c =& (((a \wedge (b \wedge c)) \vee a) \wedge ((a \wedge (b \wedge c)) \vee b)) \wedge ((a \wedge (b \wedge c)) \vee c)\\ =& ((a \wedge (b \wedge c)) \vee (a \wedge b)) \wedge ((a \wedge (b \wedge c)) \vee c)\\ =& (a \wedge (b \wedge c)) \vee ((a \wedge b) \wedge c).\end{aligned}$$

所以

$$(a \wedge b) \wedge c = a \wedge (b \wedge c).$$

进一步, 利用交运算的结合律可得

$$\begin{aligned}(a \wedge b) \vee (a \wedge c) =& ((a \wedge b) \vee a) \wedge ((a \wedge b) \vee c) = a \wedge ((a \wedge b) \vee c)\\ =& a \wedge (c \vee (a \wedge b)) = a \wedge ((a \vee c) \wedge (b \vee c))\\ =& (a \wedge (a \vee c)) \wedge (b \vee c) = a \wedge (b \vee c).\end{aligned}$$

于是与交运算的结合律证明类似的方法对偶地可证得

$$(a \vee b) \vee c = a \vee (b \vee c).$$

证毕.

以下三条件可以定义分配格.

定理 2.8 一个非空代数 $L = (L; \vee, \wedge)$ 构成一个分配格, 当且仅当对于任意 $a, b, c \in L$ 满足

(1) $a \vee a = a$,

(2) $b \wedge (a \vee (b \vee c)) = b$,

(3) $a \wedge (b \vee c) = (c \wedge a) \vee (b \wedge a)$.

证明 若 $L = (L; \vee, \wedge)$ 是一个分配格, 显然, 条件 (1)~ 条件 (3) 成立. 反之, 在条件 (2) 中取 $c = b$, 并利用条件 (1) 可得

$$b \wedge (a \vee b) = b,$$

由 a, b, c 的任意性, 可知

$$a \wedge (b \vee a) = a, \tag{2.2.1}$$

在条件 (3) 中令 $b = a, c = a$, 并利用条件 (1) 及式 (2.2.1) 可得

$$a \wedge a = a. \tag{2.2.2}$$

在条件 (3) 中令 $c=b$, 并利用条件 (1) 可得

$$a\wedge b=b\wedge a. \tag{2.2.3}$$

在条件 (2) 中令 $a=b\vee c$, 并利用条件 (1) 可得

$$b\wedge(b\vee c)=b.$$

由 a,b,c 的任意性, 可知

$$a\wedge(a\vee b)=a, \tag{2.2.4}$$

在条件 (3) 中令 $c=a$, 并利用式 (2.2.1) 及式 (2.2.2) 可得

$$a\vee(b\wedge a)=a, \tag{2.2.5}$$

令 $\tilde{a}=a\vee b,\tilde{c}=a,\tilde{b}=b$, 则由条件 (3) 可知

$$\begin{aligned}&\tilde{a}\wedge(\tilde{b}\vee\tilde{c})=(\tilde{c}\wedge\tilde{a})\vee(\tilde{b}\wedge\tilde{a}),\\&\tilde{a}\wedge(\tilde{b}\vee\tilde{c})=(a\vee b)\wedge(b\vee a),\\&(\tilde{c}\wedge\tilde{a})\vee(\tilde{b}\wedge\tilde{a})=(a\wedge(a\vee b))\vee(b\wedge(a\vee b)),\end{aligned}$$

利用式 (2.2.1) 及式 (2.2.4) 可得

$$(a\vee b)\wedge(b\vee a)=a\vee b. \tag{2.2.6}$$

令 $\tilde{a}=b\vee a,\tilde{c}=b,\tilde{b}=a$, 则由条件 (3) 可知

$$\begin{aligned}&\tilde{a}\wedge(\tilde{b}\vee\tilde{c})=(b\vee a)\wedge(a\vee b),\\&(\tilde{c}\wedge\tilde{a})\vee(\tilde{b}\wedge\tilde{a})=(b\wedge(b\vee a))\vee(a\wedge(b\vee a)),\end{aligned}$$

利用式 (2.2.1) 及式 (2.2.4) 可得

$$(b\vee a)\wedge(a\vee b)=b\vee a, \tag{2.2.7}$$

结合式 (2.2.3), 式 (2.2.6) 及式 (2.2.7) 可得

$$a\vee b=b\vee a, \tag{2.2.8}$$

结合条件 (3), 式 (2.2.3) 及式 (2.2.8) 可得

$$a\wedge(b\vee c)=(a\wedge b)\vee(a\wedge c). \tag{2.2.9}$$

易知条件 (1), 式 (2.2.1)~ 式 (2.2.3), 式 (2.2.5), 式 (2.2.8), 式 (2.2.9) 即是分配格定义中除结合律以外的七个格等式, 根据定理 2.7 可知, $L=(L;\vee,\wedge)$ 构成一个分配格. 证毕.

2. 分配格的二条件等价定义

以下二条件可以定义分配格.

定理 2.9 一个非空代数 $L=(L;\vee,\wedge)$ 构成一个分配格, 当且仅当对于任意 $a,b,c\in L$ 满足

(1) $b\wedge(a\vee(b\vee c))=b$,

(2) $a\wedge(b\vee(c\vee c))=(c\wedge(a\vee(a\vee a)))\vee(b\wedge(a\vee(a\vee a)))$.

证明 在条件 (2) 中令 $b=a,c=a$, 并利用条件 (1) 可得

$$a\vee a=a, \tag{2.2.10}$$

结合条件 (2) 及式 (2.2.10) 可得

$$a\wedge(b\vee c)=(c\wedge a)\vee(b\wedge a). \tag{2.2.11}$$

易知条件 (1), 式 (2.2.10) 和式 (2.2.11) 即是定理 2.8 当中的三个条件. 证毕.

2.3 模格及其等价定义

2.3.1 模格的等价定义

定义 2.4[12] 一个格 $L=(L;\vee,\wedge)$ 构成一个模格, 如果对任意 $a,b,c\in L$, 均满足以下两个条件当中的任一条件:

(1) $a\gg c\Rightarrow(a\wedge b)\vee c=a\wedge(b\vee c)$,

(2) $(a\wedge b)\vee(a\wedge c)=a\wedge(b\vee(a\wedge c))$.

以下 3 个条件可以定义模格.

定理 2.10 一个非空代数 $L=(L;\vee,\wedge)$ 构成一个模格, 当且仅当对于任意 $a,b,c\in L$ 满足

(1) $a\vee a=a$,

(2) $b\wedge(a\vee(b\vee c))=b$,

(3) $a\wedge((a\wedge c)\vee b)=(c\wedge a)\vee(b\wedge a)$.

证明 在条件 (2) 中令 $c=b$, 并利用条件 (1) 得

$$b\wedge(a\vee b)=b, \tag{2.3.1}$$

在式 (2.3.1) 中令 $b=a$, 并利用条件 (1) 得

$$a\wedge a=a. \tag{2.3.2}$$

在条件 (3) 中令 $b=a$, 并利用式 (2.3.1) 及式 (2.3.2) 得

$$(c\wedge a)\vee a=a. \tag{2.3.3}$$

在条件 (3) 中令 $c=b$, 并利用条件 (1) 及式 (2.3.3) 得

$$a\wedge b=b\wedge a. \tag{2.3.4}$$

在条件 (3) 中令 $c=a$, 并利用式 (2.3.2) 得

$$a\wedge(a\vee b)=a\vee(b\wedge a). \tag{2.3.5}$$

在条件 (2) 中令 $a=b\vee c$, 并利用条件 (1) 得

$$b\wedge(b\vee c)=b. \tag{2.3.6}$$

结合式 (2.3.5) 及式 (2.3.6) 得

$$a\vee(b\wedge a)=a. \tag{2.3.7}$$

在条件 (3) 中令 $a=b\vee a$,$c=a$, 再利用式 (2.3.1) 得

$$(b\vee a)\wedge(((b\vee a)\wedge a)\vee b)=a\vee(b\wedge(b\vee a)). \tag{2.3.8}$$

在式 (2.3.8) 中应用式 (2.3.1), 式 (2.3.4), 式 (2.3.6) 得

$$(b\vee a)\wedge(a\vee b)=a\vee b. \tag{2.3.9}$$

在条件 (3) 中令 $a=a\vee b, c=b, b=a$, 再利用式 (2.3.5) 和式 (2.3.7) 得

$$(a\vee b)\wedge(((a\vee b)\wedge b)\vee a)=(b\wedge(a\vee b))\vee a. \tag{2.3.10}$$

在式 (2.3.10) 中应用式 (2.3.1), 式 (2.3.4) 得

$$(a\vee b)\wedge(b\vee a)=b\vee a. \tag{2.3.11}$$

结合式 (2.3.4), 式 (2.3.9), 式 (2.3.11) 得

$$a\vee b=b\vee a. \tag{2.3.12}$$

在条件 (3) 中应用式 (2.3.4) 及式 (2.3.12) 得

$$a\wedge(b\vee(a\wedge c))=(a\wedge b)\vee(a\wedge c). \tag{2.3.13}$$

利用式 (2.3.6) 得

$$a \wedge (a \vee (b \vee c)) = a, \tag{2.3.14}$$

结合条件 (2) 及式 (2.3.12) 得

$$c \wedge (a \vee (b \vee c)) = c. \tag{2.3.15}$$

利用条件 (2)、式 (2.3.4)、式 (2.3.12)~ 式 (2.3.15) 得

$$\begin{aligned}(a \vee b) \vee c =&((a \wedge (a \vee (b \vee c))) \vee (b \wedge (a \vee (b \vee c)))) \vee (c \wedge (a \vee (b \vee c)))\\ =&((a \vee (b \vee c)) \wedge (a \vee b)) \vee ((a \vee (b \vee c)) \wedge c)\\ =&(a \vee (b \vee c)) \wedge ((a \vee b) \vee c).\end{aligned} \tag{2.3.16}$$

结合条件 (2)、式 (2.3.4) 及式 (2.3.12) 得

$$((a \vee b) \vee c) \wedge a = a. \tag{2.3.17}$$

结合条件 (2)、式 (2.3.4) 及式 (2.3.12) 得

$$((a \vee b) \vee c) \wedge b = b, \tag{2.3.18}$$

结合式 (2.3.1) 及式 (2.3.4) 得

$$((a \vee b) \vee c) \wedge c = c. \tag{2.3.19}$$

利用条件 (2)、式 (2.3.4)、式 (2.3.13)、式 (2.3.17)~ 式 (2.3.19) 得

$$\begin{aligned}a \vee (b \vee c) =&(((a \vee b) \vee c) \wedge a) \vee ((((a \vee b) \vee c) \wedge b) \vee (((a \vee b) \vee c) \wedge c))\\ =&(((a \vee b) \vee c) \wedge a) \vee (((a \vee b) \vee c) \wedge (b \vee c))\\ =&((a \vee b) \vee c) \wedge (a \vee (b \vee c)).\end{aligned} \tag{2.3.20}$$

结合式 (2.3.4), 式 (2.3.16) 及式 (2.3.20) 得

$$a \vee (b \vee c) = (a \vee b) \vee c. \tag{2.3.21}$$

在式 (2.3.13) 中取 $a = a \vee c$, 利用式 (2.3.16) 得

$$(a \vee c) \wedge (b \vee c) = ((a \vee c) \wedge b) \vee c. \tag{2.3.22}$$

在式 (2.3.22) 中取 $a = c, c = a$, 并利用式 (2.3.4) 及式 (2.3.12) 得

$$a \vee (b \wedge (a \vee c)) = (a \vee b) \wedge (a \vee c). \tag{2.3.23}$$

结合式 (2.3.4), 式 (2.3.12) 及式 (2.3.13) 得

$$a \vee ((b \vee (a \wedge c)) \wedge c) = a \vee ((c \wedge a) \vee (b \wedge c)). \tag{2.3.24}$$

结合式 (2.3.7) 及式 (2.3.21) 得

$$a \vee ((c \wedge a) \vee (b \wedge c)) = (a \vee (c \wedge a)) \vee (b \wedge c) = a \vee (b \wedge c). \tag{2.3.25}$$

结合式 (2.3.24) 及式 (2.3.25) 得

$$a \vee (b \wedge c) = a \vee ((b \vee (a \wedge c)) \wedge c). \tag{2.3.26}$$

结合式 (2.3.4) 及式 (2.3.7) 得

$$a \vee (a \wedge (b \wedge c)) = a. \tag{2.3.27}$$

在式 (2.3.26) 中令 $a = b, b = a, c = b \wedge c$ 得

$$b \vee (a \wedge (b \wedge c)) = b \vee ((a \vee (b \wedge (b \wedge c))) \wedge (b \wedge c)). \tag{2.3.28}$$

利用式 (2.3.1) 及式 (2.3.7) 得

$$c \wedge b = (c \wedge b) \wedge (b \vee (c \wedge b)) = (c \wedge b) \wedge b. \tag{2.3.29}$$

在式 (2.3.28) 中应用式 (2.3.4) 及式 (2.3.29) 得

$$b \vee (a \wedge (b \wedge c)) = b \vee ((a \vee (b \wedge c)) \wedge (b \wedge c)). \tag{2.3.30}$$

在式 (2.3.30) 中应用式 (2.3.4), 式 (2.3.6) 及式 (2.3.7) 得

$$b \vee ((a \vee (b \wedge c)) \wedge (b \wedge c)) = b. \tag{2.3.31}$$

结合式 (2.3.30) 及式 (2.3.31) 得

$$b \vee (a \wedge (b \wedge c)) = b. \tag{2.3.32}$$

在式 (2.3.32) 中令 $b = c, c = b$, 并利用式 (2.3.4) 得

$$c \vee (a \wedge (b \wedge c)) = c. \tag{2.3.33}$$

结合式 (2.3.7) 及式 (2.3.12) 得

$$((a \wedge b) \wedge c) \vee c = c. \tag{2.3.34}$$

在式 (2.3.32) 中令 $a=c, b=a, c=b$, 并利用式 (2.3.12) 得

$$((a\wedge b)\wedge c)\vee a=a. \tag{2.3.35}$$

在式 (2.3.32) 中令 $a=c, c=a$, 并利用式 (2.3.4) 及式 (2.3.12) 得

$$((a\wedge b)\wedge c)\vee b=b. \tag{2.3.36}$$

利用式 (2.3.4)、式 (2.3.12)、式 (2.3.23)、式 (2.3.27)、式 (2.3.32) 及式 (2.3.33) 得

$$\begin{aligned}(a\wedge b)\wedge c=&((a\vee(a\wedge(b\wedge c)))\wedge(b\vee(a\wedge(b\wedge c))))\wedge(c\vee(a\wedge(b\wedge c)))\\=&((a\wedge(b\vee(a\wedge(b\wedge c))))\vee(a\wedge(b\wedge c)))\wedge(c\vee(a\wedge(b\wedge c)))\\=&((a\wedge b)\vee(a\wedge(b\wedge c)))\wedge(c\vee(a\wedge(b\wedge c)))\\=&((a\wedge b)\wedge c)\vee(a\wedge(b\wedge c)).\end{aligned} \tag{2.3.37}$$

利用式 (2.3.4), 式 (2.3.12), 式 (2.3.23), 式 (2.3.32), 式 (2.3.34)~ 式 (2.3.36) 得

$$\begin{aligned}a\wedge(b\wedge c)=&(((a\wedge b)\wedge c)\vee a)\wedge((((a\wedge b)\wedge c)\vee b)\wedge(((a\wedge b)\wedge c)\vee c))\\=&((a\wedge b)\wedge c)\vee(a\wedge(b\wedge c)).\end{aligned} \tag{2.3.38}$$

结合式 (2.3.37) 及式 (2.3.38) 得

$$a\wedge(b\wedge c)=(a\wedge b)\wedge c. \tag{2.3.39}$$

定理 2.10 中的条件 (1), 式 (2.3.1), 式 (2.3.2), 式 (2.3.4), 式 (2.3.7), 式 (2.3.12), 式 (2.3.21), 式 (2.3.39) 是定理 2.1 中条件 (L_1) ~ 条件 (L_4), 且等式 (2.3.13) 是模格. 证毕.

以下 2 个条件可定义模格.

定理 2.11 一个非空代数 $L=(L;\vee,\wedge)$ 构成一个模格, 当且仅当对于任意 $a,b,c\in L$ 满足

(1) $b\wedge(a\vee(b\vee c))=b$,

(2) $a\wedge((a\wedge c)\vee(b\vee b))=(c\wedge(a\vee(a\vee a)))\vee(b\wedge(a\vee(a\vee a)))$.

证明 在条件 (2) 中令 $c=a, b=a$, 并利用条件 (1) 可得

$$a\vee a=a, \tag{2.3.40}$$

在条件 (2) 中利用式 (2.3.40) 可得

$$a\wedge((a\wedge c)\vee b)=(c\wedge a)\vee(b\wedge a), \tag{2.3.41}$$

条件 (1)、式 (2.3.40) 及式 (2.3.41) 即是定理 2.10 中的三个条件. 证毕.

2.3.2 有 1 模格及其等价定义

对于有 1 模格的等价定义等式, 文献 [13] 已经进行过相关研究, 在此基础上, 以下给出进一步改进的结果.

定理 2.12 一个非空代数 $L=(L;\vee,\wedge)$ 构成一个有 1 模格, 当且仅当 L 有单位元 1, 并且对于任意 $a,b,c\in L$ 满足

(1) $a\vee 1=1, a\wedge 1=a, 1\wedge a=a$,

(2) $(a\wedge((a\wedge c)\vee b))\wedge d=((b\wedge d)\wedge a)\vee((c\wedge d)\wedge a)$.

证明 在条件 (2) 中令 $d=1$, 并利用条件 (1) 得

$$a\wedge((a\wedge c)\vee b)=(b\wedge a)\vee(c\wedge a). \tag{2.3.42}$$

在式 (2.3.42) 中令 $a=1$, 并利用条件 (1) 得

$$c\vee b=b\vee c. \tag{2.3.43}$$

在式 (2.3.42) 中令 $b=1$, 并利用条件 (1) 得

$$a\vee(c\wedge a)=a. \tag{2.3.44}$$

在式 (2.3.42) 中令 $c=1$, 并利用条件 (1) 得

$$a\wedge(a\vee b)=(b\wedge a)\vee a, \tag{2.3.45}$$

结合式 (2.3.43)~ 式 (2.3.45) 得

$$a\wedge(b\vee a)=a. \tag{2.3.46}$$

在式 (2.3.44) 中令 $c=1$, 并利用条件 (1) 得

$$a\vee a=a, \tag{2.3.47}$$

在式 (2.3.46) 中令 $b=a$, 并利用式 (2.3.47) 得

$$a\wedge a=a, \tag{2.3.48}$$

结合式 (2.3.43) 及式 (2.3.44) 得

$$(b\wedge a)\vee a=a. \tag{2.3.49}$$

在式 (2.3.42) 中令 $c=b$, 并利用式 (2.3.47) 及式 (2.3.49) 得

$$a\wedge b=b\wedge a, \tag{2.3.50}$$

在条件 (2) 中令 $c=b$, 并利用式 (2.3.47) 及式 (2.3.49) 得

$$(a\wedge b)\wedge d=(b\wedge d)\wedge a, \tag{2.3.51}$$

结合式 (2.3.42)、式 (2.3.43) 及式 (2.3.50) 得

$$a\wedge(b\vee(a\wedge c))=(a\wedge b)\vee(a\wedge c). \tag{2.3.52}$$

在式 (2.3.52) 中令 $a=a\vee c, c=a$, 并利用式 (2.3.46) 得

$$(a\vee c)\wedge(b\vee a)=((a\vee c)\wedge b)\vee((a\vee c)\wedge a). \tag{2.3.53}$$

利用式 (2.3.43)、式 (2.3.46)、式 (2.3.50) 及式 (2.3.53) 得

$$a\vee(b\wedge(a\vee c))=(a\vee b)\wedge(a\vee c). \tag{2.3.54}$$

利用式 (2.3.43)、式 (2.3.50) 及式 (2.3.54) 得

$$a\wedge((b\wedge(a\vee c))\vee c)=a\wedge((c\vee a)\wedge(b\vee c)). \tag{2.3.55}$$

利用式 (2.3.46)、式 (2.3.51) 及式 (2.3.55) 得

$$a\wedge(b\vee c)=a\wedge((b\wedge(a\vee c))\vee c). \tag{2.3.56}$$

结合式 (2.3.43) 及式 (2.3.46) 得

$$a\wedge(a\vee(b\vee c))=a. \tag{2.3.57}$$

利用式 (2.3.56) 得

$$b\wedge(a\vee(b\vee c))=b\wedge((a\wedge(b\vee(b\vee c)))\vee(b\vee c)). \tag{2.3.58}$$

结合式 (2.3.43)、式 (2.3.44) 及式 (2.3.46) 得

$$(c\vee b)\vee b=(c\vee b)\vee(b\wedge(c\vee b))=c\vee b. \tag{2.3.59}$$

结合式 (2.3.58) 及式 (2.3.59) 得

$$b\wedge(a\vee(b\vee c))=b\wedge((a\wedge(b\vee c))\vee(b\vee c)). \tag{2.3.60}$$

结合式 (2.3.43)、式 (2.3.44) 及式 (2.3.46) 得

$$b\wedge((a\wedge(b\vee c))\vee(b\vee c))=b. \tag{2.3.61}$$

结合式 (2.3.60) 及式 (2.3.61) 得

$$b \wedge (a \vee (b \vee c)) = b. \tag{2.3.62}$$

利用式 (2.3.43) 及式 (2.3.62) 得

$$c \wedge (a \vee (b \vee c)) = c. \tag{2.3.63}$$

结合式 (2.3.46) 及式 (2.3.50) 得

$$((a \vee b) \vee c) \wedge c = c. \tag{2.3.64}$$

结合式 (2.3.43)、式 (2.3.50) 及式 (2.3.62) 得

$$((a \vee b) \vee c) \wedge a = a. \tag{2.3.65}$$

结合式 (2.3.43)、式 (2.3.50) 及式 (2.3.63) 得

$$((a \vee b) \vee c) \wedge b = b. \tag{2.3.66}$$

结合式 (2.3.52)、式 (2.3.54)、式 (2.3.57)、式 (5.3.62) 和式 (5.3.63) 得

$$\begin{aligned}(a \vee b) \vee c =& ((a \wedge (a \vee (b \vee c))) \vee (b \wedge (a \vee (b \vee c)))) \vee (c \wedge (a \vee (b \vee c)))\\ =& ((a \vee (b \wedge (a \vee (b \vee c)))) \wedge (a \vee (b \vee c))) \vee (c \wedge (a \vee (b \vee c)))\\ =& ((a \vee b) \wedge (a \vee (b \vee c))) \vee (c \wedge (a \vee (b \vee c)))\\ =& ((a \vee b) \vee c) \wedge (a \vee (b \vee c)).\end{aligned} \tag{2.3.67}$$

同理可得

$$\begin{aligned}a \vee (b \vee c) =& (((a \vee b) \vee c) \wedge a) \vee ((((a \vee b) \vee c) \wedge b) \vee (((a \vee b) \vee c) \wedge c))\\ =& ((a \vee b) \vee c) \wedge (a \vee (b \vee c)).\end{aligned} \tag{2.3.68}$$

结合式 (2.3.67) 及式 (2.3.68) 得

$$a \vee (b \vee c) = (a \vee b) \vee c. \tag{2.3.69}$$

格等式 (2.3.43), 式 (2.3.44), 式 (2.3.46)~ 式 (2.3.48), 式 (2.3.50)~ 式 (2.3.52) 及式 (2.3.69) 就是定义模格的 9 个基本等式. 证毕.

2.4 半模格及其判定定理

五边形结构在刻画格的特征方面具有十分重要的作用. 本节讨论半模格与分配格以及模格之间的本质关系, 给出一个半模格基于一种特殊五边形结构的特征定理.

定义 2.5[11] L 是一个格, 对任何 $a,b,c\in L$, 若 $a\succ c$, 有

$$a\vee b\succ c\vee b \text{ 或者 } a\vee b=c\vee b,$$

则称 L 是半模格.

在格论中有两个最基本的判定定理.

定理 2.13[11] 格 L 是模格当且仅当 L 不含五边形格 N_5(图 2.1).

定理 2.14[11] 格 L 是分配格当且仅当 L 不含五边形格 N_5 和菱形格 M_3(图 2.1).

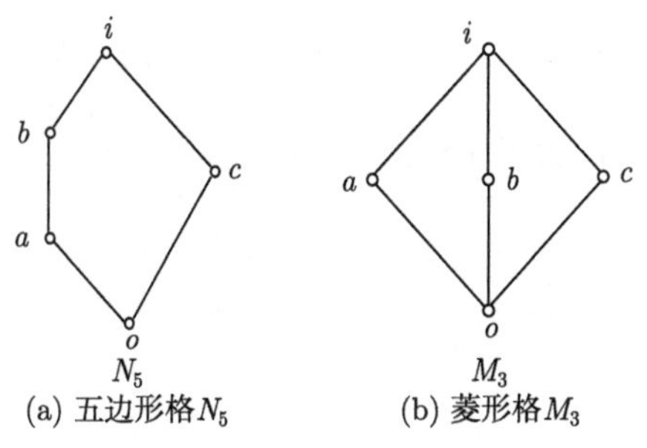

(a) 五边形格 N_5 (b) 菱形格 M_3

图 2.1

若 L 是一个半模格, L 是否会有类似的性质呢?

L 是一个格, $a,b,c,d,e\in L$, 若 $(\{a,b,c,d,e\},\ll)$ 构成五边形格, 且 $d\prec c$, 将其记为 F_5(图 2.2).

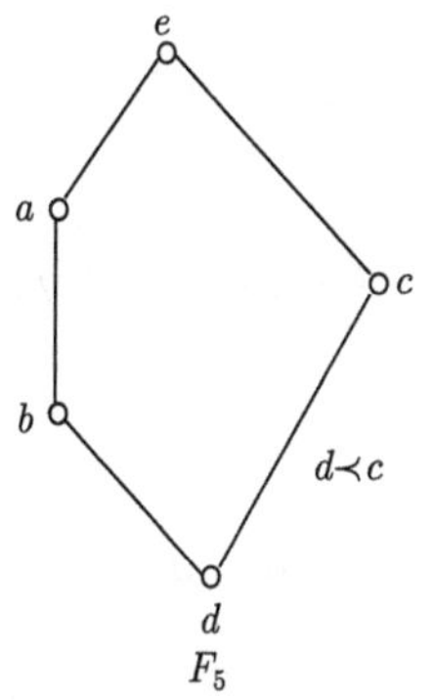

图 2.2 五边形格 F_5

定理 2.15　格 L 是半模格当且仅当 L 不含五边形格 F_5.

证明　必要性. 假设 L 含五边形格 F_5, 则有

$$d \vee b = b, \quad c \vee b = e,$$

$$b \ll a \ll e, \quad b \neq a, \quad a \neq e,$$

因此,

$$d \vee b \ll a \ll c \vee b, \quad d \vee b \neq a, \quad a \neq c \vee b.$$

由于 $c \succ d$, 但

$$c \vee b \not\succ d \vee b, \quad 并且 c \vee b \neq d \vee b,$$

所以 L 不是半模格.

充分性. 假设 L 不是半模格, 可知存在 $a, b, c \in L, a \prec c$, 使得

$$a \vee b \neq c \vee b, \quad 并且 \quad a \vee b \not\prec c \vee b.$$

显然, a 与 b 的关系只能有如下几种:

(1) $a = b$,

(2) $a \neq b, a \gg b$,

(3) $a \neq b, a \ll b$,

(4) a, b 不可比.

下面分情况进行讨论.

(1) 若 $a = b$, 则有

$$a \vee b = a \prec c = c \vee b,$$

矛盾. 故 $a \neq b$.

(2) 若

$$a \neq b, \quad a \gg b,$$

则有

$$a \vee b = a \prec c = b \vee c,$$

矛盾. 故 $a \neq b, a \gg b$ 不可能.

(3) 若

$$a \neq b, \quad a \ll b,$$

由于

$$a \vee b = b \not\prec c \vee b 且 a \vee b \neq c \vee b,$$

因此, 存在 $d\in L$, 使得

$$b\ll d\ll c\vee b,\quad b\neq d,\quad d\neq c\vee b.$$

下证 $\{a,b,c,d,c\vee b\}$ 构成五边形格.

首先, 由上述讨论可知, $a,b,d,c\vee b$ 互不相等, c 和 a 不相等.

显然

$$c\vee b\neq c,\quad c\neq d,$$

否则, 必有

$$a\ll b\ll c,\quad a\neq b,\quad b\neq c,$$

这与 $a\prec c$ 矛盾!

若 $b=c$, 则有

$$c\vee b=b=a\vee b,$$

矛盾! 所以, $b\neq c$. 由以上讨论可知 a, b, c, d, $c\vee b$ 互不相等.

其次, 由于 $b\ll d$, 因此

$$c\vee b\ll c\vee d.$$

由于

$$c\ll c\vee b,\quad d\ll c\vee b,$$

所以

$$c\vee d\ll c\vee b.$$

由此可得

$$c\vee b=c\vee d.$$

由于 $c\vee b=c\vee d$ 与 c, b, d 互不相等, 故知 c 和 d 不可比, c 和 b 不可比, 可知

$$b\wedge c\neq c,\quad d\wedge c\neq c.$$

因为

$$a\ll b,\quad a\ll d,\quad a\prec c,$$

可知

$$a\ll b\wedge c,\quad a\ll d\wedge c,$$

如果

$$a\neq b\wedge c\quad \text{或}\quad a\neq d\wedge c,$$

则与 $a\prec c$ 矛盾! 因此,

$$b \wedge c = d \wedge c = a.$$

由此可知$\{a, b, c, d, c \vee b\}$构成五边形格, 又因为 $a \prec c$, 可得$\{a, b, d, c, c \vee b\}$构成 F_5.

(4) 若 a, b 不可比, 则

$$a \vee b \neq a.$$

由于

$$c \vee b \not\ll a \vee b \quad \text{且} \quad c \vee b \neq a \vee b,$$

因此, 存在 $d \in L$, 使得

$$a \vee b \ll d \ll c \vee b, \quad a \vee b \neq d, \quad c \vee b \neq d.$$

显然, $a, a \vee b, d, c \vee b$ 互不相等.

假设 $a \vee b = c$, 则有

$$c \vee b = c = a \vee b,$$

这与

$$a \vee b \neq c \vee b$$

矛盾! 故有

$$c \neq a \vee b.$$

显然

$$c \neq d, \quad c \neq c \vee b,$$

否则, 与 $a \prec c$ 矛盾. 由此可知 $a, c, a \vee b, d, c \vee b$ 互不相等.

下证$\{a, c, a \vee b, d, c \vee b\}$构成五边形格.

显然, c 与 $a \vee b, d$ 不可比, 否则, 如果

$$a \vee b \ll c \quad \text{或} \quad d \ll c,$$

则与 $a \prec c$ 矛盾! 如果

$$c \ll a \vee b,$$

则有

$$c \vee b \ll a \vee b,$$

矛盾!

类似 (3) 可证

$$c \vee (a \vee b) = c \vee d = c \vee b,$$
$$c \wedge d = c \wedge (a \vee b) = a,$$

可知 $\{a, c, a\vee b, d, c\vee b\}$构成 F_5. 证毕.

定理 2.15 刻画了半模格的本质特征, 揭示了半模格与模格、分配格的关系, 同时, 也为半模格的判定提供了直观的方法.

若 L 是模格或分配格 L 不含五边形格, 因而 L 也不含 F_5, 由定理 2.15 即得: 若 L 是模格或分配格, 则 L 也是半模格.

定义 2.6[11] 格 L 的子格格$Sub(L)$ 是 L 的所有子格及空集 $\varnothing$ 在集合包含关系下构成的格.

推论 2.1 $Sub(L)$ 是半模格当且仅当 L 是链.

证明 若 L 是链, $Sub(L)$ 是半模格 [11].

若 $Sub(L)$ 是半模格, 则 L 必是一个链, 否则, 存在 a, b 不可比 $(a, b\in L)$, 可以证明 $\varnothing$, $\{a\}, \{b\}$, $\{a, a\wedge b\}$ 和 $\{a, b, a\vee b, a\wedge b\}$ 构成 F_5, 由定理 2.15 可知这与 $Sub(L)$ 是半模格矛盾! 证毕.

参 考 文 献

[1] Ma Z X. On a characterization theorem of semi-modular lattices[J]. Northeasten Mathematical Journal, 1999, 15(4): 382-384

[2] 木仁, 马占新, 张昆龙. 有 1 模格的等价定义 [J]. 内蒙古大学学报, 2009, 40(3): 271-273

[3] 木仁, 张昆龙, 马占新. 分配格与模格的二条件等价定义 [J]. 数学的实践与认识, 2010, 40(16): 153-159

[4] 胡长流, 宋振明. 格论基础 [M]. 开封: 河南大学出版社, 1990

[5] Sholander. Sholander's basis for distributive lattices[EB/OL]. http: //www.mcs.anl.gov

[6] McKenzie R. Equational bases for lattice theories[J]. Mathematica Scandinavica, 1970, 27: 24-38

[7] Veroff R. Lattice theory [EB/OL]. http://www.cs.unm.edu/~veroff/LT/

[8] Padmanabhan R. Equational theory of algebras with a majority polynomial[J]. Algebra Universalis, 1977, 7(1): 273-275

[9] McCune W, Padmanabhan R. Single identities for lattice theory and for weakly associative lattice [J]. Algebra Universalis, 1996, 36(4):436-449

[10] McCune W, Padmanabhan R, Veroff R. Yet another single law for lattices[J]. Algebra Universalis, 2003, 50(2): 165-169

[11] Gratzer G. General Lattice Theory[M]. New York：Academic Press, 1978

[12] 陈杰. 格论初步 [M]. 呼和浩特：内蒙古大学出版社, 1990

[13] 吴妙玲, 张昆龙. 有 1 模格的几个等价定义 [J]. 内蒙古大学学报, 2005, 36(3)：242-243

第 3 章　子格格的特征性质及其相关问题分析

五边形结构在刻画格的特征方面具有十分重要的作用. 首先, 给出有限格 L 的子格格中三个元生成五边形格的充要条件, 以及一个格是模格或分配格的子格格的充要条件. 其次, 应用格论及组合数学的方法讨论格 L 与其子格格 $Sub(L)$ 中所含五边形格之间的数量关系, 同时给出 $Sub(L)$ 所含不同五边形格数量的一个下界. 最后, 讨论有限格的子格格的长度问题, 给出有限格的子格格长度的一个估计式, 以及子格格中一类链的长度估计式和一些相关性质. 本章内容主要来源于文献 [1]~ 文献 [3].

3.1　分配格与模格的子格格特征

五边形格在刻画格的特征方面具有十分重要的作用. 例如, L 是模格当且仅当 L 不含 N_5[4], L 是半模格当且仅当 L 不含 F_5[5]. Koh 在文献 [6] 中给出了 $Sub(L)$ 为模格当且仅当 L 为一条链. 等价地, $Sub(L)$ 含五边形格当且仅当 L 含不可比的元素对. 以下给出有限格 L 的子格格中三个元生成五边形格的充要条件, 以及一个格是模格或分配格的子格格的充要条件.

3.1.1　子格格中三个元生成五边形格的充要条件

首先, 给出如下概念和定义.

定义 3.1[4]　一个格 L 的所有子格及空集 $\varnothing$ 在集合包含关系下构成的格, 称为格 L 的子格格, 记为 $Sub(L)$.

定义 3.2[4]　如果 $L=(L;\vee,\wedge)$ 是一个格, 对于任意 $a,b,c\in L$, 均满足以下两个条件当中的任一条件:

(1) $a\wedge(b\vee c)=(a\wedge b)\vee(a\wedge c)$,

(2) $a\vee(b\wedge c)=(a\vee b)\wedge(a\vee c)$,

则称格 $L=(L;\vee,\wedge)$ 为分配格.

定义 3.3[4]　一个格 $L=(L;\vee,\wedge)$ 构成一个模格, 如果对任意 $a,b,c\in L$, 均满足以下两个条件当中的任一条件:

(1) $a\gg c\Rightarrow(a\wedge b)\vee c=a\wedge(b\vee c)$,

(2) $(a\wedge b)\vee(a\wedge c)=a\wedge(b\vee(a\wedge c))$.

定义 3.4[4] L 是一个有界格, $a \in L$, 如果有元 $b \in L$, 使得

$$a \wedge b = 0, \quad a \vee b = 1,$$

则称 b 为 a 的一个**补元**, 这时 a 也是 b 的补元.

如果格 L 的每个元都有补元, 则称格 L 为一个**有补格**. 如果格 L 为一个有补的分配格, 则称 L 为一个**布尔格**.

两个特殊的格五边形格 N_5 和菱形格 M_3, 如图 3.1 所示.

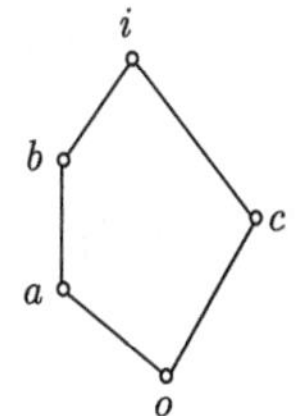

(a) 五边形格N_5

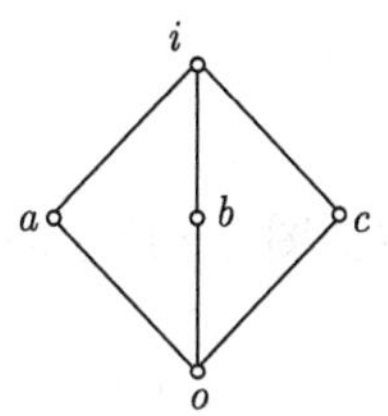

(b) 菱形格M_3

图 3.1

定理 3.1[4] (1) L 是模格当且仅当 L 不含五边形格 N_5,

(2) L 是分配格当且仅当 L 不含五边形格 N_5 和菱形格 M_3.

以下讨论 $Sub(L)$ 中五边形格的特征.

首先给出一个有限格 L 的子格格 $Sub(L)$ 中三个元生成五边形格的一个充要条件.

定理 3.2 若 $A_1, A_2, A_3 \in Sub(L)$ 生成如图 3.2 所示的五边形格 K 当且仅当以下条件成立:

(1) $(A_2 \backslash A_1) \cap A_3 = \varnothing$,

(2) $A_2 \supset A_1$,

(3) $A_3 \backslash A_2 \neq \varnothing$,

(4) $(A_2 \backslash A_1) \subseteq A_1 \vee A_3$.

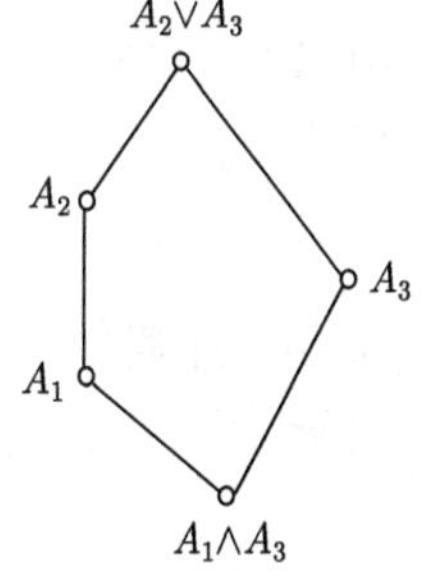

图 3.2 子格格中三个元生成的五边形格

证明 必要性. (1) 对任何 $A, B \in Sub(L)$, 若

$$A \cap B \neq \varnothing,$$

则对任何

$$a, b \in A \cap B \subseteq L,$$

由于 $A, B \in Sub(L)$, 故有

$$a \wedge b, \quad a \vee b \in A \cap B,$$

因此,

$$A \cap B \in Sub(L), \quad A \cap B \subseteq A, B.$$

若存在 $C \in Sub(L)$, 满足

$$C \subseteq A, B,$$

则必有

$$C \subseteq A \cap B.$$

因此,

$$A \cap B = A \wedge B.$$

若 A_1, A_2, A_3 生成如图 3.2 所示的五边形格, 则必有

$$(A_2 \backslash A_1) \cap A_3 = \varnothing.$$

若不然, 则必存在

$$y \in A_3, \quad y \in A_2 \backslash A_1,$$

故

$$y \in A_3 \cap A_2, \quad y \notin A_3 \cap A_1.$$

这与

$$A_3 \cap A_2 = A_3 \wedge A_2 = A_3 \wedge A_1 = A_3 \cap A_1$$

矛盾!

(2) 由图 3.2 可知 $A_2 \supset A_1$ 显然成立.

(3) 显然

$$A_3 \backslash A_2 \neq \varnothing,$$

否则, $A_3 \subseteq A_2$, 矛盾!

(4) 由于

$$(A_2 \backslash A_1) \subseteq A_2,$$

由图 3.2 可知

$$(A_2 \backslash A_1) \subseteq A_2 \subseteq A_1 \vee A_3.$$

充分性. 首先, 证明 $A_1, A_2, A_3, A_2 \vee A_3, A_1 \wedge A_3$ 互不相同.

由于 $A_1, A_2, A_3 \in Sub(L)$, $A_1 \subset A_2$, 因此存在

$$x \in A_2 \backslash A_1 \neq \varnothing.$$

又由

$$(A_2\backslash A_1)\cap A_3=\varnothing,$$

可知 $x\notin A_3$. 由已知

$$A_3\backslash A_2\neq\varnothing,$$

可得 A_2,A_3 互不可比.

假设

$$A_1\subseteq A_3(\text{或者}A_3\subseteq A_1),$$

则

$$A_1\vee A_3=A_3(\text{或者}A_1\vee A_3=A_1).$$

若

$$y\in A_2\backslash A_1,$$

由于

$$(A_2\backslash A_1)\cap A_3=\varnothing,$$

可知

$$y\notin A_3,\quad y\notin A_1.$$

但由于

$$y\in(A_2\backslash A_1)\subseteq A_2\subseteq A_1\vee A_3=A_3(\text{或者}=A_1),$$

矛盾! 因此, 可得 A_1,A_3 互不可比.

由以上证明可知 $A_1,A_2,A_3,A_2\vee A_3,A_1\wedge A_3$ 互不相同.

以下证明

$$A_1\wedge A_3=A_2\wedge A_3,\quad A_1\vee A_3=A_2\vee A_3.$$

由于 $A_2\supset A_1$, 所以

$$\begin{aligned}A_2\cap A_3=&((A_2\backslash A_1)\cup A_1)\cap A_3\\=&((A_2\backslash A_1)\cap A_3)\cup(A_1\cap A_3)\\=&\varnothing\cup(A_1\cap A_3)\\=&A_1\cap A_3,\end{aligned}$$

所以,

$$A_2\wedge A_3=A_1\wedge A_3.$$

因为 $A_2\supset A_1$, 故

$$A_1\vee A_3\subseteq A_2\vee A_3.$$

由于

$$(A_2\backslash A_1) \subseteq A_1 \vee A_3, \quad A_2 = (A_2\backslash A_1) \cup A_1,$$

故得

$$A_2 \subseteq A_1 \vee A_3,$$

因此,

$$A_2 \vee A_3 \subseteq A_1 \vee A_3,$$

所以

$$A_2 \vee A_3 = A_1 \vee A_3.$$

由以上结论可知 A_1, A_2, A_3 生成了如图 3.2 所示的五边形格. 证毕.

3.1.2　分配格与模格的子格格特征

以下对分配格与模格的子格格性质作了进一步分析, 得到了该类格的一些特征性质.

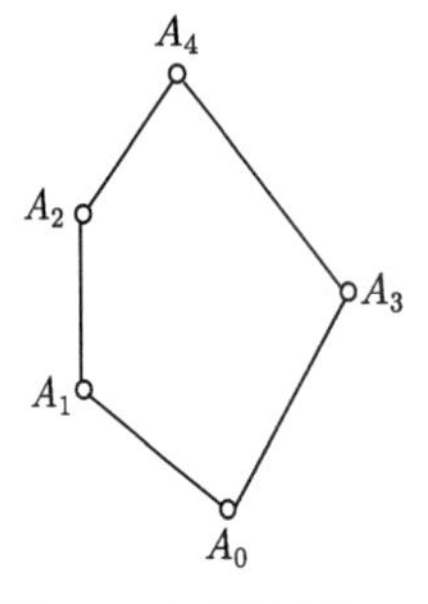

图 3.3　五边形格 W

定理 3.3　若 $A_0, A_1, A_2, A_3, A_4 \in Sub(L)$ 构成如图 3.3 所示的五边形格 W, 则必存在 a, $b \in L$, 使得

$$a \in A_1\backslash A_3, \quad b \in A_3\backslash A_1,$$

并且 a, b 不可比.

证明　假设对任意

$$a \in A_1\backslash A_3, \quad b \in A_3\backslash A_1,$$

a, b 均可比, 则对任意的 $x, y \in A_1 \cup A_3$, 由于 $A_1, A_3 \in Sub(L)$, 因此

$$x \wedge y, \quad x \vee y \in A_1 \cup A_3,$$

所以

$$A_1 \vee A_3 = A_1 \cup A_3.$$

由 $A_1 \subset A_2$ 可知存在

$$x \in A_2\backslash A_1,$$

使得 $x \notin A_3$. 否则, 如果 $x \in A_3$, 则必有

$$x \in A_2 \cap A_3 = A_1 \cap A_3,$$

可知 $x \in A_1$, 矛盾! 由此可知

$$x \notin A_1 \cup A_3.$$

因为

$$x \in A_2 \vee A_3 = A_1 \vee A_3,$$

所以, 知

$$x \in A_1 \vee A_3 = A_1 \cup A_3,$$

矛盾! 故假设不成立. 证毕.

对图 3.4 中的子格 B_1, 有以下结论.

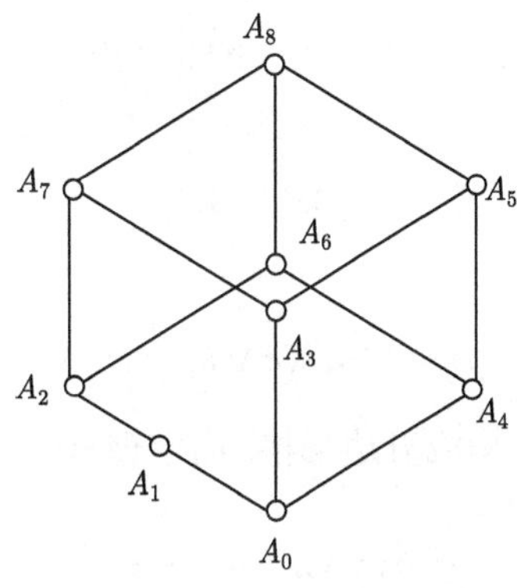

图 3.4 子格 B_1

定理 3.4 子格格 $Sub(L)$ 不是某一模格 L 的子格格当且仅当 $Sub(L)$ 含子格 B_1, 并且 $|A_8|$=5.

证明 必要性. 假设 $Sub(L)$ 是某一个格 L 的子格格, 并且 L 不是模格, 由定理 3.1 可知 L 含五边形格 N_5, 不妨设五边形格如图 3.1 所示. 令

$$A_0 = \varnothing, \quad A_1 = \{c\}, \quad A_2 = \{i, c, o\},$$

$$A_3 = \{b\}, \quad A_4 = \{a\}, \quad A_5 = \{a, b\}, \quad A_6 = \{o, a, c, i\},$$

$$A_7 = \{o, b, c, i\}, \quad A_8 = \{a, b, c, o, i\},$$

可以证明 L 的子格 $A_0, A_1, A_2, \cdots, A_8$ 在集合包含关系下构成了 $Sub(L)$ 的子格 B_1.

由于

$$A_8 = \{a, b, c, o, i\},$$

因此

$$|A_8| = 5.$$

充分性. 假设 $Sub(L)$ 是格 L 的子格格, $Sub(L)$ 含有子格 B_1, 并且 $|A_8|$ 等于 5. 由定理 3.3 可知, 对 A_0, A_1, A_2, A_3, A_7 构成的五边形格, 必存在 a, $b \in L$, 使得

$$a \in A_1 \backslash A_3, \quad b \in A_3 \backslash A_1,$$

并且 a, b 不可比.

由于 $A_1, A_3 \subseteq A_7$, 所以 a, $b \in A_7$, 又因为 a, b 不可比, 这样必有

$$|A_7| \geqq 4.$$

又因

$$A_7 \subset A_8, \quad |A_8| = 5,$$

可知

$$|A_7| = 4.$$

因此,

$$A_7 = \{a, b, a \vee b, a \wedge b\}.$$

由于 A_0, A_1, A_2, A_4, A_6 构成五边形格, 由定理 3.3 可知, 存在

$$c \in A_1 \backslash A_4, \quad d \in A_4 \backslash A_1$$

使 c 与 d 不可比. 由于 c, $d \in A_6$, 类似可知 $|A_6| = 4$. 显然,

$$\{a, b\} \neq \{c, d\},$$

否则与

$$A_6 \neq A_7$$

矛盾! 由于 $a, c \in A_1$, 则必有

$$a = c,$$

否则, $|A_7| \geqslant 6$ 矛盾! 由此可知 A_8 至少含有两个不可比元素对, 又因为 A_8 是一个五元格, 因此 A_8 只能是 M_3 或 N_5.

下证 A_8 只能是 N_5. 由上述证明可知

$$A_8 = \{a, b, d, a \vee b, a \wedge b\},$$

若 b 与 d 不可比, 则有

$$A_5 = \{b, d, a \wedge b, a \vee b\},$$

又因为

$$a \vee b, a \wedge b \in A_4 \cap A_2 = A_0.$$

这与 $|A_8| = 5$ 矛盾! 证毕.

对于图 3.5 中的偏序集 B_2, 若 $\{A_0, A_1, A_2, A_3, A_7\}, \{A_0, A_1, A_2, A_4, A_6\}$, $\{A_0, A_3, A_8, A_4, A_5\}$ 构成五边形格, 有以下结论.

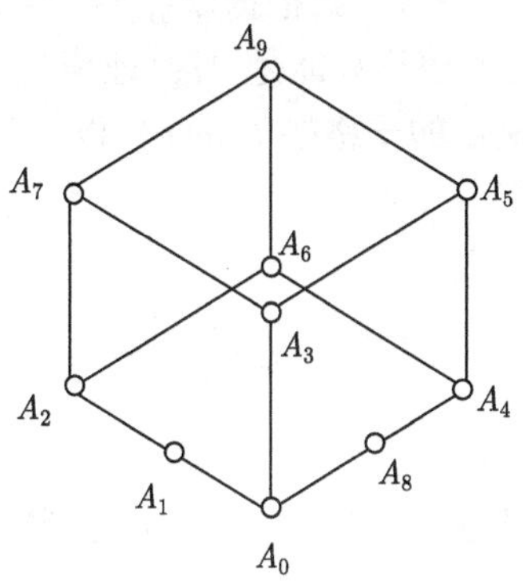

图 3.5 子格 B_2

定理 3.5 子格格 $Sub(L)$ 不是某一分配格 L 的子格格当且仅当 $Sub(L)$ 含子格 B_1 或偏序集 B_2, 并且 $|A_9|$ 等于 5.

证明 必要性. 假设 $Sub(L)$ 是 L 的子格格, L 不是分配格. 由定理 3.1 可知 L 含五边形格 N_5 或菱形 M_3.

(1) 若 L 含五边形 N_5, 则由定理 3.4 可知结论成立.

(2) 若 L 含菱形 M_3 (图 3.1), 则取

$$A_0 = \varnothing, \quad A_1 = \{a\}, \quad A_2 = \{a, o\},$$

$$A_3 = \{c\}, \quad A_4 = \{b, i\}, \quad A_5 = \{b, c, o, i\}, \quad A_6 = \{a, b, o, i\},$$

$$A_7 = \{a, c, o, i\}, \quad A_8 = \{b\}, \quad A_9 = \{a, b, c, o, i\},$$

可以证明 L 的子格 $A_0, A_1, A_2, \cdots, A_9$ 在集合包含关系下构成了 B_2.

由于

$$A_9 = \{a, b, c, o, i\},$$

因此,

$$|A_9| = 5.$$

充分性. 假设 $Sub(L)$ 是格 L 的子格格, 由定理 3.4 只需讨论 $Sub(L)$ 含有子格 B_2, 并且 $|A_9| =5$ 的情况. 由于 A_0, A_1, A_2, A_3, A_7 构成五边形格, 由定理 3.3 可知 A_7 含有 L 中的一对不可比的元.

由于 $\{A_0, A_1, A_2, A_4, A_6\}$ 和 $\{A_0, A_3, A_8, A_4, A_5\}$ 构成了 $Sub(L)$ 的五边形格，同理可知 A_5, A_6 各含有 L 中的一对不可比的元.

由于 $A_5, A_6, A_7 \subset A_9$, 可知 A_5, A_6, A_7 都是四元格 (否则会与 A_9 是五元格矛盾).

另外, 还能推得 A_5, A_6, A_7 所含的不可比元素对互不相同 (因为如果 A_5, A_6, A_7 中的某两个含相同的不可比元素对, 则根据 A_5, A_6, A_7 都是四元格, 可知这两个格必相同, 矛盾), 因此, 这样的五边形只能是 M_3. 证毕.

定理 3.6 对于一个格 L 的子格格 $Sub(L)$, 以下几个命题等价:

(1) $Sub(L)$ 是分配格,

(2) $Sub(L)$ 是模格,

(3) $Sub(L)$ 是布尔格,

(4) $Sub(L)$ 是半模格,

(5) 格 L 是一个链.

证明 若格 L 不是一个链, 则存在 $a, b \in L$, 使得 a, b 不可比, 令

$$A_0 = \varnothing, \quad A_1 = \{a\}, \quad A_2 = \{a, a \vee b\},$$

$$A_3 = \{b\}, \quad A_4 = \{a, b, a \vee b, a \wedge b\},$$

显然, $A_0 \prec A_3$. 根据定理 2.15、定理 3.1 可知, $Sub(L)$ 不是半模格、模格、分配格, 因而, 也不是布尔格.

反之, 格 L 是一个链, 则 $Sub(L)$ 是由所有 L 的子集及空集构成, 并且对任何 $A, B, C \in Sub(L)$, 满足

$$\begin{aligned} A \wedge (B \vee C) =& A \cap (B \cup C) \\ =& (A \cap B) \cup (A \cap C) = (A \wedge B) \vee (A \wedge C), \end{aligned}$$

因而, $Sub(L)$ 是分配格. 因此, $Sub(L)$ 也是半模格、模格.

又因为对任何 $A \in Sub(L)$, 显然, $L \backslash A \in Sub(L)$, 满足

$$A \wedge (L \backslash A) = \varnothing, \quad A \vee (L \backslash A) = L,$$

所以, $Sub(L)$ 也为一个布尔格. 证毕.

3.2 子格格中五边形格的数量估计

$Sub(L)$ 含五边形格当且仅当 L 含不可比的元素对, L 中所含不可比的元素对与 $Sub(L)$ 中的五边形格之间关系比较复杂. 例如, L 是一个仅含一对不可比元素

对的四元格, $Sub(L)$ 中就有 18 个不同的五边形格. 对于一般的有限格 L, $Sub(L)$ 中究竟存在多少个五边形格, 它们又以什么样的结构存在于 $Sub(L)$ 中呢?

令 $D(Sub(L))$ 表示格 $Sub(L)$ 所含不同五边形格的个数, 则根据定理 3.6 可得, 若 $Sub(L)$ 是分配格、模格、布尔格、半模格, 则 $D(Sub(L))=0$.

定理 3.7 若 K 是格 A 的子格, A 是格 L 的子格, 则 K 是 L 的子格.

为了给出定理 3.8 的结论, 首先, 令 $|Sub(\varnothing)|=1$, 并认定 $\varnothing$ 也是一个格.

定理 3.8 若 a, b 是一个格 L 中的一对不可比元, 设

$$p_{a,b} = \max\left\{|Sub(A_p)|\,|A_p \subseteq [a \vee b), a \vee b \notin A_p \in Sub(L)\right\},$$

$$q_{a,b} = \max\left\{|Sub(A_q)|\,|A_q \subseteq (a \wedge b], a \wedge b \notin A_q \in Sub(L)\right\},$$

则满足 $a \in A_1$, $b \in A_3$ 或 $a \in A_3$, $b \in A_1$ 的五边形格 $\{A_1, A_2, A_3, A_1 \wedge A_3, A_2 \vee A_3\}$(图 3.2) 的个数至少是 $18 \times p_{a,b} \times q_{a,b}$.

证明 由定理 3.3 可知, 若

$$A_1, A_2, A_3, A_1 \wedge A_3, A_2 \vee A_3 \in Sub(L)$$

构成如图 3.2 所示的五边形格, 则必存在 $x, y \in L$, 使得

$$x \in A_1 \backslash A_3, \quad y \in A_3 \backslash A_1,$$

并且 x, y 不可比. 由此可知, 若 a, b 是格 L 中的一对不可比元,

$$L_1 = \{a, b, a \vee b, a \wedge b\},$$

则 $Sub(L_1)$ 中的五边形格 $\{\overline{A}_1, \overline{A}_2, \overline{A}_3, \overline{A}_1 \wedge \overline{A}_3, \overline{A}_2 \vee \overline{A}_3\}$ 具有以下特点.

(1) $\overline{A}_2 \vee \overline{A}_3 = \{a, b, a \vee b, a \wedge b\}$,

(2) $a \in \overline{A}_1 \backslash \overline{A}_3, b \in \overline{A}_3 \backslash \overline{A}_1$ 或 $b \in \overline{A}_1 \backslash \overline{A}_3, a \in \overline{A}_3 \backslash \overline{A}_1$,

(3) $a, b \notin \overline{A}_1 \wedge \overline{A}_3$,

(4) $a \vee b$, $a \wedge b$ 至少有一个属于 $\overline{A}_2$.

根据这些特点知 $Sub(L_1)$ 中的五边形格只能有下列 18 个.

(1) 当 $\overline{A}_2 \wedge \overline{A}_3 = \varnothing$, $a \in \overline{A}_1 \backslash \overline{A}_3, b \in \overline{A}_3 \backslash \overline{A}_1$ 时, $\overline{A}_1, \overline{A}_2, \overline{A}_3$ 共有以下 7 种情况:

① $\overline{A}_1 = \{a\}, \overline{A}_2 = \{a, a \wedge b\}, \overline{A}_3 = \{b\}$,

② $\overline{A}_1 = \{a\}, \overline{A}_2 = \{a, a \wedge b\}, \overline{A}_3 = \{b, a \vee b\}$,

③ $\overline{A}_1 = \{a\}, \overline{A}_2 = \{a, a \vee b\}, \overline{A}_3 = \{b\}$,

④ $\overline{A}_1 = \{a\}, \overline{A}_2 = \{a, a \vee b\}, \overline{A}_3 = \{b, a \wedge b\}$,

⑤ $\overline{A}_1 = \{a\}, \overline{A}_2 = \{a, a \wedge b, a \vee b\}, \overline{A}_3 = \{b\}$,

⑥ $\overline{A}_1 = \{a, a \wedge b\}, \overline{A}_2 = \{a, a \wedge b, a \vee b\}, \overline{A}_3 = \{b\}$,

⑦ $\overline{A}_1=\{a,a\vee b\},\overline{A}_2=\{a,a\wedge b,a\vee b\},\overline{A}_3=\{b\}$.

(2) 当 $\overline{A}_2\wedge\overline{A}_3=\{a\wedge b\}$, $a\in\overline{A}_1\backslash\overline{A}_3, b\in\overline{A}_3\backslash\overline{A}_1$ 时,

$$\overline{A}_1=\{a,a\wedge b\},\quad \overline{A}_2=\{a,a\wedge b,a\vee b\},\quad \overline{A}_3=\{b,a\wedge b\}.$$

(3) 当 $\overline{A}_2\wedge\overline{A}_3=\{a\vee b\}$, $a\in\overline{A}_1\backslash\overline{A}_3, b\in\overline{A}_3\backslash\overline{A}_1$ 时,

$$\overline{A}_1=\{a,a\vee b\},\quad \overline{A}_2=\{a,a\wedge b,a\vee b\},\quad \overline{A}_3=\{b,a\vee b\}.$$

若将

$$a\in\overline{A}_1\backslash\overline{A}_3,\quad b\in\overline{A}_3\backslash\overline{A}_1$$

中的 a,b 对换, 则可以得到另外 9 个五边形格. 记上述 18 个五边形格组成的集合为 $S_{a,b}$.

对 $a,b\in L$, 必存在 $P_0,Q_0\in Sub(L)$ 满足:

$$P_0\subseteq[a\vee b),a\vee b\notin P_0\text{且}\ |Sub(P_0)|=p_{a,b},$$

$$Q_0\subseteq(a\wedge b],a\wedge b\notin Q_0\text{且}\ |Sub(Q_0)|=q_{a,b}.$$

令

$$\begin{aligned}W_{a,b}=&\left\{\left\{\overline{A}_i\cup B_1\cup B_2|i=0,1,2,3,4\right\}\Big|\left\{\overline{A}_i|i=1,2,3,4\right\}\in S_{a,b},\right.\\&\left.B_1\in Sub(P_0),B_2\in Sub(Q_0)\right\},\end{aligned}$$

则有以下结论.

(1) 若

$$\left\{\overline{A}_i\cup B_1\cup B_2|i=0,1,2,3,4\right\}\in W_{a,b},$$

则 $\left\{\overline{A}_i\cup B_1\cup B_2|i=0,1,2,3,4\right\}$ 构成了 $Sub(L)$ 中的五边形格.

(2) 如果

$$\left\{\overline{A}_i\cup B_1\cup B_2|i=0,1,2,3,4\right\}\in W_{a,b},$$

$$\left\{\tilde{A}_i\cup\tilde{B}_1\cup\tilde{B}_2|i=0,1,2,3,4\right\}\in W_{a,b},$$

则

$$\left\{\overline{A}_i\cup B_1\cup B_2|i=0,1,2,3,4\right\}\neq\left\{\tilde{A}_i\cup\tilde{B}_1\cup\tilde{B}_2|i=0,1,2,3,4\right\}$$

当且仅当

$$B_1=\tilde{B}_1,\quad B_2=\tilde{B}_2,\quad \overline{A}_i=\tilde{A}_i,\quad i=0,1,2,3,4$$

中至少有一个等式不成立.

以上两个结论证明如下.

(1) 如果

$$B_1 \in Sub(P_0), \quad B_2 \in Sub(Q_0),$$

$$\{\overline{A}_0, \overline{A}_1, \overline{A}_2, \overline{A}_3, \overline{A}_4\} \in S_{a,b},$$

则根据定理 3.7 可知

$$\overline{A}_i \cup B_1 \cup B_2 \in Sub(L).$$

因为

$$B_1 \subseteq P_0 \subseteq [a \vee b), \quad a \vee b \notin P_0,$$

$$B_2 \subseteq Q_0 \subseteq (a \wedge b], \quad a \wedge b \notin Q_0,$$

$$\overline{A}_0, \overline{A}_1, \overline{A}_2, \overline{A}_3, \overline{A}_4 \subseteq \{a, b, a \vee b, a \wedge b\},$$

所以, $\overline{A}_i$ 与 B_1, B_2 互不相交, 所以 $\overline{A}_i \cup B_1 \cup B_2, i = 0, 1, 2, 3, 4$ 互不相等. 并且

$$\begin{aligned}
&(\overline{A}_2 \cup B_1 \cup B_2) \cap (\overline{A}_3 \cup B_1 \cup B_2)\\
=&(\overline{A}_2 \cap \overline{A}_3) \cup (B_1 \cup B_2)\\
=&(\overline{A}_1 \cap \overline{A}_3) \cup (B_1 \cup B_2)\\
=&(\overline{A}_1 \cup B_1 \cup B_2) \cap (\overline{A}_3 \cup B_1 \cup B_2)\\
=&\overline{A}_0 \cup B_1 \cup B_2.
\end{aligned}$$

$$\begin{aligned}
&(\overline{A}_2 \cup B_1 \cup B_2) \vee (\overline{A}_3 \cup B_1 \cup B_2)\\
=&(\overline{A}_2 \vee \overline{A}_3) \cup (B_1 \cup B_2)\\
=&(\overline{A}_1 \vee \overline{A}_3) \cup (B_1 \cup B_2)\\
=&(\overline{A}_1 \cup B_1 \cup B_2) \vee (\overline{A}_3 \cup B_1 \cup B_2)\\
=&\overline{A}_4 \cup B_1 \cup B_2,
\end{aligned}$$

故 $\{A_i \cup B_1 \cup B_2 | i = 0, 1, 2, 3, 4\}$ 构成了 $Sub(L)$ 中的五边形格.

(2) 因为 $\overline{A}_i, B_1, B_2$ 互不相交, $\tilde{A}_i, \tilde{B}_1, \tilde{B}_2$ 互不相交, 所以

$$\{\overline{A}_i \cup B_1 \cup B_2 | i = 0, 1, 2, 3, 4\} \neq \left\{\tilde{A}_i \cup \tilde{B}_1 \cup \tilde{B}_2 | i = 0, 1, 2, 3, 4\right\}$$

当且仅当

$$B_1 = \tilde{B}_1, \quad B_2 = \tilde{B}_2, \quad \overline{A}_i = \tilde{A}_i, \quad i = 0, 1, 2, 3, 4$$

中至少有一个等式不成立. 因此, 由 $W_{a,b}$ 的定义, 可知

$$|W_{a,b}| = 18 \times p_{a,b} \times q_{a,b},$$

定理成立. 证毕.

定理 3.9 一个格 L 的子格格 $Sub(L)$ 所含五边形格个数 $D(L)$ 满足不等式

$$D(L) \geqq 18 \times \sum_{a,b \in L, a||b} (\max\{|Sub(B_1)|\,|B_1 \subseteq [a \vee b), a \vee b \notin B_1 \in Sub(L)\} \times \max\{|Sub(B_2)|\,|B_2 \subseteq (a \wedge b], a \wedge b \notin B_2 \in Sub(L)\}).$$

证明 由定理 3.8 可知对任意 $a, b \in L$, a, b 不可比, 则 $W_{a,b}$ 中的任一元

$$N_{a,b} = \{A_0, A_1, A_2, A_3, A_4\}$$

都是一个五边形格 (图 3.3), 并且

$$a \in A_1 \backslash A_3, \quad b \in A_3 \backslash A_1 \text{ 或 } a \in A_3 \backslash A_1, \quad b \in A_1 \backslash A_3,$$

显然 a,b 不同属于 A_1 或 A_3.

如果存在 $\overline{a}, \overline{b} \in L$, $\overline{a}, \overline{b}$ 不可比, 并且

$$\{a, b\} \neq \{\overline{a}, \overline{b}\},$$

则对任意

$$N_{\overline{a},\overline{b}} = \{\tilde{A}_0, \tilde{A}_1, \tilde{A}_2, \tilde{A}_3, \tilde{A}_4\} \in W_{\overline{a},\overline{b}}$$

也都是一个五边形格 (图 3.3), 并且

$$\overline{a} \in \tilde{A}_1 \backslash \tilde{A}_3, \quad \overline{b} \in \tilde{A}_3 \backslash \tilde{A}_1 \text{ 或 } \overline{a} \in \tilde{A}_3 \backslash \tilde{A}_1, \quad \overline{b} \in \tilde{A}_1 \backslash \tilde{A}_3.$$

事实上, 不妨设

$$a \neq \overline{a}, \quad a \in A_1, \quad \overline{a} \in \tilde{A}_1.$$

假设 $A_1 = \tilde{A}_1$, 则由 $N_{a,b}$ 和 $N_{\overline{a},\overline{b}}$ 的构造可知

$$a \notin A_3, \quad a \in \tilde{A}_3,$$

因此, $A_3 \neq \tilde{A}_3$, 所以,

$$N_{a,b} \neq N_{\overline{a},\overline{b}}.$$

故

$$W_{a,b} \cap W_{\overline{a},\overline{b}} = \varnothing.$$

所以,

$$D(L) \geqq \left| \bigcup_{a,b \in L, a||b} W_{a,b} \right| = \sum_{a,b \in L, a||b} |W_{a,b}|$$

$$\geqq 18 \times \sum_{a,b\in L,a||b} (\max\{|Sub(B_1)|\,|B_1 \subseteq [a\vee b), a\vee b \notin B_1 \in Sub(L)\}$$
$$\times \max\{|Sub(B_2)|\,|B_2 \subseteq (a\wedge b], a\wedge b \notin B_2 \in Sub(L)\}).$$

证毕.

定理 3.10 若有限格的子格格 $Sub(L)$ 是分配格、模格、布尔格或半模格, 则

$$|Sub(L)| = 2^{|L|}.$$

证明 若 $Sub(L)$ 为分配格、模格、布尔格或半模格, 则由定理 3.6 可知 L 为链, 故 L 的任何子集都是 L 的子格, 由于 L 的子集数为

$$\mathrm{C}_{|L|}^0 + \mathrm{C}_{|L|}^1 + \cdots + \mathrm{C}_{|L|}^{|L|} = 2^{|L|},$$

故有

$$|Sub(L)| = 2^{|L|}.$$

证毕.

例 3.1 若 $L = \{a, b, a\wedge b, a\vee b\}$, 由定理 3.8 知 $Sub(L)$ 含 18 个五边形格, 下边由定理 3.9 的公式计算得

$$D(L) \geqq 18 \times \sum_{a,b\in L,a||b} (|Sub(\varnothing)| \times |Sub(\varnothing)|) = 18.$$

例 3.2 若格 L 如图 3.6 所示, 则类似定理 3.9 的讨论知 $D(L)$ 恰好等于 $18\times 2^{m+n}$. 由定理 3.9 的公式计算得

$$D(L) \geqq 18 \times \sum_{a,b\in L,a||b} (|Sub(C_m)| \times |Sub(C_n)|),$$

由定理 3.10 可知

$$|Sub(C_m)| = 2^m, \quad |Sub(C_n)| = 2^n,$$

故

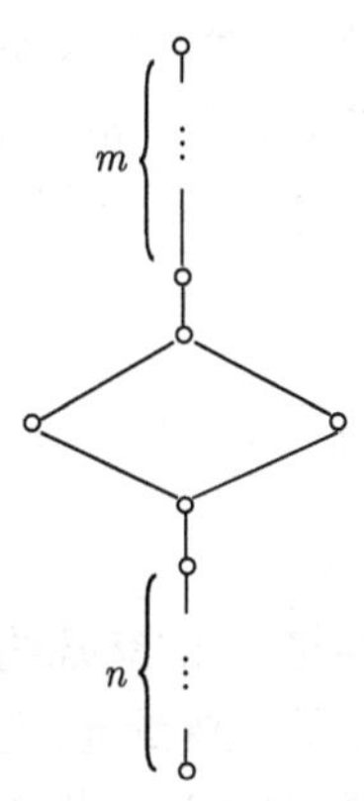

图 3.6 格 L 的图

$$D(L) \geqq 18 \times 2^m \times 2^n.$$

例 3.3 若 L 是五边形格, 则 $Sub(L)$ 中恰有 42 个不同的五边形格. 由定理 3.9 的公式计算得

$$D(L) \geqq 18 \times 2 = 36.$$

五边形格在刻画格的性质方面具有十分重要的地位. 例如, 它与菱形格一起可以刻画分配格、模格和半模格的本质特征. 对子格格中五边形格从数量和结构上加以探讨, 有助于进一步认识格与其子格格的关系, 对深入研究子格格的结构及性质具有一定的意义.

3.3 子格格长度的估计

3.3.1 关于格的子格格的长度估计

1974 年, Rivel 给出了有限格 L 的子格格的长度和 L 所含双既约元的个数之间的关系公式[4]

$$l(Sub(L)) = |Irr(L)| + l(Sub(L \backslash Irr(L))).$$

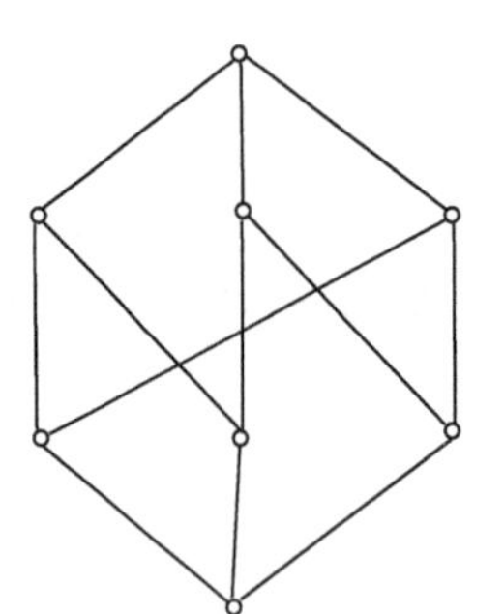

图 3.7 一个不含双既约元的格

但当 L 不含双既约元, 即 $Irr(L) = \varnothing$ 时, 即使对如图 3.7 所示的结构比较简单的格也无法用 Rivel 公式给出它的子格格长度. 而后, Chen[7]、Koh[8]、Jörg[9] 等又研究了有限分配格的子格格的长度问题, 但他们都没有给出一般情形下的有限格的子格格长度的比较接近的估计式. 因此, 以下设想通过 L 自身的长度 $l(L)$ 和 L 的基数 $|L|$ 等格的一些自身特征来刻画这一问题.

定义 3.5[4] 格 L 的长度 $l(L)$ 是指 L 中极大链的长度的最大值.

定义 3.6[4] 假设 L 是一个格, $a \in L$, 如果

$$a = x \vee y \Rightarrow x = a \quad 或 \quad y = a,$$

则称 a 为格 L 的**并既约元**. 如果

$$a = x \wedge y \Rightarrow x = a \quad 或 \quad y = a,$$

则称 a 为格 L 的**交既约元**. 如果 a 既是 L 的交既约元, 又是 L 的并既约元, 则称 a 为格 L 的**双既约元**, 记 L 的所有双既约元的集合为 $Irr(L)$.

定理 3.11[4] 若 L 是一个有限格, 则

$$l(Sub(L)) = |Irr(L)| + l(Sub(L \backslash Irr(L))).$$

定义 3.7[4] 皇冠K_n 是指格 L 中如图 3.8 所示的偏序集. 其中 $a_i, a_j (i \neq j)$ 互不可比, $b_k, b_h (k \neq h)$ 互不可比, $n \geqq 3$, 并且

$$a_i \wedge a_{i+1} = b_{i+1}, \quad b_i \vee b_{i+1} = a_i, \quad i = 1, 2, \cdots, n-1,$$

$$a_1 \wedge a_n = b_1, \quad b_1 \vee b_n = a_n.$$

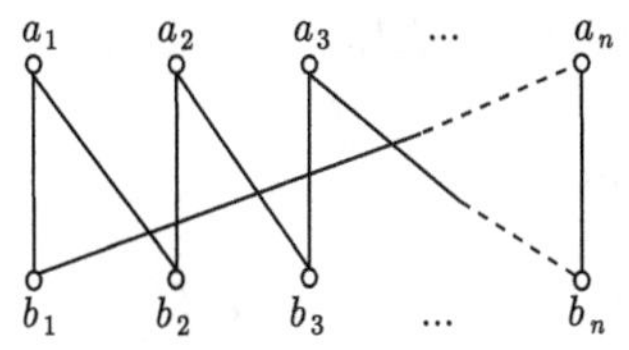

图 3.8 偏序集 K_n

定理 3.12[10] 鸽巢原理的加强形式.

设 $q_1, q_2, \cdots, q_n$ 都是正整数, 若 $q_1 + q_2 + \cdots + q_n - n + 1$ 个物体放入 n 个盒子中, 则第一个盒子里至少含有 q_1 个物体, 或者第二个盒子里至少含有 q_2 个物体, $\cdots$, 或者第 n 个盒子里至少含有 q_n 个物体.

定理 3.13 若 L 是一个有限格, 则 $L \backslash Irr(L)$ 是 L 的一个子格或 $\varnothing$.

证明 若

$$L \backslash Irr(L) \neq \varnothing,$$

则对任何 $a, b \in L \backslash Irr(L)$, 如果

$$a \wedge b \notin L \backslash Irr(L) \text{ 或 } a \vee b \notin L \backslash Irr(L),$$

则有

$$a \wedge b \in Irr(L) \text{ 或 } a \vee b \in Irr(L),$$

这与 $a \vee b$ 或 $a \wedge b$ 为双既约元矛盾. 证毕.

约定

$$l(Sub(\varnothing)) = 0, \quad Irr(\varnothing) = \varnothing.$$

令

$$\begin{aligned}
&A_1 = Irr(L), \\
&A_2 = Irr(L \backslash A_1) \cup A_1, \\
&\qquad \cdots \\
&A_k = Irr(L \backslash A_{k-1}) \cup A_{k-1}, \\
&\qquad \cdots
\end{aligned}$$

当 L 有限时, 进行到某一步, 例如, 第 n 步时将有

$$Irr(L \backslash A_n) = \varnothing,$$

这时有以下结论.

定理 3.14 若 L 是一有限格, 则

$$l(Sub(L)) = |A_n| + l(Sub(L\backslash A_n)).$$

证明 由定理 3.11 可知,

$$\begin{aligned}l(Sub(L)) =&|Irr(L)| + l(Sub(L\backslash Irr(L)))\\=&|A_1| + l(Sub(L\backslash A_1))\\=&|A_1| + |Irr(L\backslash A_1)| + l(Sub((L\backslash A_1)\backslash Irr(L\backslash A_1))).\end{aligned}$$

因为

$$A_1 \cap Irr(L\backslash A_1) = \varnothing,$$

所以,

$$\begin{aligned}l(Sub(L)) =&|A_1 \cup Irr(L\backslash A_1)| + l(Sub(L\backslash(A_1 \cup Irr(L\backslash A_1)))\\=&|A_2| + l(Sub(L\backslash A_2))\\=&\cdots = |A_n| + l(Sub(L\backslash A_n)).\end{aligned}$$

证毕.

定理 3.15 若 L 是不含双既约元的有限格, 则

$$l(Sub(L)) \geqq \lceil 3(l(L)+1)/2 \rceil,$$

其中记号 $\lceil x \rceil$ 表示不小于 x 的最小整数.

证明 若 L 是不含双既约元的有限格, 假设

$$a_0 \prec a_1 \prec \cdots \prec a_n$$

是 L 中的一条最长的链, 因而,

$$n = l(L).$$

由于 $a_0, a_1, \cdots, a_n$ 都不是双既约元, 这样 a_i 或者不是交既约元, 或者不是并既约元. 由鸽巢原理可知必有 $\lceil (n+1)/2 \rceil$ 个元或者不是交既约元或者不是并既约元. 不失一般性, 设 $a_0, a_1, \cdots, a_{\lceil (n+1)/2 \rceil - 1}$ 不是交既约元, 则

$$\varnothing \subset \{a_n\} \subset \{a_n, a_{n-1}\} \subset \cdots \subset \{a_n, \cdots, a_{\lceil (n+1)/2 \rceil - 1}\} \subset \left[a_{\lceil (n+1)/2 \rceil - 1}\right)$$

$$\subset \left[a_{\lceil (n+1)/2 \rceil - 1}\right) \cup \left\{a_{\lceil (n+1)/2 \rceil - 2}\right\} \subset \cdots \subset [a_1) \subset [a_1) \cup \{a_0\} \subset [a_0)$$

是 $Sub(L)$ 中一条长为 $\lceil 3(l(L)+1)/2 \rceil$ 的链. 具体原因如下.

(1) 显然

$$\{a_n, \cdots, a_j\}, \quad \lceil (n-1)/2 \rceil \leqq j \leqq n,$$

$$[a_k) \cup \{a_{k-1}\}, \quad 1 \leqq k \leqq \lceil (n-1)/2 \rceil$$

均为 L 的子格.

(2) 当 $i \neq j(\lceil (n-1)/2 \rceil \leqq i, j \leqq n)$ 时, $\{a_n, \cdots, a_j\} \neq \{a_n, \cdots, a_i\}$.

(3) 因 $a_{\lceil (n-1)/2 \rceil}$ 是非交既约元, 故

$$\left[a_{\lceil (n-1)/2 \rceil}\right) \supset \{a_n, \cdots, a_{\lceil (n-1)/2 \rceil}\}.$$

(4) 显然

$$[a_k) \subset [a_k) \cup \{a_{k-1}\}, \quad 1 \leqq k \leqq \lceil (n-1)/2 \rceil.$$

(5) 因为 $a_i\,(0 \leqq i \leqq \lceil (n-3)/2 \rceil)$ 是非交既约元, 故

$$[a_{i+1}) \cup \{a_i\} \subset [a_i),$$

因而,

$$l(Sub(L)) \geqq \lceil 3(l(L)+1)/2 \rceil.$$

证毕.

定理 3.16 若 L 中含有 k 个皇冠, 记为 $N_1, N_2, \cdots, N_k$, 且

$$N_i \cap N_j = \varnothing \quad (i \neq j, 1 \leqq i, j \leqq k),$$

则有

$$l(Sub(L)) \leqq |L| - k.$$

证明 假设 N_i 如图 3.8 所示, 首先证明以下两个结论成立.

(1) 若 N_i 含 $2n_i$ 个元, 且 A 是 L 的子格, 如果

$$|N_i \cap A| \geqq 2n_i - 1,$$

则必有

$$N_i \subseteq A.$$

这是因为, 若

$$|N_i \cap A| = 2n_i,$$

显然,

$$N_i \subseteq A.$$

若

$$|N_i \cap A| = 2n_i - 1,$$

由鸽巢原理或者 $a_i(1 \leqq i \leqq n_i)$ 都属于 A, 或者 $b_j(1 \leqq j \leqq n_i)$ 都属于 A, 这样必有

$$N_i \subseteq A.$$

(2) 若 L_1, L_2 是 L 的子格, 并且 $L_1 \subset L_2, L_2$ 含有 m 个互不相交的皇冠. 而 L_1 不含这 m 个皇冠, 则

$$|L_2 \backslash L_1| \geqq 2m.$$

这可以用反证法来证明, 若

$$|L_2 - L_1| < 2m,$$

由鸽巢原理必有某个皇冠 N_i,

$$|N_i \cap L_1| = 2n_i - 1,$$

由上述结论 (1) 可知, $N_i \subseteq L_1$, 这与 L_1 不含 N_i 矛盾!

假设

$$\varnothing = L_0 \prec L_1 \prec \cdots \prec L_n$$

是 $Sub(L)$ 中一条最长的链, 则

$$|L| = \left|\bigcup_{i=1}^{n} (L_i - L_{i-1})\right| = \sum_{i=1}^{n} |L_i - L_{i-1}|.$$

又因为

$$\varnothing \subseteq N_i \subseteq L_n,$$

所以, 对任何 N_i 必有某个 L_j 使

$$N_i \subseteq L_j, \quad N_i \not\subset L_{j-1}.$$

设 L_j 中含满足这一条件的皇冠 m_i 个, 则

$$|L| = \sum_{i=1}^{n} |L_i - L_{i-1}| \geqq \sum_{i=1}^{n} m_i + n \geqq k + n,$$

故

$$l(Sub(L)) = n \leqq |L| - k.$$

证毕.

定理 3.17 若 L 是一个有限格, 则

$$|A_n| + \lceil 3C(L\backslash A_n)/2 \rceil \leqq l(Sub(L)) \leqq |L| - k,$$

其中 $C(L)$ 表示 L 中最长链所含元的个数, k 表示 L 所含互不相交的皇冠的个数.

证明 由定理 3.14 知

$$l(Sub(L)) = |A_n| + l(Sub(L\backslash A_n)).$$

若

$$L\backslash A_n = \varnothing,$$

则

$$l(Sub(L)) = |A_n| + l(Sub(\varnothing)) = |A_n| = |A_n| + \lceil 3C(\varnothing)/2 \rceil .$$

若

$$L\backslash A_n \neq \varnothing,$$

则 $L\backslash A_n$ 一定不含有双既约元, 由定理 3.15 知

$$l(Sub(L\backslash A_n)) \geqq \lceil 3(l(L\backslash A_n)+1)/2 \rceil = \lceil 3C(L\backslash A_n)/2 \rceil ,$$

故

$$l(Sub(L)) \geqq |A_n| + \lceil 3C(L\backslash A_n)/2 \rceil .$$

再由定理 3.16 即得结论成立. 证毕.

当格的某个链的并既约元或交既约元的个数较多时, 从定理 3.17 的证明可知用以下公式可以得到更为近似的结果.

推论 3.1 若 L 是任一有限格, 则

$$l(Sub(L)) \geqq |A_n| + \psi,$$

其中

$$\psi = \max_{C\text{是链}, C\subseteq(L\backslash A_n)} \left(|C| + \frac{J(C)+M(C)+|J(C)-M(C)|}{2} \right),$$

$J(C)$ 是 C 在 $L\backslash A_n$ 中的非并既约元个数, $M(C)$ 是 C 在 $L\backslash A_n$ 中非交既约元个数.

例 3.4 若 L 是平面格当且仅当 L 不含皇冠, 又因为平面格总含有双既约元, 并且平面格的子格为平面格, 因而

$$A_n = L,$$

故得

$$L\backslash A_n = \varnothing,$$

由定理 3.17 可知

$$l(Sub(L)) = |L|.$$

例 3.5　若 L 如图 3.9 所示,

$$|L| = 10 \times n, \quad k = n, \quad C(L) = 6n, \quad A_n = \varnothing,$$

$$|A_n| + \lceil 3C(L\backslash A_n)/2 \rceil = 9n, \quad |L| - k = 9n,$$

由定理 3.17 可知

$$l(Sub(L)) = 9n.$$

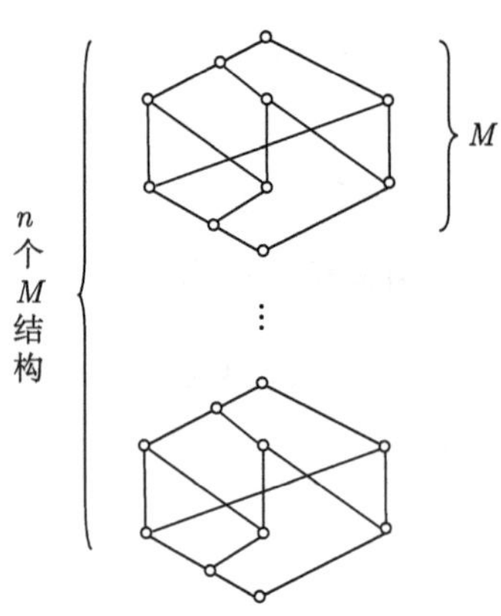

图 3.9　含 n 个 M 结构的格

3.3.2　子格格中一类特殊链的长度估计式

上面讨论的子格格长度问题, 实际上是讨论子格格中最大链的长度估计问题, 以下应用这些结论, 讨论一个从特殊点出发的子格格最大链的估计问题.

定理 3.18　若 L 是一有限格, $a \in L$, C 是 $Sub(L)$ 中每个元都包含 a 的最长链, 则有以下结论:

(1) $l(C) \leqq |L| - k - 1$,

(2) 当 $a \in A_n$ 时,

$$l(C) \geqq |A_n^*| + l\left(Sub\left((L\backslash A_n^*) \cap [a)\right)\right) + l\left(Sub\left((L\backslash A_n^*) \cap (a]\right)\right) - 1,$$

(3) 当 $a \notin A_n$ 时,

$$l(C) \geqq |A_n| + \lceil 3C^*(L\backslash A_n)/2 \rceil - 1,$$

其中 k 表示 L 所含互不相交的皇冠的个数, $C^*(L)$ 表示 L 中含 a 的最长链所含元的个数. 从 L 中去掉任意一个不是 a 的双既约元 a_1, 再从 $L\backslash\{a_1\}$中去掉任意一个不是 a 的双既约元 a_2, 直到不能去掉为止, 所有去掉的元所构成的集合, 记为 A_n^*.

证明　(1) 若 C 是 $Sub(L)$ 中每个元都包含 a 的最长链, 则必有 $\{\varnothing\}\cup C$ 也是 $Sub(L)$ 的一条链, 又由定理 3.17 知

$$l(C)+1\leqq l(Sub(L))\leqq |L|-k,$$

从而

$$l(C)\leqq |L|-k-1.$$

(2) 当 $a\in A_n$ 时, 对任意的

$$P\in Sub\left((L\backslash A_n^*)\cap[a)\right),\quad Q\in Sub\left((L\backslash A_n^*)\cap(a]\right)$$

有

$$P\cup Q\cup\{a\}\in Sub(L\backslash A_n^*).$$

假设

$$C_1: P_1\subset P_2\subset\cdots\subset P_{n_1}$$

是 $Sub\left((L\backslash A_n^*)\cap[a)\right)$ 中的一条最长的链,

$$C_2: Q_1\subset Q_2\subset\cdots\subset Q_{n_2}$$

是 $Sub\left((L\backslash A_n^*)\cap(a]\right)$ 中的一条最长的链, 并设

$$A_n^*=\{b_1,b_2,\cdots,b_m\},$$

且 b_i 的角标的顺序即为它们依次消去的顺序, 各集合间的关系如图 3.10 所示.

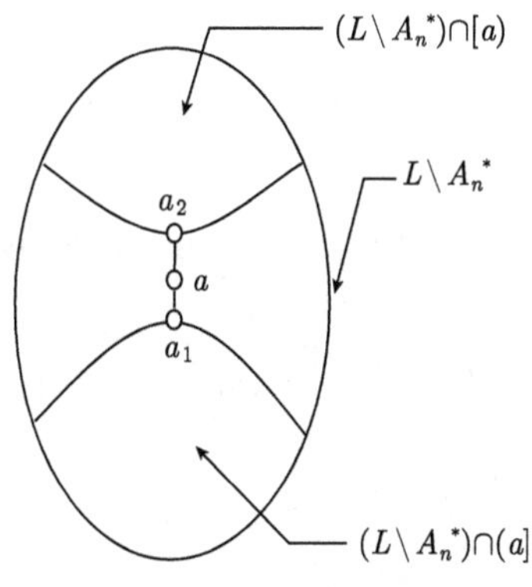

图 3.10　各集合的关系

首先, 构造 $Sub(L)$ 中的一条链 C_3, 其中

$$C_3: P_1\cup\{a\}\subset P_2\cup\{a\}\subset\cdots\subset P_{n_1}\cup\{a\}$$
$$\subset P_{n_1}\cup\{a\}\cup Q_1\subset P_{n_1}\cup\{a\}\cup Q_2\subset\cdots\subset P_{n_1}\cup\{a\}\cup Q_{n_2}\subset(L\backslash A_n^*)\cup\{b_m\}$$
$$\subset(L\backslash A_n^*)\cup\{b_m,b_{m-1}\}\subset\cdots\subset(L\backslash A_n^*)\cup\{b_m,b_{m-1},\cdots,b_1\}.$$

显然, 链 C_3 的长度至少为

$$|A_n^*|+l\left(Sub\left((L\backslash A_n^*)\cap[a)\right)\right)+l\left(Sub\left((L\backslash A_n^*)\cap(a]\right)\right)-1.$$

(3) 当 $a\notin A_n$ 时, 设

$$A_n=\{d_1,d_2,\cdots,d_k\},$$

其中 d_j 的下标的顺序即为它们依次消去的顺序, 并且

$$C: a_0\prec a_1\prec\cdots\prec a_m$$

是满足 $a\in C$ 的 $L\backslash A_n$ 中一条最长的链.

因为 $L\backslash A_n$ 不含双既约元, 因此, a_i都不是双既约元, 由鸽巢原理必有 $\lceil(m+1)/2\rceil$ 个元或者不是交既约元, 或者不是并既约元. 不失一般性, 设 $a_0,a_1,\cdots,a_{\lceil(m+1)/2\rceil-1}$ 不是交既约元, 且 $a_0=a$, 则类似定理 3.15 的证明可知

$$\{a\}\subset\{a_m,a\}\subset\{a_m,a_{m-1},a\}\subset\cdots\subset\{a_m,\cdots,a_{\lceil(m+1)/2\rceil-1},a\}$$

$$\subset\left[a_{\lceil(m+1)/2\rceil-1}\right)\cup\{a\}\subset\left[a_{\lceil(m+1)/2\rceil-1}\right)\cup\{a,a_{\lceil(m+1)/2\rceil-2}\}$$

$$\subset\left[a_{\lceil(n+1)/2\rceil-2}\right)\cup\{a\}\subset\cdots\subset[a_2)\cup\{a\}\subset[a_2)\cup\{a_1,a\}\subset[a_1)\cup\{a\}$$

$$\subset[a)\subset(L\backslash A_n)\cup\{d_k\}\subset(L\backslash A_n)\cup\{d_k,d_{k-1}\}\subset\cdots$$

$$\subset(L\backslash A_n)\cup\{d_k,d_{k-1},\cdots,d_1\}$$

是 $Sub(L)$ 中一条链. 因此, 当 $a\notin A_n$ 时,

$$l(C)\geqq|A_n|+\lceil 3C^*(L\backslash A_n)/2\rceil-1.$$

例 3.6 一个地区有 6 个相关企业进行生产, 其中一巨型企业 a 为了扩大国际竞争力, 准备制定一个兼并计划, 并希望在每次兼并后新企业的生产都能形成有机整体 (假设构成了格), 即新企业有一个原料加工企业、一个成品加工企业和若干中间产品生产企业. 设该地区内各企业的可兼并方案如图 3.11 所示, 其中两个元之间的连线表示下面的企业可以改造成上面企业的原料生产企业, 并为该企业输送基础原料.

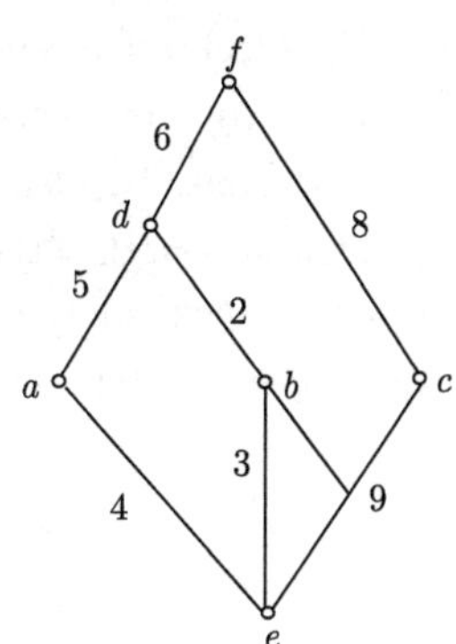

图 3.11 各工厂的关系图

(1) 为了使兼并更容易成为可能, 假设企业 a 希望在兼并次数尽可能多的情况下, 每次兼并后的效率能更大, 由于

$$A_n^* = \{b, c, d, e, f\}, \quad (L \backslash A_n^*) \cap [a) = \varnothing, \quad (L \backslash A_n^*) \cap (a] = \varnothing, \quad k = 0,$$

因此, 由定理 3.18 可知, 完成地区兼并最大可能次数是 5 次.

在寻找最优方案时, 可使用以下算法:

① 每次只吸收一个元构成格.

② 在所有可吸收的元中首先选择新增边的权数和最大的元.

由此算法易得最优方案是

$$\{a\} \to \{a, d\} \to \{a, d, f\} \to \{a, d, f, e\} \to \{a, d, f, e, c\} \to \{a, d, f, e, c, b\}.$$

(2) 若 a 为了加快兼并速度和效率, 希望每次联合一个企业进行兼并, 并使兼并的次数最少, 而每次兼并后的效率最大, 则最优方案是

$$\{a\} \to (\{a\} \cup \{b\}) \cup \{d, e\} \to (\{a, b, d, e\} \cup \{c\}) \cup \{f\}.$$

该方案表示 a 企业首先联合 b 去兼并 d 和 e, 然后再联合 c 兼并 f.

参 考 文 献

[1] 马占新. 关于格的子格格长度 [J]. 内蒙古大学学报, 1996, 27(3): 597-600

[2] 马占新, 赵萃魁. 关于格的子格格中所含五边形个数的估计式 [J]. 数学杂志, 2002, 22(4): 459-463

[3] 马占新, 张海娟. 关于子格格的若干性质 [J]. 内蒙古大学学报, 2004, 35(3): 241-245

[4] Gratzer G. General Lattice Theory [M]. New York: Series Academic Press, 1978

[5] Ma Z X. On a characterization theorem of semi-modular lattices [J]. Northeastern Mathematical Journal, 1999, 15(4): 382-384

[6] Koh K M. On sublattices of a lattice[J]. Nanta Math, 1973, 6(1): 68-79

[7] Chen C C, Koh K M. On the length of the lattice of sublattices of a finite distributive lattice[J]. Algebra Universails, 1982, 15(1): 233-241

[8] Koh K M. On the length of the sublattices-lattice of a finite distributive lattice[J]. Algebra Universails, 1983, 16(1): 282-336

[9] Jörg S. On the length of the lattice of sublattices of a finite distributive lattice[J]. Algebra Universails, 1993, 30(3):331-336

[10] 屈婉玲. 组合数学 [M]. 北京：北京大学出版社，1991

第 4 章 偏序集理论在树形图结构刻画中的应用

树形图描述一种重要的数据结构, 许多分析方法都和树形图有关. 为了进一步促进树形图结构的研究, 首先通过引入零元的概念将树形图结构转化为格结构, 证明加入零元的树形图在给定序关系下构成格, 进而, 将格的有关理论引入树形图的逻辑运算中. 其次, 探讨格的有关理论在树形图结构表示、逻辑运算等方面的应用, 给出基于格论的树形图表示方法等相关结论. 这也为树形图的运算提供了新工具. 本章内容主要来源于文献 [1].

树形图概念非常重要, 原因在于它描述了一种离散结构的层次关系, 而层次结构是一种重要的数据结构, 所以树形图在相当广泛的领域中都有应用 [2]. 特别是在风险评估等领域中许多分析方法 (如事件树、故障树、概率树、决策树和风险贡献树) 都和树形图有关 [3,4]. 在这些结构中多采用图论等进行逻辑分析和运算 [5]. 事实上, 通过简单的转化, 格的有关理论和运算也可以引入到这些方法中. 首先, 通过引入零元的概念将树形图结构转化为格结构, 证明加入零元的树形图在给定序关系下构成格, 进而, 将格的有关理论引入到树形图的逻辑运算中. 同时, 探讨格的有关理论在树形图结构表示、逻辑运算等方面的应用, 给出基于格论的树形图转化定理、表示定理等许多相关结论. 这些结果的意义在于: 首先, 将格的计算引入该类数据结构中, 为其中的一些逻辑运算提供了新的工具和理论支持. 其次, 有利于进一步定量研究和部分运算的计算机程序化. 例如, 先将系统所有可能的事故以格结构的形式表示出来, 然后, 在给定格的运算域上就可以应用计算机来计算子系统的风险状况、分析事故发生的可能链条、导致事故发生的可能原因以及预测事故可能波及的子系统等. 如果能进一步将有关结果和逻辑电路的理论相结合, 则有可能为树形图结构的智能化研究提出新的思路.

4.1 树的基本概念及应用

"树" 是图论中的一个重要概念, 在管理决策中具有广泛的应用, 如事件树、故障树、概率树、决策树和风险贡献树等许多分析方法都和树有关, 下面首先介绍一下有关图论的一些概念.

假设共有 5 个人分别用 v_1, v_2, v_3, v_4, v_5 表示. 这 5 个人中, v_1, v_2 和 v_3 之间相互认识, v_3 和 v_4 相互认识, v_2 和 v_5 相互认识, v_4 和 v_5 也相互认识, 则他们的关系可用图 4.1 表示出来.

由图 4.1 可见, 当抛开图所代表的具体内容时, 组成图的基本元素实际上是一些点和线.

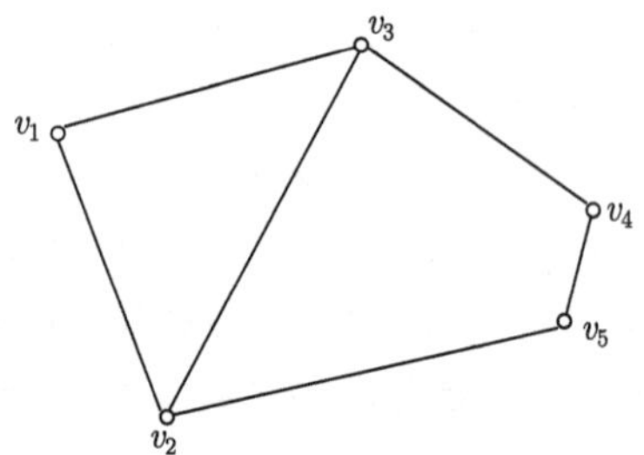

图 4.1 某五个人的相互认识关系

如果把图中的 "。" 称为**点**, 用符号 $v_1, v_2, \cdots, v_n$ 表示, 把连线称为**边**, 用符号 $e_1, e_2, \cdots, e_m$ 表示. 令

$$V = \{v_1, v_2, \cdots, v_n\}, \quad E = \{e_1, e_2, \cdots, e_m\},$$

则可以用符号 $G=(V, E)$ 来表示一个**图**. 像图 4.1 那样由点和边构成的图称为**无向图**, 简称**图**.

如果把图 4.1 中的 "相互认识" 的关系改成 "认识" 的关系, 那么只有两点之间的连线就很难刻画他们之间的关系了. 例如, v_2 认识 v_5, 但 v_5 并不一定认识 v_2, 这时引入一个带有箭头的连线来表述, 称为**弧**. 像图 4.2 那样由点和弧构成的图称为**有向图**, 通常用 $D=(V, A)$ 来表示, 其中 V 为图的点集合, A 为图的弧集合.

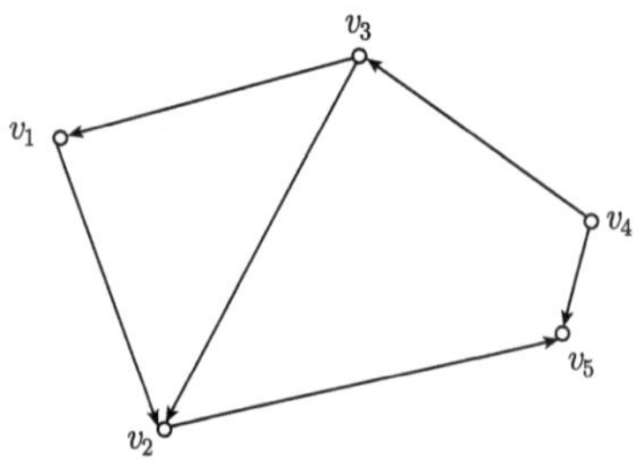

图 4.2 某五个人的认识关系

对于图 $G = (V, E)$ 中的一个点、边交错序列

$$v_{i_1}, e_{i_1}, v_{i_2}, e_{i_2}, \cdots, v_{i_{k-1}}, e_{i_{k-1}}, v_{i_k},$$

如果满足

$$e_{i_t} = (v_{i_t}, v_{i_{t+1}}), \quad t = 1, 2, \cdots, k-1,$$

则称其为一条连接 v_{i_1} 与 v_{i_k} 的**链**, 这时 v_{i_1} 与 v_{i_k} 分别称为链的**起点**和**终点**, 其余点称为链的**中间点**. 如果链的起点和终点重合, 即 $v_{i_1} = v_{i_k}$, 则称其为**圈**.

一个图 $G = \{V, E\}$ 中的任意两个点之间如果至少存在一条通路, 则称图 G 为**连通图**, 否则称为**不连通图**. 所谓**树**就是一个无圈的连通图.

4.2 关于树形图结构的研究

4.2.1 一般树形图结构的转化与运算的引入

在综合安全评估中事件树分析方法、故障树分析方法以及风险贡献树分析方法等都是常用而且重要的技术手段. 其中事件树以图表的形式从初始事件开始在每一个具有控制或调节措施的影响点处进行分支直到识别出最终的结果, 应用它可以探究事件的发展和演化的过程. 故障树则将大的故障分解成各种小的故障, 或对引起故障的原因进行分解. 它表明了不同的事故和子事故之间的逻辑关系, 揭示了每种事故直接的原因. 与其相似的还有概率树、决策树等, 这些决策方法都和树形图有关. 树形图刻画了一个离散结构的层次关系和数据结构, 对于树形图本身它不是格, 但当引入一个零元并定义某种序关系后, 它可以构成格. 在这种情况下, 格的有关运算和结论便可以自然地应用于树形图结构中.

首先给出一些有关的定义和引理.

定义 4.1[6] 若 a 是格 L 中的一个元, a 覆盖 0, 则称 a 是 L 的一个原子.

定义 4.2[2] 若一棵有向树 $D = (V,\ A)$ 恰有一个点的入度为 0, 其余所有点的入度为 1, 则称该有向树为**树形图**. 入度为 0 的点称为树形图的**树根**, 出度为 0 的点称为**树叶**, 出度非 0 的点称为**内点**.

定理 4.1 假设 $D = (V,\ A)$ 是一个有 N 个点的树形图, 任取一个点 $0 \notin V$, 令

$$TDset = V \cup \{0\},$$

定义 $TDset$ 上的二元关系 $\ll$ 为

(1) 若 $a, b \in V$, 则 $a \ll b$ 当且仅当 a, b 间存在一条由 b 到 a 的有向路或 $a = b$,

(2) 规定 $0 \ll 0$, 并且对任何 $a \in V$, $0 \ll a$,

则 $(TDset, \ll)$ 是一个格.

证明 对任何 $TDset$ 中的元素 a, 显然 $a \ll a$, 即 $\ll$ 具有自反性.

对任何 $a,b \in TDset$, 若

$$a \ll b \text{且} b \ll a,$$

则 a, b 只有以下 3 种情况.

(1) 若 a= 0 且 b= 0, 则显然 $a = b$.

(2) 若 a 或 b 只有一个为 0, 则由 $\ll$ 的定义可知 $a \ll b$ 和 $b \ll a$ 不可能同时成立, 因此, 这种情况不可能存在.

(3) 若 a 和 b 均不为 0, 则必有 $a = b$. 否则, 因 $a \ll b$, 故存在一条由 b 到 a 的有向路, 同理可知存在一条由 a 到 b 的有向路. 因此, a,b 间有一条回路, 这与 $D = (V, A)$ 是一个树形图矛盾, 即 $\ll$ 具有反对称性.

对任何 a,b, $c \in TDset$, 若

$$a \ll b \quad 且 \quad b \ll c,$$

分以下 3 种情况讨论.

(1) 若 a=0, 则由 $\ll$ 的定义知 $a \ll c$.

(2) 若 $a \neq$0 且 a, b, c 中存在两个相等, 则由

$$a \ll b \quad 和 \quad b \ll c,$$

以及 $\ll$ 的自反性, 易得 $a \ll c$.

(3) 若 $a \neq$0 且 a, b, c 互不相等, 则由 $\ll$ 的定义知 b, c 不为 0. 因为 $a \ll b$, 故存在一条由 b 到 a 的有向路, 同理可知存在一条由 c 到 b 的有向路. 因此, 存在一条由 c 到 a 的有向路, 故 $a \ll c$, 即 $\ll$ 具有传递性.

由上述结论可知二元关系 $\ll$ 为一个偏序关系, 下证 ($TDset$,$\ll$) 是一个格.

对任何 a,$b \in TDset$, 若 a 与 b 可比, 显然 $\inf\{a, b\}$与 $\sup\{a, b\}$存在.

若 a 与 b 不可比, 显然 a,$b \neq$0. 假设 $\sup\{a, b\}$不存在, 树的根为 a, b 的一个上界, 因此, a, b 不存在最小上界, 故存在 d,$g \in TDset$, 满足

$$a, b \ll d, g$$

并且 d,g 不可比. 显然 a 不等于 d 或 g. 否则, 与 a, b 不可比矛盾.

由于

$$a \ll d, g,$$

因此, 分别存在从 d 到 a 以及从 g 到 a 的有向路, 设从 d 到 a 的有向路是

$$d_1(= d), e_1, \cdots, d_m, e_m, a.$$

从 g 到 a 的有向路是

$$g_1(= g), \tilde{e}_1, \cdots, g_n, \tilde{e}_n, a,$$

不妨设 m 小于等于 n.

若 $d_m \neq g_n$, 则 a 的入度大于 1, 这与 $D=(V, A)$ 是一个树形图矛盾, 因此

$$d_m = g_n.$$

类似地, 应用数学归纳法可得

$$d = g_{n-m+1},$$

由 $\ll$ 的定义可知 $d \ll g$, 这与 d,g 不可比矛盾! 故 $\sup\{a, b\}$存在.

若 a 与 b 不可比, 则不存在 $h \in V$, 使得

$$h \ll a, b.$$

否则, 分别存在从 a 到 h 以及从 b 到 h 的有向路, 类似 $\sup\{a, b\}$的证明可以得到矛盾的结论. 因此, 必有

$$\inf\{a, b\} = 0.$$

由格的定义可知 $(TDset,\ll)$ 是一个格. 证毕.

例 4.1 如图 4.3 所示是一个刹车系统的故障分解图.

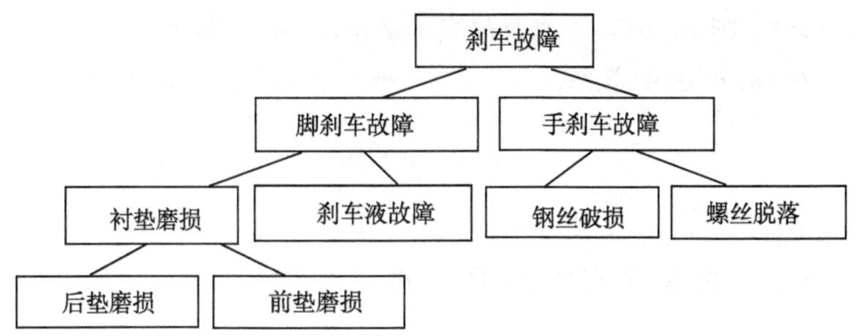

图 4.3 事故分解图

它的结构可以用如图 4.4 所示的树形图表示.

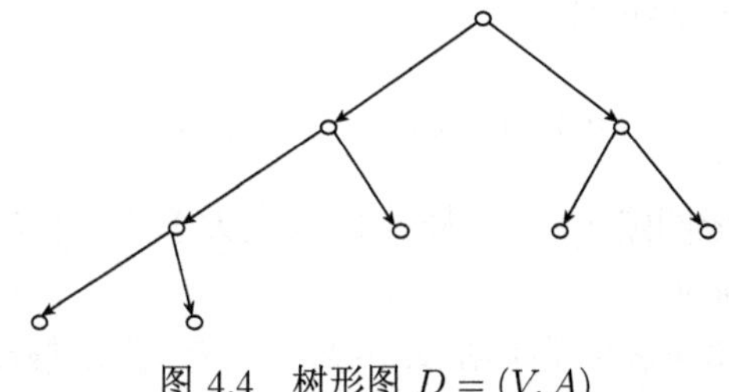

图 4.4 树形图 $D=(V, A)$

按照定理 4.1 构造的格 $(TDset,\ll)$, 即为如图 4.5 所示的格.

从图 4.4 和图 4.5 上看, 树形图 $D=(V, A)$ 与格 $(TDset,\ll)$ 的区别在于 $TDset$ 比点集 V 多一个零元, 二元关系 $\ll$ 比弧集 E 多了从所有树叶到 0 的有向弧. 因此, 格 $(TDset,\ll)$ 从结构上较好地保留了树形图 $D=(V, A)$ 的特征, 同时, 格的有关理论也可以很自然地应用于树形图的分析中, 从格论的角度出发, 可以得到许多新的结论. 这对树形图理论的进一步研究是有意义的.

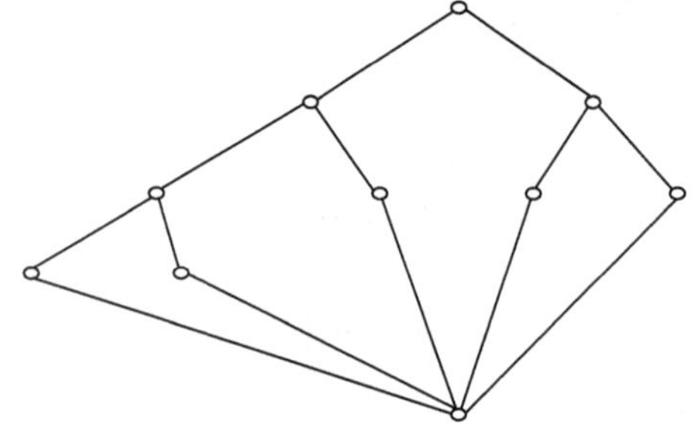

图 4.5 格 $(TDset,\ll)$

为方便起见以下称格 $(TDset,\ll)$ 为树形图 $D=(V, A)$ 的伴随格.

4.2.2 基于偏序集理论的树形图结构表示方法

定理 4.2 设 $D=(V, A)$ 是一个树形图, 并且它有有限个点, $(L,\ll)$ 是它的伴随格, $u, v\in V$, 则 $(u, v)\in A$ 当且仅当 $u\neq 0, v\neq 0$, u 覆盖 v.

证明 若 $(u, v)\in A$, 显然,

$$u\neq 0,\quad v\neq 0,$$

由 $\ll$ 的定义知 $v\ll u$.

假设 v 不被 u 覆盖, 则存在 $d\in V$, 使得

$$d\neq u,\quad d\neq v,\quad v\ll d\ll u,$$

由 $\ll$ 的定义知存在由 u 到 d 和从 d 到 v 的有向路.

假设从 d 到 v 的有向路是

$$d_1(=d), e_1, \cdots, d_m, e_m, v,$$

显然 $d_m\neq u$, 否则构成回路矛盾, 这样 v 的入度大于 1. 这与 $D=(V, A)$ 是一个树形图矛盾, 故 u 覆盖 v.

若 u 覆盖 v, $u\neq 0, v\neq 0$, 则存在从 u 到 v 的有向路. 假设 $(u, v)\notin A$, 则必存在 $d\in V$, 使得

$$d\neq u,\quad d\neq v,$$

存在由 u 到 d 和从 d 到 v 的有向路. 由 $\ll$ 的定义知

$$v \ll d \ll u,$$

故 u 不覆盖 v, 矛盾! 证毕.

定理 4.3 设 $D=(V, A)$ 是一个树形图, 并且它有有限个点, D 的伴随格 $(L,\ll)$ 的所有双既约元集合和所有原子集合分别为 $Irr(L)$ 和 $Atom(L)$, 则有以下结论:

(1) 对任意 $a \in V$, 必有

$$a = \vee((Atom(L) \cup Irr(L)) \cap (a]).$$

(2) 对任意 $a, b \in V$,

$$a \ll b$$

当且仅当

$$(Atom(L) \cup Irr(L)) \cap (a] \subseteq (Atom(L) \cup Irr(L)) \cap (b].$$

证明 (1) 对任意 $a \in V$, 若 a 是双既约元, 则显然有

$$a \in (Atom(L) \cup Irr(L)) \cap (a].$$

又因为任意

$$b \in (Atom(L) \cup Irr(L)) \cap (a],$$

有

$$b \ll a,$$

所以

$$a = \vee((Atom(L) \cup Irr(L)) \cap (a]).$$

若 a 不是双既约元, 则由树形图的定义可知 a 一定不是并既约元. 因此, 存在 $b_1, c_1 \in V$, b_1, c_1 不可比, 使得

$$a = b_1 \vee c_1.$$

若 b_1 是双既约元或原子, 则 b_1 的分解停止, 否则, 必存在 $b_{11}, b_{12} \in V$, b_{11}, b_{12} 不可比, 使得

$$b_1 = b_{11} \vee b_{12},$$

故有

$$a = b_{11} \vee b_{12} \vee c_1,$$

对 c_1 可以同样进行分解.

由于 $D=(V, A)$ 有有限个点, 根据原子的定义和数学归纳法可知, 如此进行下去必有

$$S \subseteq (Atom(L) \cup Irr(L)) \cap (a],$$

使得

$$a = \vee S.$$

显然

$$\vee S \ll \vee((Atom(L) \cup Irr(L)) \cap (a]),$$

因此,

$$a \ll \vee((Atom(L) \cup Irr(L)) \cap (a]).$$

此外, 对任意

$$d \in (Atom(L) \cup Irr(L)) \cap (a],$$

有 $d \ll a$, 因此,

$$\vee((Atom(L) \cup Irr(L)) \cap (a]) \ll a.$$

由以上讨论可得

$$a = \vee((Atom(L) \cup Irr(L)) \cap (a]).$$

(2) 若对任意 $a, b \in V$, $a \ll b$, 则必有

$$(a] \subseteq (b],$$

根据集合的运算性质显然有

$$(Atom(L) \cup Irr(L)) \cap (a] \subseteq (Atom(L) \cup Irr(L)) \cap (b].$$

反之, 若

$$(Atom(L) \cup Irr(L)) \cap (a] \subseteq (Atom(L) \cup Irr(L)) \cap (b],$$

则必有

$$\vee((Atom(L) \cup Irr(L)) \cap (a]) \ll \vee((Atom(L) \cup Irr(L)) \cap (b]),$$

根据 (1) 可知 $a \ll b$. 证毕.

定理 4.2、定理 4.3 表明树形图 $D=(V, A)$ 完全可以由其伴随格 $(L,\ll)$ 中的原子和双既约元表示出来.

事实上, 在许多问题的分析中被用到的树形图结构或网络图常常可以被描述如下: 由一个初始情况向下分解为 n_1 种情况, 不妨称它们为第一层元素, 其中每种情况可以停止分解, 也可继续进行分解. 称由第一层元素再次分解得到的情况为第二层元素, 不妨设为 n_2 个, 并且第二层的每个元是由第一层中的唯一的元素分解得到的, 如此下去, 直到所有分解停止. 假设分解到第 N 层停止.

在上述分解过程中, 记初始情况为 a_{01}^0, 称没有继续进行分解的情况为底情况, a_{ij}^k 表示第 k 层的第 j 个元素, 且它是由第 $k-1$ 层的第 i 个元素分解得到的, 其中 $k=1,2,\cdots,N,\ j=1,2,\cdots,n_k$.

记上述树形图结构为 $D=(DS,\ ES)$, 其中

$$DS=\{a_{ij}^k|k=0,1,\cdots,N;j=1,2,\cdots,n_k\}$$

是点集, ES 是弧集. 规定一种理想的情况, 它是一切事件能够分解到的最小部分. 记为 "0" 情况, 则由定理 4.1 可知集合 $LDS=DS\cup\{0\}$在序关系 $\ll$ 下构成格.

定义格 $(LDS,\ll)$ 上的两个二元运算 $\wedge$ 与 $\vee$ 为

$$a\wedge b=\inf\{a,b\},\quad a\vee b=\sup\{a,b\},$$

则以下结论表明: 树形图 $D=(DS,\ ES)$ 的底事件可以由其伴随格中的原子来刻画. 这些事件可以看成是 "元事件".

定理 4.4 在树形图结构 $D=(DS,ES)$ 中, 对任意点 $a_{ij}^k\in DS$, 有

(1) a_{ij}^k 是底情况的充要条件是 a_{ij}^k 为 $(LDS,\ll)$ 的原子.

(2) a_{ij}^k 是底情况的充要条件是 a_{ij}^k 为 $(LDS,\ll)$ 的双既约元.

证明 (1) 对任意 $a_{ij}^k\in DS$, 若 a_{ij}^k 不是底情况, 那么, a_{ij}^k 的分解还没有停止, 故至少在第 k+1 层存在两个元 $a_{i_1j_1}^{k+1}$, $a_{i_2j_2}^{k+1}$ 是由 a_{ij}^k 分解得到的, 并且它们不为 0. 因此

$$a_{i_1j_1}^{k+1}\in LDS\text{且}0\ll a_{i_1j_1}^{k+1}\ll a_{ij}^k.$$

由原子的定义知 a_{ij}^k 不是原子.

反之, 若 a_{ij}^k 不是原子, 则存在 $a_1\in LDS$, 使得

$$0\ll a_1\ll a_{ij}^k,\quad 0\neq a_1\neq a_{ij}^k,$$

由偏序关系的定义知 a_1 是由 a_{ij}^k 分解得到的, 因此 a_{ij}^k 不是底情况.

(2) 对任意 $a_{ij}^k\in DS$, 若 a_{ij}^k 不是底情况, 那么, a_{ij}^k 的分解还没有停止, 故至少在第 k+1 层存在两个元 $a_{i_1j_1}^{k+1}$, $a_{i_2j_2}^{k+1}$ 是由 a_{ij}^k 分解得到的, 因此 $a_{i_1j_1}^{k+1}$, $a_{i_2j_2}^{k+1}$, a_{ij}^k 互不相等, 并且 a_{ij}^k 覆盖 $a_{i_1j_1}^{k+1}$ 和 $a_{i_2j_2}^{k+1}$, 因此,

$$a_{i_1j_1}^{k+1}\vee a_{i_2j_2}^{k+1}=a_{ij}^k,$$

由双既约元的定义知, a_{ij}^k 不是 $(LDS,\ll)$ 的双既约元.

反之, 若 a_{ij}^k 不是 $(LDS,\ll)$ 中的双既约元, 那么必存在 $b, c \in LDS$, b, c 与 a_{ij}^k 互不相等, 并且

$$a_{ij}^k = b \wedge c \quad \text{或者} \quad a_{ij}^k = b \vee c.$$

若

$$a_{ij}^k = b \wedge c,$$

则

$$a_{ij}^k \ll b, c.$$

类似于定理 4.1 的证明可知必存在第 $k-1$ 层的两个元素 $a_{i_1j_1}^{k-1}, a_{i_2j_2}^{k-1}$ 满足

$$a_{ij}^k = a_{i_1j_1}^{k-1} \wedge a_{i_2j_2}^{k-1}.$$

这与每个元是由上一层中的唯一的元素分解得到的假设相矛盾, 因此

$$a_{ij}^k = b \wedge c$$

不可能成立.

若

$$a_{ij}^k = b \vee c,$$

则

$$b, c \ll a_{ij}^k,$$

因此, a_{ij}^k 的分解没有被停止, a_{ij}^k 不是底情况. 故结论成立. 证毕.

对于树形图 D=(DS, ES), 以下结论表明, 树形图的每一个点都可以通过其伴随格中的两个原子的并计算出来. 这也反映了一个事件可以由哪些 "元事件" 诱发, 两个 "元事件" 可能诱发哪些更高级的事件.

定理 4.5 在树形图结构 D=(DS, ES) 中, 对任意点 $a \in DS$, 必存在 $(LDS,\ll)$ 的两个原子 b, c, 使得

$$a = b \vee c.$$

证明 若 $a \in DS$ 是 $(LDS,\ll)$ 的原子, 显然

$$a = a \vee a.$$

若 a 不是 $(LDS,\ll)$ 的原子, 由定理 4.4 知 a 不是 D=(DS, ES) 的底情况, a 至少被分解成两种情况 b_1, c_1. 若 b_1, c_1 是原子, 则显然

$$a = b_1 \vee c_1.$$

若 b_1, c_1 只有一个不是原子, 假设 b_1 不是 $(LDS,\ll)$ 的原子, 则由定理 4.4 知 b_1 不是 D=(DS, ES) 的底情况, 故 b_1 至少被分解成两种情况. 任取一种情况记为 b_2, 若 b_2 的分解停止, 则 b_2 是 $(LDS,\ll)$ 的原子. 否则, b_2 至少被分解成两种情况, 任取一种情况记 b_3, 如此进行下去, 假设共进行 m 步停止, 得到序列

$$b_1, b_2, b_3, \cdots, b_m,$$

且 b_m 为 $(LDS,\ll)$ 的原子, 则必有

$$a = b_m \vee c_1.$$

否则, 由于 b_m, c_1 都是原子, 因此, $c_1, b_m \vee c_1, a$ 互不相等, 并且

$$c_1 \ll b_m \vee c_1 \ll a,$$

这与 $c_1 \prec a$ 矛盾!

若 c_1 也不是原子, 则应用同样的方法, 设共进行 n 步停止, 得到序列

$$c_1, c_2, c_3, \cdots, c_n,$$

且 c_n 为 $(LDS,\ll)$ 的原子.

因为 b_m 和 c_n 是 $(LDS,\ll)$ 的原子且

$$b_m \ll a, \quad c_n \ll a,$$

因此

$$b_m \vee c_n \ll a, \quad b_m \vee c_n \neq b_m, \quad b_m \vee c_n \neq c_n.$$

由于 b_1, c_1 是 a 直接分解得到的两种情况, 故 $b_1 \neq c_1$, a 覆盖 b_1, a 覆盖 c_1, 各元素间的关系如图 4.6 所示.

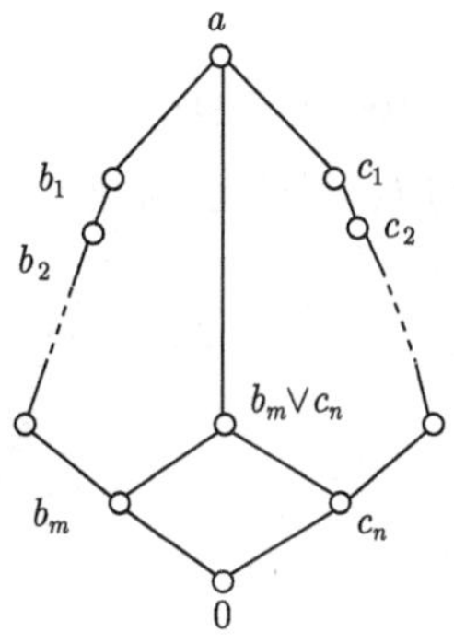

图 4.6 $(LDS,\ll)$ 中各元素间的关系

下证

$$a = b_m \vee c_n.$$

(反证法) 假设

$$a \neq b_m \vee c_n,$$

显然, a, c_n, c_1, b_m, b_1 互不相等,

$$c_n, c_1, b_m, b_1, b_m \vee c_n \in DS.$$

若

$$b_m \vee c_n \gg b_1,$$

则有

$$a \gg b_m \vee c_n \gg b_1,$$

这与 a 覆盖 b_1 矛盾. 因此, $b_m \vee c_n$ 和 b_1 的关系只可能有以下 3 种:

(1) $b_m \vee c_n = b_1$;

(2) $b_m \vee c_n$ 与 b_1 不可比;

(3) $b_m \vee c_n \ll b_1$, $b_m \vee c_n \neq b_1$.

在这三种情况下, 必存在 $\hat{b}$, $\hat{c}$, $\hat{g}$ $\in DS$, 使得

$$\hat{g} \ll \hat{c}, \quad \hat{g} \ll \hat{b},$$

且 $\hat{b}$ 与 $\hat{c}$ 不可比. 原因如下.

对于情况 (1), 若

$$b_m \vee c_n = b_1,$$

显然

$$c_n \ll c_1 \quad 且 \quad c_n \ll b_m \vee c_n = b_1,$$

b_1 与 c_1 不可比. 可令

$$\hat{b} = b_1, \quad \hat{c} = c_1, \quad \hat{g} = c_n.$$

对于情况 (2), 若 $b_m \vee c_n$ 与 b_1 不可比, 显然

$$b_m \ll b_1 \quad 且 \quad b_m \ll b_m \vee c_n.$$

可令

$$\hat{b} = b_m \vee c_n, \quad \hat{c} = b_1, \quad \hat{g} = b_m.$$

对于情况 (3), 若

$$b_m \vee c_n \ll b_1, \quad b_m \vee c_n \neq b_1,$$

则

$$c_n \ll b_1, \quad c_n \neq b_1,$$

显然,

$$c_n \ll c_1, \quad c_n \neq c_1.$$

可令

$$\hat{b} = b_1, \quad \hat{c} = c_1, \quad \hat{g} = c_n.$$

由此可知, 分别存在从 $\hat{b}$ 到 $\hat{g}$ 以及从 $\hat{c}$ 到 $\hat{g}$ 的有向路, 类似定理 4.1 的证明可得 $\hat{b}$ 与 $\hat{c}$ 可比, 这与 $\hat{b}$ 与 $\hat{c}$ 不可比矛盾! 证毕.

以下结论表明: 树形图结构 $D=(DS, ES)$ 的任何点 a 继续向下分解形成的子树形图结构 $D=(SubDS(a), SubES(a))$ 可以由 $(LDS,\ll)$ 的若干原子表示出来.

对任何 $a \in DS$, 令

$$Atom = \{x|x\text{是}(LDS, \ll)\text{的原子}\},$$

$$SubDS(a) = \{x|x \ll a, x \in DS\},$$

$$SubES(a) = \{(u, v)|(u, v) \in ES\text{且}u, v \in SubDS(a)\},$$

则有以下结论.

定理 4.6 (1) 对任何 $a \in DS$, 令

$$SubA = SubDS(a) \cap Atom,$$

则有

$$SubDS(a) = \{b \vee c|b, c \in SubA\}.$$

(2) 若

$$SubB \subseteq Atom, \quad SubB \neq SubA,$$

则

$$\{d \vee g|d, g \in SubB\} \neq SubDS(a).$$

证明 (1) 由于 $SubDS(a) \subseteq DS$, 由定理 4.5 知对任何 $x \in SubDS(a)$, 必存在两个原子 b, c, 使得

$$x = b \vee c,$$

所以,

$$b \ll x, \quad c \ll x,$$

又因为 b, c 为原子, 所以 b, $c \in SubA$. 因此,

$$x \in \{b \vee c | b, c \in SubA\}.$$

反之, 若

$$x \in \{b \vee c | b, c \in SubA\},$$

则必有 b, $c \in SubA$, 使得

$$x = b \vee c,$$

由于

$$b, c \in SubDS(a),$$

可知

$$b,\ c \ll a.$$

进一步地, 有

$$b \vee c \ll a,$$

又因为 $(LDS, \ll)$ 是格, 所以

$$b \vee c \in DS,$$

因此,

$$x = b \vee c \in SubDS(a).$$

(2) 若

$$SubB \subseteq Atom, \quad SubB \neq SubA,$$

则必存在

$$x \in SubB \backslash SubA \quad 或 \quad x \in SubA \backslash SubB.$$

如果

$$x \in SubB \backslash SubA,$$

因为

$$x = x \vee x,$$

所以

$$x \in \{d \vee g | d, g \in SubB\}.$$

假设

$$x \in \{b \vee c | b, c \in SubA\},$$

则必存在 b, $c \in SubA$, 使得

$$x = b \vee c.$$

显然 $b \neq c$, 若不然

$$x = b \vee c = b \in SubA,$$

矛盾! 因此

$$0 \ll b \ll x,$$

这与 x 是原子矛盾. 故

$$x \notin \{b \vee c | b, c \in SubA\}.$$

如果

$$x \in SubA \backslash SubB,$$

同样地, 有

$$\{b \vee c | b, c \in SubA\} \neq \{d \vee g | d, g \in SubB\}.$$

证毕.

事实上, 树形图 D=(DS, ES) 和格 (LDS,≪) 之间还有许多关系. 例如, 不难证明树形图 D = (V, A) 的任一点继续向下分解所构成的子树形图结构与伴随格 (LDS,≪) 中的非 0 元决定的主理想之间存在一一对应关系. 另外, 树形图结构中的极大有向路与格 (LDS,≪) 的极大链之间存在一一对应关系, 这里不再给出进一步的讨论.

4.3 实 例 分 析

分层任务分析 (HTA) 是以分层图或表格的形式表达的一种分析方法, 下面是油轮填充 CL_2 的分层任务分析图 [5](图 4.7).

它对应的树形图 D=(DS, ES) 如图 4.8 所示.

树形图 D=(DS, ES) 的伴随格如图 4.9 所示. 其中, a_2 继续向下分解形成的子树形图结构如图 4.10 所示.

由定理 4.2 和定理 4.3 可知, 图 4.8 中的树形图 D=(DS, ES) 的所有 15 个点和边都可以用图 4.9 中的格 (LDS, ≪) 中的原子表示出来.

图 4.8 中的任何点向下分解形成的子树形图结构也可以由 (LDS, ≪) 中的若干原子唯一确定. 例如, 如图 4.10 所示的子树形图结构可由原子集

$$S = \{a_7, a_8, a_9, a_{11}, a_{12}, a_{13}, a_{14}, a_{15}\}$$

唯一确定. 也就是说只要知道原子集 S 就可以把 $D=(SubDS(a_2), SubES(a_2))$ 中所有元和关系通过格的计算得到.

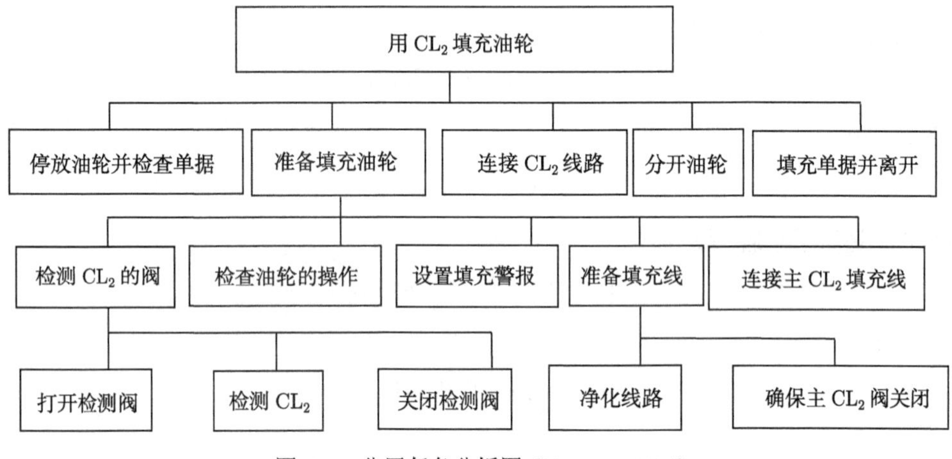

图 4.7　分层任务分析图 (Kirwan, 1994)

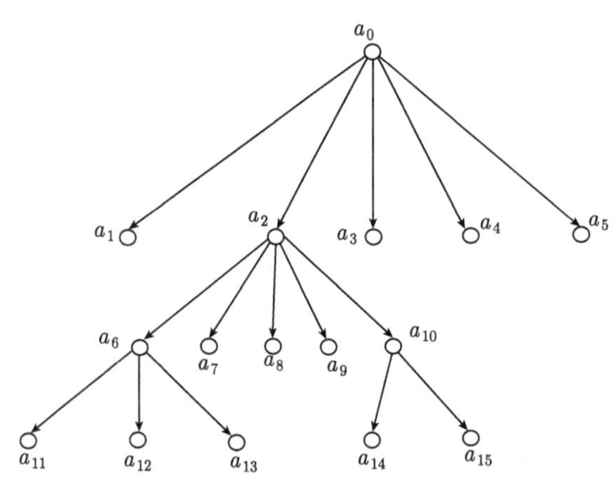

图 4.8　树形图 $D=(DS, ES)$

在应用树形图结构进行分析时, 常常要进行逻辑分析和运算, 对比较复杂的树形图运算量是非常大的, 格的运算和理论的引入对树形图中的结构表示、存储以及运算等问题都是十分有利的. 例如, 由格的原子和双既约元就可以决定树形图的结构及其子结构, 当表示一个树形图及其子结构时, 只需给出其包含的原子和双既约元就可以表示整个结构, 从而在很大程度上节省了计算机内存. 又如在利用计算机检索时只需检索格中的原子和双既约元即可检索其子结构, 而不必考虑所有其他元, 从而达到提高计算速度的目的. 另外, 如果能进一步将有关结果和逻辑电路的理论相结合, 则有可能在树形图的智能化研究中获得新的进展.

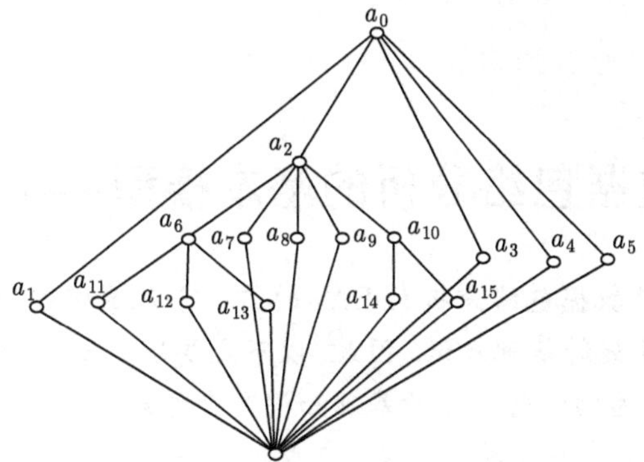

图 4.9 格 $(LDS, \ll)$

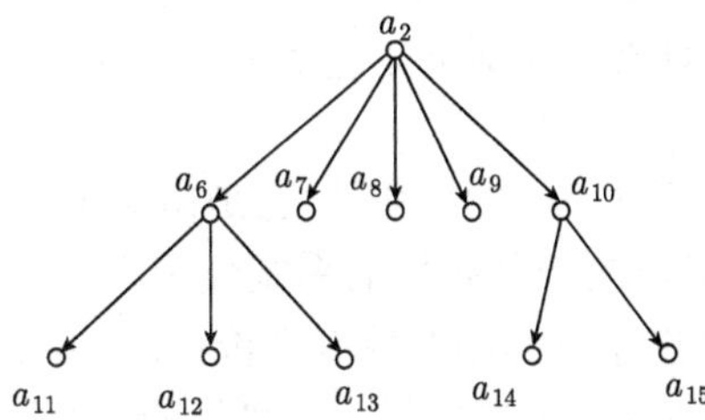

图 4.10 由 a_2 确定的子树形图

参 考 文 献

[1] 马占新. 关于树形图结构的智能化研究 [J]. 系统工程与电子技术, 2004, 26(1):44-47

[2] 刘光奇, 张霭珠, 胡美琛. 离散数学 [M]. 上海: 复旦大学出版社, 1988

[3] 马占新. 综合评价与安全评估中若干模型与方法研究 [R]. 哈尔滨: 哈尔滨工程大学, 2001

[4] Yoshida K, Eknes M L, Ludolphy W L H. Risk Assessment[C]// Proceedings of the 14th international ship and offshore structures congress, Nagasaki, Japan, 2000:5-36

[5] 亨利 E J. 可靠性工程与风险分析 [M]. 北京: 原子能出版社, 1988

[6] Gratzer G. General Lattice Theory[M]. New York: Academic Press,1978

第 5 章 数据包络分析的基本模型——C^2R 模型

C^2R 模型是数据包络分析 (DEA) 的第一个基本模型, 也是学习 DEA 方法必须首先掌握的基础知识. 因此, 以下主要从文献 [1] 和文献 [2] 中摘取部分内容, 作为初学者学习的基础知识和介绍后续工作的准备知识, 包括 C^2R 模型的构造与有效性定义、有效性判断、有效性含义、DEA 有效与多目标规划 Pareto 有效解之间的关系、决策单元在生产前沿面上的投影. 考虑到读者可能来自不同学科, 为了便于理解, 这里对有关内容进行重新编排和梳理, 并对书中的部分定理给出更为简洁的证明.

第一个重要的 DEA 模型是 C^2R 模型, 它是由美国著名运筹学家 Charnes 等以相对效率概念为基础提出的一种崭新的系统分析方法 [2]. 该方法将工程效率的定义推广到多输入、多输出系统的相对效率评价中, 为决策单元 (Decision Making Unit, DMU) 之间的相对效率评价提出了一个可行的方法和有效的工具.

由于 C^2R 模型是一个分式规划, 使用 1962 年由 Charnes 和 Cooper 给出的 C^2 变换 (即 Charnes-Cooper 变换), 可将分式规划化为一个与其等价的线性规划问题. 由线性规划的对偶理论, 可以得到 C^2R 模型的对偶模型, 该对偶模型的提出具有十分重要的意义, 这主要表现在以下 3 个方面.

(1) 应用原始的 DEA 模型判断 DEA 有效性比较困难, 当将非阿基米德无穷小量引入该对偶模型时, 就可以很容易地判断出决策单元的有效性.

(2) 通过该对偶规划就可以讨论 DEA 有效与相应的多目标规划 Pareto 有效之间的关系. 这为应用 DEA 方法描述生产函数理论提供了可能性.

(3) 应用该对偶模型还能判断各决策单元的投入规模是否适当, 并给出各决策单元调整投入、扩大产出的可能方向和程度. 因而具有独特的优势.

DEA 方法是以传统的工程效率概念和生产函数理论为基础来评价决策单元之间的相对效率, 不仅可以对决策单元的有效性作出度量, 而且还能指出决策单元非有效的原因和程度, 给主管部门提供管理信息. 从多目标规划的角度来看, 该对偶规划把 DEA 有效与相应的生产可能集和生产前沿面联系起来, 获得的结果表明: 判断一个决策单元是否为 DEA 有效, 本质上是判断该决策单元是否落在生产可能集的生产前沿面上. 这里生产前沿面由观察到的决策单元输入输出数据包络面的有效部分构成, 这也是该分析方法被称为 “数据包络分析” 的原因所在 [3].

为了使读者更好地了解 DEA 方法, 以下将 C^2R 模型的核心内容进行系统归纳和概括性介绍.

5.1 基于工程效率概念的 DEA 模型

一个经济系统或一个生产过程可以看成是一个单元在一定的可能范围内, 通过投入一定数量生产要素并产生一定数量的产品的活动, 虽然这种活动的具体内容各不相同, 但其目的都是尽可能地使这一活动取得最大的效益. 由于产出是决策的结果, 所以, 这样的单元被称为 DMU[4]. 一般认为, 同类型的 DMU 是具有相同目标和任务、相同外部环境和相同输入输出指标的决策单元. DEA 方法只适用于评价同类决策单元的相对有效性.

假设有 n 个决策单元, 每个决策单元都有 m 种类型的 "输入"(表示该决策单元对 "资源" 的耗费) 以及 s 种类型的 "输出"(它们是决策单元在消耗了 "资源" 之后, 表明 "成效" 的一些指标), 各决策单元的输入和输出数据可由表 5.1 给出.

表 5.1 决策单元的输入输出数据

决策单元		1	2	$\cdots$	j	$\cdots$	n		
v_1	$1 \rightarrow$	x_{11}	x_{12}	$\cdots$	x_{1j}	$\cdots$	x_{1n}		
v_2	$2 \rightarrow$	x_{21}	x_{22}	$\cdots$	x_{2j}	$\cdots$	x_{2n}		
$\vdots$	$\vdots$	$\vdots$	$\vdots$		$\vdots$		$\vdots$		
v_m	$m \rightarrow$	x_{m1}	x_{m2}	$\cdots$	x_{mj}	$\cdots$	x_{mn}		
		y_{11}	y_{12}	$\cdots$	y_{1j}	$\cdots$	y_{1n}	$\rightarrow 1$	u_1
		y_{21}	y_{22}	$\cdots$	y_{2j}	$\cdots$	y_{2n}	$\rightarrow 2$	u_2
		$\vdots$	$\vdots$		$\vdots$		$\vdots$	$\vdots$	$\vdots$
		y_{s1}	y_{s2}	$\cdots$	y_{sj}	$\cdots$	y_{sn}	$\rightarrow s$	u_s

这里,

x_{ij} 表示第 j 个决策单元对第 i 种输入的投入量, $x_{ij} > 0$;

y_{rj} 表示第 j 个决策单元对第 r 种输出的产出量, $y_{rj} > 0$;

v_i 表示对第 i 种输入的一种度量 (或称权重);

u_r 表示对第 r 种输出的一种度量 (或称权重),

其中 $i = 1, 2, \cdots, m,\ r = 1, 2, \cdots, s;\ j = 1, 2, \cdots, n$. 为方便起见, 记

$$
\begin{aligned}
&\boldsymbol{x}_j = (x_{1j}, x_{2j}, \cdots, x_{mj})^{\mathrm{T}}, \quad j = 1, 2, \cdots, n, \\
&\boldsymbol{y}_j = (y_{1j}, y_{2j}, \cdots, y_{sj})^{\mathrm{T}}, \quad j = 1, 2, \cdots, n, \\
&\boldsymbol{v} = (v_1, v_2, \cdots, v_m)^{\mathrm{T}}, \\
&\boldsymbol{u} = (u_1, u_2, \cdots, u_s)^{\mathrm{T}}.
\end{aligned}
$$

对于权系数 $\boldsymbol{v} \in E^m$ 和 $\boldsymbol{u} \in E^s$ (即 $\boldsymbol{v}$ 为 m 维实数向量, $\boldsymbol{u}$ 为 s 维实数向量), 决策单元 j 的效率评价指数为

$$h_j = \frac{\sum_{r=1}^{s} u_r y_{rj}}{\sum_{i=1}^{m} v_i x_{ij}},$$

总可以适当地选取权系数 $\boldsymbol{v}$ 和 $\boldsymbol{u}$, 使其满足

$$h_j \leqq 1, \quad j = 1, 2, \cdots, n.$$

当对第 $j_0 (1 \leqq j_0 \leqq n)$ 个决策单元的效率进行评价时, 以权系数 $\boldsymbol{v}$ 和 $\boldsymbol{u}$ 为变量, 以第 j_0 个决策单元的效率指数为目标, 以所有决策单元的效率指数

$$h_j \leqq 1, \quad j = 1, 2, \cdots, n$$

为约束, 构成如下的 C^2R 模型:

$$(\overline{\mathrm{P}}_{\mathrm{C^2R}}) \begin{cases} \max & \dfrac{\boldsymbol{u}^{\mathrm{T}} \boldsymbol{y}_{j_0}}{\boldsymbol{v}^{\mathrm{T}} \boldsymbol{x}_{j_0}} = V_{\overline{\mathrm{P}}}, \\ \text{s.t.} & \dfrac{\boldsymbol{u}^{\mathrm{T}} \boldsymbol{y}_j}{\boldsymbol{v}^{\mathrm{T}} \boldsymbol{x}_j} \leqq 1, \qquad j = 1, 2, \cdots, n, \\ & \boldsymbol{v} \geqslant \boldsymbol{0} \\ & \boldsymbol{u} \geqslant \boldsymbol{0} \end{cases}$$

其中 "$\leqq$" 表示每个分量都小于或等于, "$\leqslant$" 表示每个分量都小于或等于并且至少有一个分量不等于, "$<$" 表示每个分量都小于.

下面用一个例子说明 DEA 有效性的定义是有其工程技术方面的背景的.

例 5.1 考虑由煤燃烧产生一定热量的某种燃烧装置. 燃烧装置的效率用燃烧比 E_r 来刻画,

$$E_r = \frac{y_r}{y_R},$$

其中 y_R 为燃烧给定数量为 $x(x > 0)$ 的煤所能产生的最大热量 (所产生热量的理想值), y_r 为燃烧装置燃烧相同数量为 $x(x > 0)$ 的煤所能产生的热量 (产生热量的实测值).

显然有 $0 \leqq E_r \leqq 1$.

当利用 C^2R 模型研究设计的燃烧装置时, 可以得出效率指数的含义就是燃烧比 E_r.

实际上, 上述问题对应的 $(\overline{\mathrm{P}}_{\mathrm{C^2R}})$ 模型如下:

$$(\overline{\mathrm{P}}_{\mathrm{C^2R}})\begin{cases}\max & \dfrac{uy_r}{vx}=V_{\overline{\mathrm{P}}},\\ \text{s.t.} & \dfrac{uy_R}{vx}\leqq 1,\\ & \dfrac{uy_r}{vx}\leqq 1,\\ & u>0,\quad v>0.\end{cases}$$

假设 v^*,u^* 是分式规划 $(\overline{\mathrm{P}}_{\mathrm{C^2R}})$ 的一个最优解, 由 $y_r\leqq y_R$ 以及

$$\frac{u^*y_R}{v^*x}\leqq 1$$

可得到

$$\frac{u^*}{v^*}\leqq\frac{x}{y_R}\leqq\frac{x}{y_r},$$

可以证明 $(\overline{\mathrm{P}}_{\mathrm{C^2R}})$ 的最优解 v^*,u^* 满足

$$\frac{u^*}{v^*}=\frac{x}{y_R},$$

因此, $(\overline{\mathrm{P}}_{\mathrm{C^2R}})$ 的最优值 (效率指数) 为

$$V_{\overline{\mathrm{P}}}=\frac{u^*y_r}{v^*x}=\frac{x}{y_R}\times\frac{y_r}{x}=\frac{y_r}{y_R}=E_r.$$

这就是说, 对于燃烧装置的最优效率评价指数 $V_{\overline{\mathrm{P}}}$ 就是燃烧比 E_r. 可见, $\mathrm{C^2R}$ 模型将科学工程效率的概念推广到了多输入、多输出系统情况.

定理 5.1 决策单元的最优效率评价指数 $V_{\overline{\mathrm{P}}}$ 与输入量 x_{ij} 及输出量 y_{rj} 的量纲选取无关.

证明 由于不同量纲之间存在一个倍数变化, 设第 i 个输入量在新的量纲下为

$$\delta_i x_{i1},\delta_i x_{i2},\cdots,\delta_i x_{in},\quad i=1,2,\cdots,m.$$

同样地, 第 r 个输出量在新的量纲下为

$$\rho_r y_{r1},\rho_r y_{r2},\cdots,\rho_r y_{rn},\quad r=1,2,\cdots,s,$$

其中

$$\delta_i>0,\quad \rho_r>0,\quad i=1,2,\cdots,m,\quad r=1,2,\cdots,s.$$

对应于新量纲的分式规划问题为

$$
(\text{P-E})\begin{cases}
\max & \dfrac{\sum\limits_{r=1}^{s} u_r\left(\rho_r y_{rj_0}\right)}{\sum\limits_{i=1}^{m} v_i\left(\delta_i x_{ij_0}\right)}, \\
\text{s.t.} & \dfrac{\sum\limits_{r=1}^{s} u_r\left(\rho_r y_{rj}\right)}{\sum\limits_{i=1}^{m} v_i\left(\delta_i x_{ij}\right)} \leqq 1, \quad j=1,2,\cdots,n, \\
& \boldsymbol{v}=\left(v_1, v_2, \cdots, v_m\right)^{\mathrm{T}} \geqq \mathbf{0}, \\
& \boldsymbol{u}=\left(u_1, u_2, \cdots, u_s\right)^{\mathrm{T}} \geqq \mathbf{0}.
\end{cases}
$$

若 $\boldsymbol{v}=(v_1,v_2,\cdots,v_m)^{\mathrm{T}},\boldsymbol{u}=(u_1,u_2,\cdots,u_s)^{\mathrm{T}}$ 是规划 $(\overline{\mathrm{P}}_{\mathrm{C^2R}})$ 的一个最优解，则可以验证

$$
\overline{\boldsymbol{v}}=\left(v_1/\delta_1, v_2/\delta_2, \cdots, v_m/\delta_m\right)^{\mathrm{T}}, \quad \overline{\boldsymbol{u}}=\left(u_1/\rho_1, u_2/\rho_2, \cdots, u_s/\rho_s\right)^{\mathrm{T}}
$$

也是 (P-E) 的一个最优解, 并且在量纲变化前后最优效率评价指数不变. 证毕.

规划 $(\overline{\mathrm{P}}_{\mathrm{C^2R}})$ 是一个分式规划, 使用 C^2 变换, 可以把它化为一个等价的线性规划问题. 为此, 令

$$
t=\frac{1}{\boldsymbol{v}^{\mathrm{T}}\boldsymbol{x}_{j_0}}, \quad \boldsymbol{\omega}=t\boldsymbol{v}, \quad \boldsymbol{\mu}=t\boldsymbol{u},
$$

则有

$$
\begin{aligned}
&\boldsymbol{\mu}^{\mathrm{T}}\boldsymbol{y}_{j_0}=\frac{\boldsymbol{u}^{\mathrm{T}}\boldsymbol{y}_{j_0}}{\boldsymbol{v}^{\mathrm{T}}\boldsymbol{x}_{j_0}}, \\
&\frac{\boldsymbol{\mu}^{\mathrm{T}}\boldsymbol{y}_j}{\boldsymbol{\omega}^{\mathrm{T}}\boldsymbol{x}_j}=\frac{\boldsymbol{u}^{\mathrm{T}}\boldsymbol{y}_j}{\boldsymbol{v}^{\mathrm{T}}\boldsymbol{x}_j} \leqq 1, \quad j=1,2,\cdots,n, \\
&\boldsymbol{\omega}^{\mathrm{T}}\boldsymbol{x}_{j_0}=1, \\
&\boldsymbol{\omega} \geqq \mathbf{0}, \quad \boldsymbol{\mu} \geqq \mathbf{0}.
\end{aligned}
$$

因此, 可以获得以下线性规划:

$$
(\mathrm{P}_{\mathrm{C^2R}})\begin{cases}
\max & \boldsymbol{\mu}^{\mathrm{T}}\boldsymbol{y}_{j_0}=V_{\mathrm{P}}, \\
\text{s.t.} & \boldsymbol{\omega}^{\mathrm{T}}\boldsymbol{x}_j-\boldsymbol{\mu}^{\mathrm{T}}\boldsymbol{y}_j \geqq 0, \quad j=1,2,\cdots,n, \\
& \boldsymbol{\omega}^{\mathrm{T}}\boldsymbol{x}_{j_0}=1, \\
& \boldsymbol{\omega} \geqq \mathbf{0}, \quad \boldsymbol{\mu} \geqq \mathbf{0}.
\end{cases}
$$

分式规划 $(\overline{\mathrm{P}}_{\mathrm{C^2R}})$ 与线性规划 $(\mathrm{P}_{\mathrm{C^2R}})$ 是等价的, 这可由以下定理 5.2 得出.

定理 5.2 分式规划 $(\overline{\mathrm{P}}_{\mathrm{C^2R}})$ 与线性规划 $(\mathrm{P}_{\mathrm{C^2R}})$ 在下述意义下等价.

(1) 若 $\boldsymbol{v}^0, \boldsymbol{u}^0$ 为 $(\overline{\mathrm{P}}_{\mathrm{C^2R}})$ 的最优解, 则

$$\boldsymbol{\omega}^0 = t^0\boldsymbol{v}^0, \quad \boldsymbol{\mu}^0 = t^0\boldsymbol{u}^0$$

为 $(\mathrm{P}_{\mathrm{C^2R}})$ 的最优解, 并且最优值相等, 其中

$$t^0 = \frac{1}{\boldsymbol{v}^{0\mathrm{T}}\boldsymbol{x}_{j_0}}.$$

(2) 若 $\boldsymbol{\omega}^0, \boldsymbol{\mu}^0$ 为 $(\mathrm{P}_{\mathrm{C^2R}})$ 的最优解, 则 $\boldsymbol{\omega}^0, \boldsymbol{\mu}^0$ 也为 $(\overline{\mathrm{P}}_{\mathrm{C^2R}})$ 的最优解, 并且最优值相等.

证明 (1) 设 $\boldsymbol{v}^0, \boldsymbol{u}^0$ 为 $(\overline{\mathrm{P}}_{\mathrm{C^2R}})$ 的最优解. 对于 $(\mathrm{P}_{\mathrm{C^2R}})$ 满足 $\boldsymbol{\omega} \geqq \boldsymbol{0}, \boldsymbol{\mu} \geqq \boldsymbol{0}$ 的可行解, 不难看出它也是 $(\overline{\mathrm{P}}_{\mathrm{C^2R}})$ 的可行解, 由 $\boldsymbol{\omega}^{\mathrm{T}}\boldsymbol{x}_{j_0} = 1$, 故

$$\frac{\boldsymbol{u}^{0\mathrm{T}}\boldsymbol{y}_{j_0}}{\boldsymbol{v}^{0\mathrm{T}}\boldsymbol{x}_{j_0}} \geqq \frac{\boldsymbol{\mu}^{\mathrm{T}}\boldsymbol{y}_{j_0}}{\boldsymbol{\omega}^{\mathrm{T}}\boldsymbol{x}_{j_0}} = \boldsymbol{\mu}^{\mathrm{T}}\boldsymbol{y}_{j_0}.$$

又由

$$\frac{\boldsymbol{u}^{0\mathrm{T}}\boldsymbol{y}_{j_0}}{\boldsymbol{v}^{0\mathrm{T}}\boldsymbol{x}_{j_0}} = \boldsymbol{\mu}^{0\mathrm{T}}\boldsymbol{y}_{j_0}$$

以及

$$\boldsymbol{\omega}^0 = t^0\boldsymbol{v}^0 = \frac{\boldsymbol{v}^0}{\boldsymbol{v}^{0\mathrm{T}}\boldsymbol{x}_{j_0}}$$

和

$$\boldsymbol{\mu}^0 = t^0\boldsymbol{u}^0 = \frac{\boldsymbol{u}^0}{\boldsymbol{v}^{0\mathrm{T}}\boldsymbol{x}_{j_0}}$$

为 $(\mathrm{P}_{\mathrm{C^2R}})$ 的可行解, 因此, $\boldsymbol{\omega}^0, \boldsymbol{\mu}^0$ 为 $(\mathrm{P}_{\mathrm{C^2R}})$ 的最优解, 并且两问题的最优值

$$V_{\overline{\mathrm{P}}} = \frac{\boldsymbol{u}^{0\mathrm{T}}\boldsymbol{y}_{j_0}}{\boldsymbol{v}^{0\mathrm{T}}\boldsymbol{x}_{j_0}} = \boldsymbol{\mu}^{0\mathrm{T}}\boldsymbol{y}_{j_0} = V_{\mathrm{P}}.$$

(2) 设 $\boldsymbol{\omega}^0, \boldsymbol{\mu}^0$ 为 $(\mathrm{P}_{\mathrm{C^2R}})$ 的最优解, 可知 $\boldsymbol{\omega}^0 \geqq \boldsymbol{0}, \boldsymbol{\mu}^0 \geqq \boldsymbol{0}$, 并且是 $(\overline{\mathrm{P}}_{\mathrm{C^2R}})$ 的可行解. 此外, 对于 $(\overline{\mathrm{P}}_{\mathrm{C^2R}})$ 的任意可行解 $\boldsymbol{v}, \boldsymbol{u}$, 不难看出

$$\boldsymbol{\omega} = t\boldsymbol{v}, \quad \boldsymbol{\mu} = t\boldsymbol{u}$$

也为 $(\mathrm{P}_{\mathrm{C^2R}})$ 的可行解, 其中,

$$t = \frac{1}{\boldsymbol{v}^{\mathrm{T}}\boldsymbol{x}_{j_0}},$$

于是有

$$\boldsymbol{\mu}^{0\mathrm{T}}\boldsymbol{y}_{j_0} \geqq \boldsymbol{\mu}^{\mathrm{T}}\boldsymbol{y}_{j_0} = \frac{\boldsymbol{u}^{\mathrm{T}}\boldsymbol{y}_{j_0}}{\boldsymbol{v}^{\mathrm{T}}\boldsymbol{x}_{j_0}}.$$

由于 $\boldsymbol{\omega}^{0\mathrm{T}}\boldsymbol{x}_{j_0}=1$, 故

$$\frac{\boldsymbol{\mu}^{0\mathrm{T}}\boldsymbol{y}_{j_0}}{\boldsymbol{\omega}^{0\mathrm{T}}\boldsymbol{x}_{j_0}}=\boldsymbol{\mu}^{0\mathrm{T}}\boldsymbol{y}_{j_0},$$

因此, 对于 $(\overline{\mathrm{P}}_{\mathrm{C^2R}})$ 的任意可行解 $\boldsymbol{v},\boldsymbol{u}$ 均有

$$\frac{\boldsymbol{\mu}^{0\mathrm{T}}\boldsymbol{y}_{j_0}}{\boldsymbol{\omega}^{0\mathrm{T}}\boldsymbol{x}_{j_0}}\geqq\frac{\boldsymbol{u}^{\mathrm{T}}\boldsymbol{y}_{j_0}}{\boldsymbol{v}^{\mathrm{T}}\boldsymbol{x}_{j_0}}.$$

于是知 $\boldsymbol{\omega}^0,\boldsymbol{\mu}^0$ 也为 $(\overline{\mathrm{P}}_{\mathrm{C^2R}})$ 的最优解, 并且两问题的最优值

$$V_{\overline{\mathrm{P}}}=\frac{\boldsymbol{\mu}^{0\mathrm{T}}\boldsymbol{y}_{j_0}}{\boldsymbol{\omega}^{0\mathrm{T}}\boldsymbol{x}_{j_0}}=\boldsymbol{\mu}^{0\mathrm{T}}\boldsymbol{y}_{j_0}=V_{\mathrm{P}}.$$

证毕.

定义 5.1 若线性规划 $(\mathrm{P}_{\mathrm{C^2R}})$ 的最优解 $\boldsymbol{\omega}^0,\boldsymbol{\mu}^0$, 满足

$$V_{\mathrm{P}}=\boldsymbol{\mu}^{0\mathrm{T}}\boldsymbol{y}_{j_0}=1,$$

则称决策单元 j_0 为弱 DEA 有效 ($\mathrm{C^2R}$).

定义 5.2 若线性规划 $(\mathrm{P}_{\mathrm{C^2R}})$ 的最优解中存在 $\boldsymbol{\omega}^0>\mathbf{0},\ \boldsymbol{\mu}^0>\mathbf{0}$, 满足

$$V_{\mathrm{P}}=\boldsymbol{\mu}^{0\mathrm{T}}\boldsymbol{y}_{j_0}=1,$$

则称决策单元 j_0 为 DEA 有效 ($\mathrm{C^2R}$).

例 5.2 表 5.2 给出三个决策单元的输入/输出数据, 试用 $(\mathrm{P}_{\mathrm{C^2R}})$ 模型判断决策单元 1 的有效性.

表 5.2 决策单元的输入和输出数据

决策单元	1	2	3
输入	2	4	5
输出	2	1	3.5

实际上, 决策单元 1 对应的线性规划 $(\mathrm{P}_{\mathrm{C^2R}})$ 为

$$(\mathrm{P}_{\mathrm{C^2R}})\quad\begin{cases}\max & 2\mu_1=V_{\mathrm{p}},\\ \text{s.t.} & 2\omega_1-2\mu_1\geqq0,\\ & 4\omega_1-\mu_1\geqq0,\\ & 5\omega_1-3.5\mu_1\geqq0,\\ & 2\omega_1=1,\\ & \omega_1\geqq0,\quad \mu_1\geqq0.\end{cases}$$

线性规划 $(\mathrm{P}_{\mathrm{C^2R}})$ 的一个最优解是 $\omega_1^0=\dfrac{1}{2},\ \mu_1^0=\dfrac{1}{2}$, 最优目标函数值是 1, 因此, 由定义 5.2 知决策单元 1 为 DEA 有效.

5.2 DEA 有效性的判定方法

不论利用下面的线性规划 ($\mathrm{P_{C^2R}}$), 还是利用线性规划 ($\mathrm{D_{C^2R}}$) 来判断决策单元的 DEA 有效性都不是很容易得到的. 以下通过引入非阿基米德无穷小量的概念来构造判断 DEA 有效性的数学模型. 当然也可以应用目标规划模型 ($\mathrm{G_{C^2R}}$) 来判断决策单元的 DEA 有效性, 但应用目标规划模型的缺点是无法给出决策单元的效率评价指数.

5.2.1 具有非阿基米德无穷小量的C²R模型

线性规划

$$(\mathrm{P_{C^2R}})\begin{cases}\max & \boldsymbol{\mu}^{\mathrm{T}}\boldsymbol{y}_{j_0}=V_{\mathrm{P}},\\ \text{s.t.} & \boldsymbol{\omega}^{\mathrm{T}}\boldsymbol{x}_j-\boldsymbol{\mu}^{\mathrm{T}}\boldsymbol{y}_j\geqq 0,\quad j=1,2,\cdots,n,\\ & \boldsymbol{\omega}^{\mathrm{T}}\boldsymbol{x}_{j_0}=1,\\ & \boldsymbol{\omega}\geqq\boldsymbol{0},\quad \boldsymbol{\mu}\geqq\boldsymbol{0}\end{cases}$$

的对偶规划为

$$(\mathrm{D_1})\begin{cases}\min & \theta=V_{\mathrm{D_1}},\\ \text{s.t.} & \displaystyle\sum_{j=1}^{n}\boldsymbol{x}_j\lambda_j\leqq\theta\boldsymbol{x}_{j_0},\\ & \displaystyle\sum_{j=1}^{n}\boldsymbol{y}_j\lambda_j\geqq\boldsymbol{y}_{j_0},\\ & \lambda_j\geqq 0,\quad j=1,2,\cdots,n.\end{cases}$$

对线性规划 ($\mathrm{D_1}$) 分别引入松弛变量 $\boldsymbol{s}^-$ 和剩余变量 $\boldsymbol{s}^+$, 可将线性规划 ($\mathrm{D_1}$) 表示为

$$(\mathrm{D_{C^2R}})\begin{cases}\min & \theta=V_{\mathrm{D}},\\ \text{s.t.} & \displaystyle\sum_{j=1}^{n}\boldsymbol{x}_j\lambda_j+\boldsymbol{s}^-=\theta\boldsymbol{x}_{j_0},\\ & \displaystyle\sum_{j=1}^{n}\boldsymbol{y}_j\lambda_j-\boldsymbol{s}^+=\boldsymbol{y}_{j_0},\\ & \lambda_j\geqq 0,\quad j=1,2,\cdots,n,\\ & \boldsymbol{s}^-\geqq\boldsymbol{0},\quad \boldsymbol{s}^+\geqq\boldsymbol{0}.\end{cases}$$

容易证明线性规划 ($\mathrm{P_{C^2R}}$) 和 ($\mathrm{D_{C^2R}}$) 都存在最优解, 并且最优值 $V_{\mathrm{P}}=V_{\mathrm{D}}\leqq 1$, 并且根据线性规划的对偶理论容易证明以下结论成立.

定理 5.3 (1) 若 ($\mathrm{D_{C^2R}}$) 的最优值等于 1, 则决策单元 j_0 为弱 DEA 有效; 反之亦然.

(2) 若 (D_{C^2R}) 的最优值等于 1, 并且它的每个最优解

$$\boldsymbol{\lambda}^0=(\lambda_1^0,\cdots,\lambda_n^0)^{\mathrm{T}},\quad \boldsymbol{s}^{-0},\quad \boldsymbol{s}^{+0},\quad \theta^0$$

都有

$$\boldsymbol{s}^{-0}=\boldsymbol{0},\quad \boldsymbol{s}^{+0}=\boldsymbol{0},$$

则决策单元 j_0 为 DEA 有效; 反之亦然.

无论利用线性规划 (P_{C^2R}) 还是利用线性规划 (D_{C^2R}), 判断 DEA 有效性都不是很容易得到的. 于是引入了非阿基米德无穷小量的概念, 令 ε 是非阿基米德无穷小量 (Non-Archimedean), 它是一个小于任何正数且大于零的数. 下面介绍带有非阿基米德无穷小量的 C^2R 模型.

事实上, 只要在模型 (P_{C^2R}) 中引入非阿基米德无穷小量, 即可得到以下的规划问题:

$$(\mathrm{P}_\varepsilon)\begin{cases}\max & \boldsymbol{\mu}^{\mathrm{T}}\boldsymbol{y}_{j_0}=V_{\mathrm{P}_\varepsilon},\\ \text{s.t.} & \boldsymbol{\omega}^{\mathrm{T}}\boldsymbol{x}_j-\boldsymbol{\mu}^{\mathrm{T}}\boldsymbol{y}_j\geqq 0,\quad j=1,2,\cdots,n,\\ & \boldsymbol{\omega}^{\mathrm{T}}\boldsymbol{x}_{j_0}=1,\\ & \boldsymbol{\omega}\geqq\varepsilon\hat{\boldsymbol{e}},\quad \boldsymbol{\mu}\geqq\varepsilon\boldsymbol{e}.\end{cases}$$

它的对偶问题为

$$(\mathrm{D}_\varepsilon)\begin{cases}\min & \theta-\varepsilon(\hat{\boldsymbol{e}}^{\mathrm{T}}\boldsymbol{s}^-+\boldsymbol{e}^{\mathrm{T}}\boldsymbol{s}^+)=V_{\mathrm{D}_\varepsilon},\\ \text{s.t.} & \sum\limits_{j=1}^n\boldsymbol{x}_j\lambda_j+\boldsymbol{s}^-=\theta\boldsymbol{x}_{j_0},\\ & \sum\limits_{j=1}^n\boldsymbol{y}_j\lambda_j-\boldsymbol{s}^+=\boldsymbol{y}_{j_0},\\ & \lambda_j\geqq 0,\quad j=1,2,\cdots,n,\\ & \boldsymbol{s}^-\geqq\boldsymbol{0},\quad \boldsymbol{s}^+\geqq\boldsymbol{0}.\end{cases}$$

其中

$$\hat{\boldsymbol{e}}^{\mathrm{T}}=(1,1,\cdots,1)\in E^m,$$
$$\boldsymbol{e}^{\mathrm{T}}=(1,1,\cdots,1)\in E^s.$$

引理 5.1　假设对任意 $\boldsymbol{x}\in R$ 均有 $\boldsymbol{d}^{\mathrm{T}}\boldsymbol{x}\geqq 0$, 其中 (不失一般性),

$$R=\{\boldsymbol{x}|\boldsymbol{A}\boldsymbol{x}=\boldsymbol{b},\boldsymbol{x}\geqq\boldsymbol{0}\}.$$

考虑线性规划问题

$$\begin{cases}\min & \boldsymbol{c}^{\mathrm{T}}\boldsymbol{x},\\ \text{s.t.} & \boldsymbol{A}\boldsymbol{x}=\boldsymbol{b},\\ & \boldsymbol{x}\geqq\boldsymbol{0}.\end{cases}$$

若其最优解集合为 R^*, 则存在 $\bar{\varepsilon}>0$, 对于任意 $\varepsilon\in(0,\bar{\varepsilon})$, 线性规划问题

$$\begin{cases}\min & \boldsymbol{c}^{\mathrm{T}}\boldsymbol{x}-\varepsilon\cdot\boldsymbol{d}^{\mathrm{T}}\boldsymbol{x},\\ \text{s.t.} & \boldsymbol{A}\boldsymbol{x}=\boldsymbol{b},\\ & \boldsymbol{x}\geqq\boldsymbol{0}.\end{cases}$$

的最优解 (顶点) 也是线性规划问题

$$\begin{cases}\max & \boldsymbol{d}^{\mathrm{T}}\boldsymbol{x},\\ \text{s.t.} & \boldsymbol{x}\in R^*\end{cases}$$

的最优解.

证明 设约束集合

$$R=\{\boldsymbol{x}|\boldsymbol{A}\boldsymbol{x}=\boldsymbol{b},\boldsymbol{x}\geqq\boldsymbol{0}\}$$

的顶点 (基础可行解) 全体为

$$S=\left\{\boldsymbol{x}^1,\boldsymbol{x}^2,\cdots,\boldsymbol{x}^k\right\}.$$

可以将 S 按目标 $\boldsymbol{c}^{\mathrm{T}}\boldsymbol{x}$ 值的大小进行分类. 设集合

$$S_1,S_2,\cdots,S_l,\quad 1\leqq l\leqq k,$$

具有下面的性质:

(1) $S_1\cup S_2\cup\cdots\cup S_l=S$;

(2) 对任意 $\boldsymbol{x}\in S_i$, $\boldsymbol{y}\in S_i$, $1\leqq i\leqq l$ 有 $\boldsymbol{c}^{\mathrm{T}}\boldsymbol{x}=\boldsymbol{c}^{\mathrm{T}}\boldsymbol{y}$;

(3) 若 $1\leqq i<j\leqq l$, 对任意 $\boldsymbol{x}\in S_i$, $\boldsymbol{y}\in S_j$, 有 $\boldsymbol{c}^{\mathrm{T}}\boldsymbol{x}>\boldsymbol{c}^{\mathrm{T}}\boldsymbol{y}$.

由于线性规划的最优解可以在 R 的顶点上达到, 故对于上面分类所得到的 S_l 有 $S_l\subset R^*$. 令

$$\bar{\varepsilon}=\begin{cases}\dfrac{\boldsymbol{c}^{\mathrm{T}}\boldsymbol{y}^0-\boldsymbol{c}^{\mathrm{T}}\boldsymbol{x}^0}{\max\limits_{\substack{\boldsymbol{y}\in S\backslash S_l\\ \text{且}\boldsymbol{d}^{\mathrm{T}}\boldsymbol{y}>0}}\boldsymbol{d}^{\mathrm{T}}\boldsymbol{y}}, & \text{若存在}\boldsymbol{y}\in S\backslash S_l\text{ 使}\boldsymbol{d}^{\mathrm{T}}\boldsymbol{y}>0,\\ +\infty, & \text{若对任意}\boldsymbol{y}\in S\backslash S_l\text{ 都有}\boldsymbol{d}^{\mathrm{T}}\boldsymbol{y}=0,\end{cases}$$

其中 $\boldsymbol{x}^0\in S_l$, $\boldsymbol{y}^0\in S_{l-1}$. 因此, 对任意 $\varepsilon\in(0,\bar{\varepsilon})$ 以及任意 $\boldsymbol{y}\in S\backslash S_l$ 都有

$$\begin{aligned}\Delta=&(\boldsymbol{c}^{\mathrm{T}}\boldsymbol{x}^0-\varepsilon\cdot\boldsymbol{d}^{\mathrm{T}}\boldsymbol{x}^0)-(\boldsymbol{c}^{\mathrm{T}}\boldsymbol{y}-\varepsilon\cdot\boldsymbol{d}^{\mathrm{T}}\boldsymbol{y})\\ =&(\boldsymbol{c}^{\mathrm{T}}\boldsymbol{x}^0-\boldsymbol{c}^{\mathrm{T}}\boldsymbol{y})-\varepsilon\cdot\boldsymbol{d}^{\mathrm{T}}\boldsymbol{x}^0+\varepsilon\cdot\boldsymbol{d}^{\mathrm{T}}\boldsymbol{y}\\ \leqq&(\boldsymbol{c}^{\mathrm{T}}\boldsymbol{x}^0-\boldsymbol{c}^{\mathrm{T}}\boldsymbol{y}^0)-\varepsilon\cdot\boldsymbol{d}^{\mathrm{T}}\boldsymbol{x}^0+\varepsilon\cdot\boldsymbol{d}^{\mathrm{T}}\boldsymbol{y}\quad(\text{因为}\boldsymbol{c}^{\mathrm{T}}\boldsymbol{y}\geqq\boldsymbol{c}^{\mathrm{T}}\boldsymbol{y}^0)\end{aligned}$$

$$\leqq (\boldsymbol{c}^{\mathrm{T}}\boldsymbol{x}^0 - \boldsymbol{c}^{\mathrm{T}}\boldsymbol{y}^0) + \varepsilon \cdot \boldsymbol{d}^{\mathrm{T}}\boldsymbol{y} \quad (\text{因为} \boldsymbol{d}^{\mathrm{T}}\boldsymbol{x}^0 \geqq 0).$$

当 $\boldsymbol{y} \in S \backslash S_l$ 且 $\boldsymbol{d}^{\mathrm{T}}\boldsymbol{y} > 0$ 时, 有

$$\begin{aligned}\Delta &\leqq (\boldsymbol{c}^{\mathrm{T}}\boldsymbol{x}^0 - \boldsymbol{c}^{\mathrm{T}}\boldsymbol{y}^0) + \varepsilon \cdot \boldsymbol{d}^{\mathrm{T}}\boldsymbol{y} \\ &\leqq (\boldsymbol{c}^{\mathrm{T}}\boldsymbol{x}^0 - \boldsymbol{c}^{\mathrm{T}}\boldsymbol{y}^0) + \frac{\boldsymbol{c}^{\mathrm{T}}\boldsymbol{y}^0 - \boldsymbol{c}^{\mathrm{T}}\boldsymbol{x}^0}{\max\limits_{\substack{\boldsymbol{y} \in S \backslash S_l \\ \text{且} \boldsymbol{d}^{\mathrm{T}}\boldsymbol{y} > 0}} \boldsymbol{d}^{\mathrm{T}}\boldsymbol{y}} \cdot \boldsymbol{d}^{\mathrm{T}}\boldsymbol{y} \\ &\leqq (\boldsymbol{c}^{\mathrm{T}}\boldsymbol{x}^0 - \boldsymbol{c}^{\mathrm{T}}\boldsymbol{y}^0) + (\boldsymbol{c}^{\mathrm{T}}\boldsymbol{y}^0 - \boldsymbol{c}^{\mathrm{T}}\boldsymbol{x}^0) = 0.\end{aligned}$$

当 $\boldsymbol{y} \in S \backslash S_l$ 且 $\boldsymbol{d}^{\mathrm{T}}\boldsymbol{y} = 0$ 时, 有

$$\begin{aligned}\Delta &\leqq (\boldsymbol{c}^{\mathrm{T}}\boldsymbol{x}^0 - \boldsymbol{c}^{\mathrm{T}}\boldsymbol{y}^0) + \varepsilon \cdot \boldsymbol{d}^{\mathrm{T}}\boldsymbol{y} \\ &= \boldsymbol{c}^{\mathrm{T}}\boldsymbol{x}^0 - \boldsymbol{c}^{\mathrm{T}}\boldsymbol{y}^0 \\ &< 0 \quad (\text{因为} \boldsymbol{c}^{\mathrm{T}}\boldsymbol{x}^0 < \boldsymbol{c}^{\mathrm{T}}\boldsymbol{y}^0).\end{aligned}$$

因此, 当 $\varepsilon \in (0, \bar{\varepsilon})$ 时, 规划问题

$$\left\{\begin{array}{ll}\min & \boldsymbol{c}^{\mathrm{T}}\boldsymbol{x} - \varepsilon \cdot \boldsymbol{d}^{\mathrm{T}}\boldsymbol{x}, \\ \text{s.t.} & \boldsymbol{A}\boldsymbol{x} = \boldsymbol{b}, \\ & \boldsymbol{x} \geqq \boldsymbol{0}\end{array}\right.$$

存在最优解 (顶点)$\bar{\boldsymbol{x}} \in S_l$, 并且有

$$\begin{aligned}&\boldsymbol{c}^{\mathrm{T}}\bar{\boldsymbol{x}} - \varepsilon \cdot \boldsymbol{d}^{\mathrm{T}}\bar{\boldsymbol{x}} \\ =& \min_{\boldsymbol{x} \in R}(\boldsymbol{c}^{\mathrm{T}}\boldsymbol{x} - \varepsilon \cdot \boldsymbol{d}^{\mathrm{T}}\boldsymbol{x}) \\ =& \min_{\boldsymbol{x} \in S_l}(\boldsymbol{c}^{\mathrm{T}}\boldsymbol{x} - \varepsilon \cdot \boldsymbol{d}^{\mathrm{T}}\boldsymbol{x}),\end{aligned}$$

再由 $S_l \subset R^* \subset R$, 得到

$$\min_{\boldsymbol{x} \in S_l}(\boldsymbol{c}^{\mathrm{T}}\boldsymbol{x} - \varepsilon \cdot \boldsymbol{d}^{\mathrm{T}}\boldsymbol{x}) = \min_{\boldsymbol{x} \in R^*}(\boldsymbol{c}^{\mathrm{T}}\boldsymbol{x} - \varepsilon \cdot \boldsymbol{d}^{\mathrm{T}}\boldsymbol{x}).$$

由于 $\boldsymbol{c}^{\mathrm{T}}\boldsymbol{x}$ 在 R^* 上的值为常数 $\boldsymbol{c}^{\mathrm{T}}\bar{\boldsymbol{x}}$, 因此,

$$\begin{aligned}&\boldsymbol{c}^{\mathrm{T}}\bar{\boldsymbol{x}} - \varepsilon \cdot \boldsymbol{d}^{\mathrm{T}}\bar{\boldsymbol{x}} \\ =& \min_{\boldsymbol{x} \in R^*}(\boldsymbol{c}^{\mathrm{T}}\boldsymbol{x} - \varepsilon \cdot \boldsymbol{d}^{\mathrm{T}}\boldsymbol{x}) \\ =& \boldsymbol{c}^{\mathrm{T}}\bar{\boldsymbol{x}} + \min_{\boldsymbol{x} \in R^*}(-\varepsilon \cdot \boldsymbol{d}^{\mathrm{T}}\boldsymbol{x}),\end{aligned}$$

即

$$\boldsymbol{d}^{\mathrm{T}}\overline{\boldsymbol{x}} = \max_{\boldsymbol{x}\in R^*} \boldsymbol{d}^{\mathrm{T}}\boldsymbol{x}.$$

证毕.

定理 5.4 设 ε 为非阿基米德无穷小量, 并且线性规划 (D_ε) 的最优解为 $\boldsymbol{\lambda}^0, \boldsymbol{s}^{-0}, \boldsymbol{s}^{+0}, \theta^0$, 则有

(1) 若 $\theta^0 = 1$, 则决策单元 j_0 为弱 DEA 有效.

(2) 若 $\theta^0 = 1$, 并且 $\boldsymbol{s}^{-0} = \boldsymbol{0}$, $\boldsymbol{s}^{+0} = \boldsymbol{0}$, 则决策单元 j_0 为 DEA 有效.

证明 由引理 5.1 知 $\boldsymbol{\lambda}^0, \boldsymbol{s}^{-0}, \boldsymbol{s}^{+0}, \theta^0$ 是线性规划

$$(\mathrm{D}_{\mathrm{C^2R}})\begin{cases} \min & \theta, \\ \text{s.t.} & \displaystyle\sum_{j=1}^{n} \boldsymbol{x}_j\lambda_j + \boldsymbol{s}^- = \theta\boldsymbol{x}_{j_0}, \\ & \displaystyle\sum_{j=1}^{n} \boldsymbol{y}_j\lambda_j - \boldsymbol{s}^+ = \boldsymbol{y}_{j_0}, \\ & \lambda_j \geqq 0, \quad j = 1, 2, \cdots, n, \\ & \boldsymbol{s}^- \geqq \boldsymbol{0}, \quad \boldsymbol{s}^+ \geqq \boldsymbol{0} \end{cases}$$

的最优解中使目标函数

$$\hat{\boldsymbol{e}}^{\mathrm{T}}\boldsymbol{s}^- + \boldsymbol{e}^{\mathrm{T}}\boldsymbol{s}^+$$

达到最大值的最优解. 因此, 若 $\theta^0 = 1$, 则可知决策单元 j_0 为弱 DEA 有效. 若 $\boldsymbol{\theta}^0 = 1$ 且 $\boldsymbol{s}^{-0} = \boldsymbol{0}$, $\boldsymbol{s}^{+0} = \boldsymbol{0}$, 则可知 $(\mathrm{D}_{\mathrm{C^2R}})$ 的每个最优解中都有 $\boldsymbol{s}^- = \boldsymbol{0}$, $\boldsymbol{s}^+ = \boldsymbol{0}$. 由定理 5.3 可知决策单元 j_0 为 DEA 有效. 证毕.

例 5.3 本例中所描述的问题具有 4 个决策单元, 2 个输入指标和 1 个输出指标, 相应的输入、输出数据由表 5.3 给出.

表 5.3 决策单元的输入和输出数据

决策单元	1	2	3	4
输入 1	1	3	3	4
输入 2	3	1	3	2
输出	1	1	2	1

考察决策单元 1 所对应的线性规划 (D_ε), 取 $\varepsilon=10^{-5}$,

$$(\mathrm{D}_\varepsilon)\begin{cases} \min & \theta - \varepsilon(s_1^- + s_2^- + s_1^+), \\ \text{s.t.} & \lambda_1 + 3\lambda_2 + 3\lambda_3 + 4\lambda_4 + s_1^- = \theta, \\ & 3\lambda_1 + \lambda_2 + 3\lambda_3 + 2\lambda_4 + s_2^- = 3\theta, \\ & \lambda_1 + \lambda_2 + 2\lambda_3 + \lambda_4 - s_1^+ = 1, \\ & \lambda_1 \geqq 0, \lambda_2 \geqq 0, \lambda_3 \geqq 0, \lambda_4 \geqq 0, s_1^- \geqq 0, s_2^- \geqq 0, s_1^+ \geqq 0. \end{cases}$$

线性规划 (D_ε) 的最优解为

$$\boldsymbol{\lambda}^0=(1,0,0,0)^{\mathrm{T}},\quad s_1^{-0}=0,\quad s_2^{-0}=0,\quad s_1^{+0}=0,\quad \theta^0=1,$$

因此, 决策单元 1 为 DEA 有效.

类似地, 对决策单元 2 及决策单元 3 进行检验, 可知它们都为 DEA 有效.

现在对决策单元 4 进行判断, 它所对应的线性规划为

$$(\mathrm{D}_\varepsilon)\begin{cases}\min & \theta-\varepsilon(s_1^-+s_2^-+s_1^+),\\ \text{s.t.} & \lambda_1+3\lambda_2+3\lambda_3+4\lambda_4+s_1^-=4\theta,\\ & 3\lambda_1+\lambda_2+3\lambda_3+2\lambda_4+s_2^-=2\theta,\\ & \lambda_1+\lambda_2+2\lambda_3+\lambda_4-s_1^+=1,\\ & \lambda_1\geqq 0,\lambda_2\geqq 0,\lambda_3\geqq 0,\lambda_4\geqq 0,s_1^-\geqq 0,s_2^-\geqq 0,s_1^+\geqq 0.\end{cases}$$

最优解为

$$\boldsymbol{\lambda}^0=\left(0,\frac{3}{5},\frac{1}{5},0\right)^{\mathrm{T}},\quad s_1^{-0}=0,\quad s_2^{-0}=0,\quad s_1^{+0}=0,\quad \theta^0=\frac{3}{5}.$$

因 $\theta^0=\dfrac{3}{5}<1$, 故决策单元 4 不为弱 DEA 有效, 当然也不为 DEA 有效.

5.2.2 判定 DEA 有效性的目标规划方法

实际上, 判断决策单元的有效性和弱有效性可以通过目标规划 (Goal programming) 方法实现.

在线性规划 (D_{C^2R}) 中将目标函数改为 $\hat{\boldsymbol{e}}^{\mathrm{T}}\boldsymbol{s}^-+\boldsymbol{e}^{\mathrm{T}}\boldsymbol{s}^+$, 即得以下模型

$$(\mathrm{G}_{\mathrm{C^2R}})\begin{cases}\max & \hat{\boldsymbol{e}}^{\mathrm{T}}\boldsymbol{s}^-+\boldsymbol{e}^{\mathrm{T}}\boldsymbol{s}^+,\\ \text{s.t.} & \displaystyle\sum_{j=1}^n \boldsymbol{x}_j\lambda_j+\boldsymbol{s}^-=\boldsymbol{x}_{j_0},\\ & \displaystyle\sum_{j=1}^n \boldsymbol{y}_j\lambda_j-\boldsymbol{s}^+=\boldsymbol{y}_{j_0},\\ & \lambda_j\geqq 0,\quad j=1,2,\cdots,n,\\ & \boldsymbol{s}^-\geqq \mathbf{0},\quad \boldsymbol{s}^+\geqq\mathbf{0}.\end{cases}$$

由此可以获得如下判断决策单元 DEA 有效性的结论.

定理 5.5 决策单元 j_0 为 DEA 有效的充分必要条件是线性规划 (G_{C^2R}) 的最优值为 0.

证明 若线性规划 (G_{C^2R}) 的最优值不为 0, 则必存在 (G_{C^2R}) 的一个最优解 $\boldsymbol{\lambda}^0,\boldsymbol{s}^{-0},\boldsymbol{s}^{+0}$, 使得

$$(\boldsymbol{s}^{-0},\boldsymbol{s}^{+0})\neq\mathbf{0}.$$

令 $\theta^0=1$, 显然

$$\boldsymbol{\lambda}^0,\quad \boldsymbol{s}^{-0},\quad \boldsymbol{s}^{+0},\quad \theta^0$$

是线性规划 ($\mathrm{D_{C^2R}}$) 的一个可行解. 由定理 5.3 可知决策单元 j_0 不为 DEA 有效.

反之, 若决策单元 j_0 不为 DEA 有效, 则由定理 5.3 可知存在 ($\mathrm{D_{C^2R}}$) 的最优解

$$\boldsymbol{\lambda}^0=(\lambda_1^0,\cdots,\lambda_n^0)^{\mathrm{T}},\quad \boldsymbol{s}^{-0},\quad \boldsymbol{s}^{+0},\quad \theta^0,$$

使得

$$\theta^0=1,\quad (\boldsymbol{s}^{-0},\boldsymbol{s}^{+0})\neq\mathbf{0}$$

或者

$$\theta^0\neq 1.$$

如果 $\theta^0=1$, $(\boldsymbol{s}^{-0},\boldsymbol{s}^{+0})\neq\mathbf{0}$, 显然 ($\mathrm{G_{C^2R}}$) 的最优值不为 0.

如果 $\theta^0\neq 1$, 可以验证

$$\boldsymbol{\lambda}=(0,\cdots,0,\underset{j_0}{1},0,\cdots,0)^{\mathrm{T}},\quad \boldsymbol{s}^-=\mathbf{0},\quad \boldsymbol{s}^+=\mathbf{0},\quad \theta=1$$

是 ($\mathrm{D_{C^2R}}$) 的一个可行解, 因此, ($\mathrm{D_{C^2R}}$) 的最优值必小于 1.

显然

$$\boldsymbol{s}^{-*}=\boldsymbol{x}_{j_0}-\sum_{j=1}^{n}\boldsymbol{x}_j\lambda_j^0>\mathbf{0}$$

并且

$$\boldsymbol{\lambda}^0,\quad \boldsymbol{s}^{-*},\quad \boldsymbol{s}^{+0}$$

是 ($\mathrm{G_{C^2R}}$) 的一个可行解, 因此, ($\mathrm{G_{C^2R}}$) 的最优值不为 0. 证毕.

当判定决策单元 j_0 的弱 DEA 有效性时, 可以考虑下面的规划问题:

$$(\mathrm{WG_{C^2R}})\left\{\begin{array}{ll}\max & z,\\ \text{s.t.} & \displaystyle\sum_{j=1}^{n}\boldsymbol{x}_j\lambda_j+\boldsymbol{s}^-=\boldsymbol{x}_{j_0},\\ & \displaystyle\sum_{j=1}^{n}\boldsymbol{y}_j\lambda_j-\boldsymbol{s}^+=\boldsymbol{y}_{j_0},\\ & \hat{\boldsymbol{e}}z\leqq\boldsymbol{s}^-,\\ & \boldsymbol{e}z\leqq\boldsymbol{s}^+,\\ & \boldsymbol{s}^-\geqq\mathbf{0},\boldsymbol{s}^+\geqq\mathbf{0},\lambda_j\geqq 0, j=1,2,\cdots,n.\end{array}\right.$$

并且有如下定理.

定理 5.6　决策单元 j_0 为弱 DEA 有效的充分必要条件是线性规划 (WG_{C^2R}) 的最优值为 0.

证明　假设

$$\boldsymbol{\lambda}^0=(\lambda_1^0,\cdots,\lambda_n^0)^{\mathrm{T}},\quad \boldsymbol{s}^{-0},\quad \boldsymbol{s}^{+0},\quad z^0$$

是 (WG_{C^2R}) 的一个最优解, 并且线性规划 (WG_{C^2R}) 的最优值不为 0.

由于

$$\lambda_{j_0}=1,\quad \lambda_j=0(j\neq j_0)\quad \boldsymbol{s}^-=\boldsymbol{0},\quad \boldsymbol{s}^+=\boldsymbol{0},\quad z=0$$

是 (WG_{C^2R}) 的一个可行解, 所以必有 $z^0>0$.

令

$$\boldsymbol{s}^{-*}=\boldsymbol{s}^{-0}-\frac{z^0}{\sum\limits_{i=1}^m x_{ij_0}}\boldsymbol{x}_{j_0},\quad \theta^0=1-\frac{z^0}{\sum\limits_{i=1}^m x_{ij_0}}.$$

由于

$$\left(\frac{1}{\sum\limits_{i=1}^m x_{ij_0}}\boldsymbol{x}_{j_0}\right)z^0\leqq\hat{\boldsymbol{e}}z^0,\quad \hat{\boldsymbol{e}}z^0\leqq\boldsymbol{s}^{-0},$$

因此,

$$\boldsymbol{s}^{-*}=\boldsymbol{s}^{-0}-\frac{z^0}{\sum\limits_{i=1}^m x_{ij_0}}\boldsymbol{x}_{j_0}\geqq\boldsymbol{0}.$$

由 (WG_{C^2R}) 的约束条件可知

$$\hat{\boldsymbol{e}}z^0\leqq\boldsymbol{s}^{-0},\quad \sum_{j=1}^n\boldsymbol{x}_j\lambda_j^0+\boldsymbol{s}^{-0}=\boldsymbol{x}_{j_0}.$$

因此,

$$\hat{\boldsymbol{e}}z^0\leqq\boldsymbol{s}^{-0}\leqq\boldsymbol{x}_{j_0},$$

故得

$$0<\frac{z^0}{\sum\limits_{i=1}^m x_{ij_0}}\leqq 1.$$

综上可知

$$0\leqq\theta^0<1.$$

因为

$$\sum_{j=1}^{n}\boldsymbol{x}_j\lambda_j^0+\boldsymbol{s}^{-*}=\left(\sum_{j=1}^{n}\boldsymbol{x}_j\lambda_j^0+\boldsymbol{s}^{-0}\right)-\frac{z^0}{\sum\limits_{i=1}^{m}x_{ij_0}}\boldsymbol{x}_{j_0}$$

$$=\left(1-\frac{z^0}{\sum\limits_{i=1}^{m}x_{ij_0}}\right)\boldsymbol{x}_{j_0}=\theta^0\boldsymbol{x}_{j_0},$$

所以

$$\boldsymbol{\lambda}^0,\quad \boldsymbol{s}^{-*},\quad \boldsymbol{s}^{+0},\quad \theta^0$$

是线性规划 $(\mathrm{D_{C^2R}})$ 的一个可行解, 可知决策单元 j_0 不是弱 DEA 有效.

反之, 若决策单元 j_0 不为弱 DEA 有效, 假设

$$\boldsymbol{\lambda},\quad \boldsymbol{s}^{-},\quad \boldsymbol{s}^{+},\quad \theta$$

为线性规划 $(\mathrm{D_{C^2R}})$ 的最优解, 则有线性规划 $(\mathrm{D_{C^2R}})$ 的最优值 θ 小于 1, 并且

$$\sum_{j=1}^{n}\boldsymbol{x}_j\lambda_j+\boldsymbol{s}^{-}=\theta\boldsymbol{x}_{j_0},$$

$$\sum_{j=1}^{n}\boldsymbol{y}_j\lambda_j-\boldsymbol{s}^{+}=\boldsymbol{y}_{j_0}.$$

令

$$a=(1-\theta)\times\min_{1\leqq i\leqq m}\{x_{ij_0}\},\quad b=\max_{1\leqq i\leqq m}\{x_{i1}\},\quad c=\min_{1\leqq r\leqq s}\{y_{r1}\},$$

则有

$$\boldsymbol{x}_1\left(\lambda_1+\frac{a}{2b}\right)+\sum_{j=2}^{n}\boldsymbol{x}_j\lambda_j+\left(\boldsymbol{s}^{-}+(1-\theta)\boldsymbol{x}_{j_0}-\frac{a}{2b}\boldsymbol{x}_1\right)=\boldsymbol{x}_{j_0},$$

$$\boldsymbol{y}_1\left(\lambda_1+\frac{a}{2b}\right)+\sum_{j=2}^{n}\boldsymbol{y}_j\lambda_j-\left(\boldsymbol{s}^{+}+\boldsymbol{y}_1\frac{a}{2b}\right)=\boldsymbol{y}_{j_0}.$$

由于

$$\begin{aligned}\overline{\boldsymbol{s}}^{-}&=\boldsymbol{s}^{-}+(1-\theta)\boldsymbol{x}_{j_0}-\frac{a}{2b}\boldsymbol{x}_1\\&=\boldsymbol{s}^{-}+(1-\theta)\left(\boldsymbol{x}_{j_0}-\frac{\min\limits_{1\leqq i\leqq m}\{x_{ij_0}\}}{2\max\limits_{1\leqq i\leqq m}\{x_{i1}\}}\boldsymbol{x}_1\right)\end{aligned}$$

$$\begin{aligned}&\geqq \boldsymbol{s}^- + \frac{1}{2}(1-\theta)\boldsymbol{x}_{j_0}\\&\geqq \frac{a}{2}\hat{\boldsymbol{e}},\end{aligned}$$

$$\overline{\boldsymbol{s}}^+ = \boldsymbol{s}^+ + \boldsymbol{y}_1\frac{a}{2b} \geqq \frac{ac}{2b}\boldsymbol{e},$$

显然

$$\overline{\lambda}_1 = \lambda_1 + \frac{a}{2b} > 0, \quad z = \min\left\{\frac{a}{2}, \frac{ac}{2b}\right\} > 0,$$

则

$$\overline{\lambda}_1, \quad \lambda_j (j=2,\cdots,n), \quad \overline{\boldsymbol{s}}^-, \quad \overline{\boldsymbol{s}}^+, \quad z$$

为 $(\mathrm{WG_{C^2R}})$ 的可行解, 因此, 线性规划 $(\mathrm{WG_{C^2R}})$ 的最优值不为 0. 证毕.

5.3 DEA 方法与生产函数理论

考虑投入量为 $\boldsymbol{x} = (x_1, x_2, \cdots, x_m)^{\mathrm{T}}$, 产出量为 $\boldsymbol{y} = (y_1, y_2, \cdots, y_s)^{\mathrm{T}}$ 的某种 "生产" 活动.

设 n 个决策单元所对应的输入、输出向量分别为

$$\boldsymbol{x}_j = (x_{1j}, x_{2j}, \cdots, x_{mj})^{\mathrm{T}}, \quad j=1,\cdots,n,$$

$$\boldsymbol{y}_j = (y_{1j}, y_{2j}, \cdots, y_{sj})^{\mathrm{T}}, \quad j=1,\cdots,n.$$

以下希望根据所观察到的生产活动 $(\boldsymbol{x}_j, \boldsymbol{y}_j)(j=1,2,\cdots,n)$ 去描述生产可能集, 特别是根据这些观察数据去确定哪些生产活动是相对有效的.

生产可能集的公理体系的有关内容如下.

定义 5.3 称 $T = \{(\boldsymbol{x}, \boldsymbol{y}) |$ 产出向量 $\boldsymbol{y}$ 可以由投入向量 $\boldsymbol{x}$ 生产出来 $\}$ 为所有可能的生产活动构成的生产可能集.

假设生产可能集 T 的构成满足下面 5 条公理.

(1) 平凡性公理 $(\boldsymbol{x}_j, \boldsymbol{y}_j) \in T, j=1,2,\cdots,n.$

平凡性公理表明对于投入 $\boldsymbol{x}_j$, 产出 $\boldsymbol{y}_j$ 的基本活动 $(\boldsymbol{x}_j, \boldsymbol{y}_j)$, 理所当然是生产可能集中的一种投入产出关系.

(2) 凸性公理 对任意 $(\boldsymbol{x}, \boldsymbol{y}) \in T$ 和 $(\overline{\boldsymbol{x}}, \overline{\boldsymbol{y}}) \in T$, 以及任意 $\lambda \in [0,1]$ 均有

$$\begin{aligned}&\lambda(\boldsymbol{x}, \boldsymbol{y}) + (1-\lambda)(\overline{\boldsymbol{x}}, \overline{\boldsymbol{y}})\\=&(\lambda\boldsymbol{x} + (1-\lambda)\overline{\boldsymbol{x}}, \lambda\boldsymbol{y} + (1-\lambda)\overline{\boldsymbol{y}}) \in T,\end{aligned}$$

即如果分别以 $\boldsymbol{x}$ 和 $\overline{\boldsymbol{x}}$ 的 λ 及 $1-\lambda$ 比例之和输入, 可以产生分别以 $\boldsymbol{y}$ 和 $\overline{\boldsymbol{y}}$ 的相同比例之和的输出.

(3) 锥性公理 (经济学界称为可加性公理) 对任意 $(\boldsymbol{x},\boldsymbol{y})\in T$ 及数 $k\geqq 0$ 均有

$$k(\boldsymbol{x},\boldsymbol{y})=(k\boldsymbol{x},k\boldsymbol{y})\in T.$$

这就是说, 若以投入量 $\boldsymbol{x}$ 的 k 倍进行输入, 那么输出量也以原来产出 $\boldsymbol{y}$ 的 k 倍产出是可能的.

(4) 无效性公理 (经济学中也称其为自由处置性公理)

(i) 对任意 $(\boldsymbol{x},\boldsymbol{y})\in T$, 并且 $\hat{\boldsymbol{x}}\geqq\boldsymbol{x}$, 均有 $(\hat{\boldsymbol{x}},\boldsymbol{y})\in T$;

(ii) 对任意 $(\boldsymbol{x},\boldsymbol{y})\in T$, 并且 $\hat{\boldsymbol{y}}\leqq\boldsymbol{y}$, 均有 $(\boldsymbol{x},\hat{\boldsymbol{y}})\in T$.

这表明在原来生产活动基础上增加投入或减少产出进行生产总是可能的.

(5) 最小性公理 生产可能集 T 是满足公理 (1)~ 公理 (4) 的所有集合的交集.

可以看出, 满足上述 5 个条件的集合 T 是唯一确定的.

$$T=\left\{(\boldsymbol{x},\boldsymbol{y})\left|\sum_{j=1}^{n}\boldsymbol{x}_j\lambda_j\leqq\boldsymbol{x},\sum_{j=1}^{n}\boldsymbol{y}_j\lambda_j\geqq\boldsymbol{y},\lambda_j\geqq 0,j=1,2,\cdots,n\right.\right\}.$$

对于只有一个输入和一个输出的情况, 用下面的例子给以说明.

例 5.4 表 5.4 给出 4 个决策单元的输入数据和输出数据.

表 5.4 决策单元的输入数据和输出数据

决策单元	1	2	3	4
输入数据	1	2	3	4
输出数据	3	1	4	2

决策单元对应的数据 $(\boldsymbol{x}_j,\boldsymbol{y}_j)$ 在图 5.1 中用黑点标出, 上述 4 个决策单元确定的生产可能集 T 即为图 5.1 中的阴影部分.

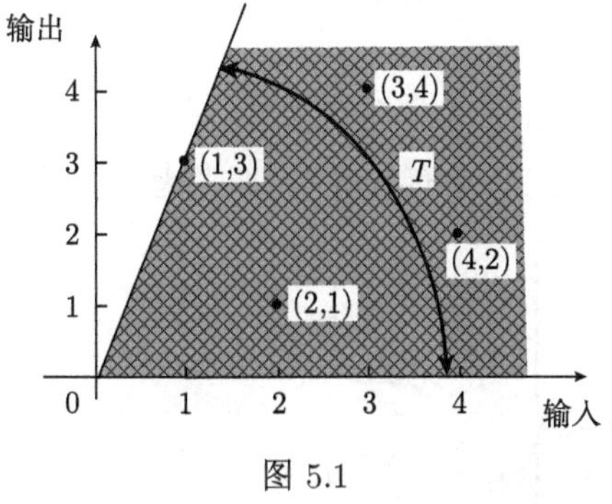

图 5.1

下面以单输入单输出的情况来说明 DEA 有效性的经济含义.

首先, 生产函数 $Y = y(x)$ 表示在生产处于最好的理想状态时, 当投入量为 x 时, 所能获得的最大输出. 因此, 生产函数图像上的点 (x 表示输入, Y 表示输出) 所对应的决策单元, 从生产函数的角度看, 是处于技术有效的状态.

一般说来, 生产函数 $Y = y(x)$ 的图像如图 5.2 所示. 由于生产函数的边际 $Y' = y'(x) > 0$, 即生产函数是增函数.

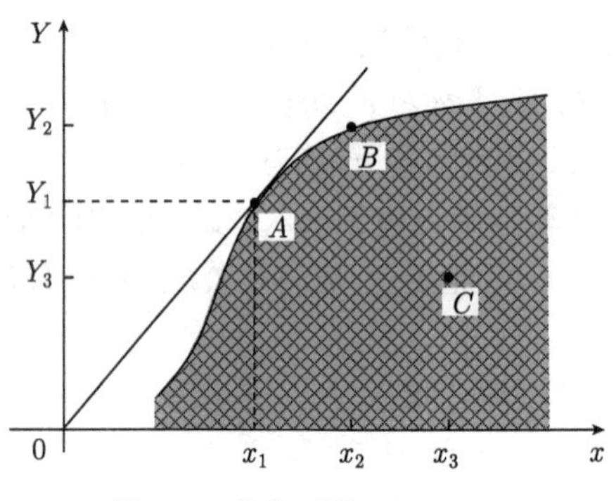

图 5.2 生产函数 $Y = y(x)$

当 $x \in (0, x_1)$ 时, 由 $Y'' = y''(x) > 0$ (即 $Y = y(x)$ 为凸函数), 表示当投入值小于 x_1 时, 厂商有投资的积极性 (因为边际函数 $Y' = y'(x)$ 为增函数), 此时称规模收益递增; 当 $x \in (x_1, +\infty)$ 时, 由 $Y'' = y''(x) < 0$ (即 $Y = y(x)$ 为凹函数), 表示投入再增加时, 收益 (产出) 增加的效率已不高了, 即厂商已没有再继续增加投资的积极性 (因为边际函数 $Y' = y'(x)$ 为减函数), 此时称规模收益递减.

从图 5.2 可见, 生产函数图像上的 A 点对应的决策单元 (x_1, Y_1), 从生产理论的角度看, 除了是技术有效外, 还是规模有效的. 这是因为少于投入量 x_1 以及大于投入量 x_1 的生产规模都不是最好的. B 点对应的决策单元 (x_2, Y_2) 是技术有效的, 因为它位于生产函数的曲线上, 但它却不是规模有效的. C 点所对应的决策单元 (x_3, Y_3) 既不是技术有效, 也不是规模有效的, 因为它不位于生产函数曲线上, 而且投入规模 x_3 过大.

现在来研究一下在 C^2R 模型之下的 DEA 有效性的经济含义.

当检验决策单元 j_0 的 DEA 有效性时, 即考虑线性规划问题

$$
(\mathrm{D}_1)\begin{cases}
\min & \theta = V_{\mathrm{D}},\\
\text{s.t.} & \displaystyle\sum_{j=1}^{n} \boldsymbol{x}_j \lambda_j \leqq \theta \boldsymbol{x}_{j_0},\\
& \displaystyle\sum_{j=1}^{n} \boldsymbol{y}_j \lambda_j \geqq \boldsymbol{y}_{j_0},\\
& \lambda_j \geqq 0, \quad j = 1, 2, \cdots, n.
\end{cases}
$$

由于 $(\boldsymbol{x}_{j_0}, \boldsymbol{y}_{j_0}) \in T$, 即 $(\boldsymbol{x}_{j_0}, \boldsymbol{y}_{j_0})$ 满足

$$\sum_{j=1}^{n} \boldsymbol{x}_j \lambda_j \leqq \boldsymbol{x}_{j_0},$$
$$\sum_{j=1}^{n} \boldsymbol{y}_j \lambda_j \geqq \boldsymbol{y}_{j_0},$$

其中 $\lambda_j \geqq 0, j = 1, 2, \cdots, n$. 可以看出, 线性规划 (D_1) 是表示在生产可能集 T 内, 当产出 $\boldsymbol{y}_{j_0}$ 保持不变的情况下, 尽量将投入量 $\boldsymbol{x}_{j_0}$ 按同一比例 θ 减少. 如果投入量 $\boldsymbol{x}_{j_0}$ 不能按同一比例 θ 减少, 即线性规划 (D_1) 的最优值 $V_{\mathrm{D}} = \theta^0 = 1$, 在单输入与单输出的情况下, 决策单元 j_0 既为技术有效也为规模有效, 如在图 5.2 中 A 点所对应的决策单元 1; 如果投入量 $\boldsymbol{x}_{j_0}$ 能按同一比例 θ 减少, 即线性规划 (D_1) 的最优值 $V_{\mathrm{D}} = \theta^0 < 1$, 决策单元 j_0 不为技术有效或不为规模有效.

用下面的例子进一步说明.

例 5.5 表 5.5 给出三个决策单元的输入数据和输出数据. 相应的决策单元对应的点 A, B, C 在图 5.3 中标出, 其中, 点 A 和点 C 在生产曲线上, 点 B 在生产曲线的下方. 由三个决策单元所确定的生产可能集 T 也已在图 5.3 中标出.

表 5.5 决策单元的输入数据和输出数据

决策单元	1	2	3
输入数据	2	4	5
输出数据	2	1	3.5

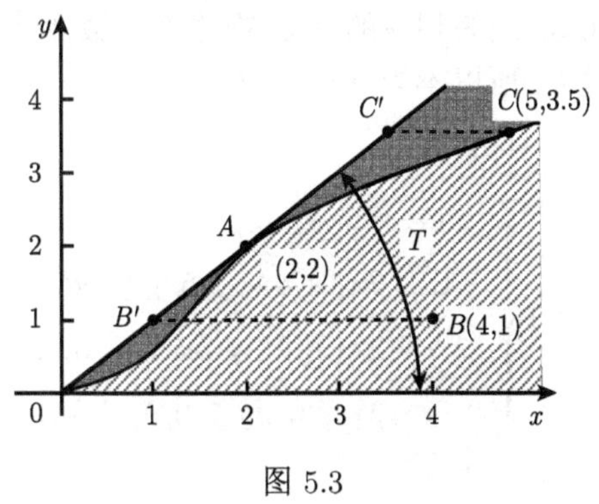

图 5.3

由图 5.3 可见决策单元 1(对应于点 A) 是技术有效和规模有效的.

从 DEA 有效看, 决策单元 1 所对应的带有非阿基米德无穷小量的 $\mathrm{C}^2\mathrm{R}$ 模型

为

$$
(\mathrm{D}_{\varepsilon})\begin{cases}\min & \theta-\varepsilon(s_1^-+s_1^+),\\ \text{s.t.} & 2\lambda_1+4\lambda_2+5\lambda_3+s_1^-=2\theta,\\ & 2\lambda_1+\lambda_2+3.5\lambda_3-s_1^+=2,\\ & \lambda_1,\lambda_2,\lambda_3,s_1^-,s_1^+\geqq 0.\end{cases}
$$

线性规划 $(\mathrm{D}_{\varepsilon})$ 的最优解为

$$
\boldsymbol{\lambda}^0=(1,0,0)^{\mathrm{T}},\quad s_1^{-0}=0,\quad s_1^{+0}=0,\quad \boldsymbol{\theta}^0=1.
$$

根据定理 5.4, 决策单元 1 为 DEA 有效.

由图 5.3 可见决策单元 2(对应于点 B) 不为技术有效, 因为点 B 不在生产函数曲线上, 也不为规模有效, 这是因为它的投入规模太大.

从 DEA 有效看, 决策单元 2 所对应的线性规划 (D_1) 为

$$
(\mathrm{D}_1)\begin{cases}\min & \theta=V_{\mathrm{D}},\\ \text{s.t.} & 2\lambda_1+4\lambda_2+5\lambda_3\leqq 4\theta,\\ & 2\lambda_1+\lambda_2+3.5\lambda_3\geqq 1,\\ & \lambda_1,\lambda_2,\lambda_3\geqq 0.\end{cases}
$$

它的最优解为

$$
\boldsymbol{\lambda}^0=\left(\frac{1}{2},0,0\right)^{\mathrm{T}},\quad \theta^0=\frac{1}{4}.
$$

由于最优值 $V_{\mathrm{D}}=\theta^0<1$, 故决策单元 2 不为 DEA 有效.

最后考察决策单元 3. 因为相应的点 C 在生产函数曲线上, 故为技术有效, 但是由于它的投资规模过大, 所以不为规模有效.

它所对应的线性规划 (D_1) 为

$$
(\mathrm{D}_1)\begin{cases}\min & \theta=V_{\mathrm{D}},\\ \text{s.t.} & 2\lambda_1+4\lambda_2+5\lambda_3\leqq 5\theta,\\ & 2\lambda_1+\lambda_2+3.5\lambda_3\geqq 3.5,\\ & \lambda_1\geqq 0,\lambda_2\geqq 0,\lambda_3\geqq 0.\end{cases}
$$

它的最优解为

$$
\boldsymbol{\lambda}^0=\left(\frac{7}{4},0,0\right)^{\mathrm{T}},\quad \theta^0=\frac{7}{10}.
$$

由于最优值 $V_{\mathrm{D}}=\theta^0<1$, 故决策单元 3 不为 DEA 有效.

5.4 DEA 有效性与 Pareto 最优的关系

探讨 DEA 有效性与 Pareto 最优之间的关系的意义在于, 一方面揭示了 DEA 有效与多目标规划之间的关系 (等价性), 另一方面也建立了 DEA 理论与微观经济学中 Pareto 理论之间的联系.

一个理想的决策单元应该是以较少的输入达到较大的输出. 用多目标决策的语言是这样来描述的, 令

$$\begin{aligned}
&f_1(\boldsymbol{x},\boldsymbol{y})=x_1,\\
&f_2(\boldsymbol{x},\boldsymbol{y})=x_2,\\
&\qquad\cdots\cdots\\
&f_m(\boldsymbol{x},\boldsymbol{y})=x_m,\\
&f_{m+1}(\boldsymbol{x},\boldsymbol{y})=-y_1,\\
&f_{m+2}(\boldsymbol{x},\boldsymbol{y})=-y_2,\\
&\qquad\cdots\cdots\\
&f_{m+s}(\boldsymbol{x},\boldsymbol{y})=-y_s
\end{aligned}$$

为 $m+s$ 个目标, 每个目标都希望越小越好, 其中

$$\begin{aligned}
\boldsymbol{x}&=(x_1,x_2,\cdots,x_m)^{\mathrm{T}},\\
\boldsymbol{y}&=(y_1,y_2,\cdots,y_s)^{\mathrm{T}}.
\end{aligned}$$

为方便起见, 记

$$\boldsymbol{F}(\boldsymbol{x},\boldsymbol{y})=(f_1(\boldsymbol{x},\boldsymbol{y}),\cdots,f_{m+s}(\boldsymbol{x},\boldsymbol{y})),$$

$$T=\left\{(\boldsymbol{x},\boldsymbol{y})\left|\sum_{j=1}^{n}\boldsymbol{x}_j\lambda_j\leqq\boldsymbol{x},\sum_{j=1}^{n}\boldsymbol{y}_j\lambda_j\geqq\boldsymbol{y},\lambda_j\geqq0,j=1,2,\cdots,n\right.\right\}.$$

这样, 可以得到多目标规划问题

$$(\mathrm{VP})\begin{cases}V-\min(f_1(\boldsymbol{x},\boldsymbol{y}),\cdots,f_{m+s}(\boldsymbol{x},\boldsymbol{y})),\\ \text{s.t.}\quad(\boldsymbol{x},\boldsymbol{y})\in T.\end{cases}$$

有如下定义.

定义 5.4 设 $(\boldsymbol{x}_{j_0},\boldsymbol{y}_{j_0})\in T$, 若不存在 $(\boldsymbol{x},\boldsymbol{y})\in T$, 使得

$$\boldsymbol{F}(\boldsymbol{x},\boldsymbol{y})<\boldsymbol{F}(\boldsymbol{x}_{j_0},\boldsymbol{y}_{j_0}),$$

则称 $(\boldsymbol{x}_{j_0},\boldsymbol{y}_{j_0})$ 为多目标规划 (VP) 的弱 Pareto 有效解.

定义 5.5 设 $(\boldsymbol{x}_{j_0}, \boldsymbol{y}_{j_0}) \in T$, 若不存在 $(\boldsymbol{x}, \boldsymbol{y}) \in T$, 使得

$$\boldsymbol{F}(\boldsymbol{x}, \boldsymbol{y}) \leqq \boldsymbol{F}(\boldsymbol{x}_{j_0}, \boldsymbol{y}_{j_0}),$$

则称 $(\boldsymbol{x}_{j_0}, \boldsymbol{y}_{j_0})$ 为多目标规划 (VP) 的 Pareto 有效解.

多目标规划问题 (VP) 有如下结论.

定理 5.7 若 $(\boldsymbol{x}_{j_0}, \boldsymbol{y}_{j_0})$ 是多目标规划问题 (VP) 的 Pareto 有效解, 则决策单元 j_0 为 DEA 有效.

证明 (反证法) 假设决策单元 j_0 不为 DEA 有效, 则由定理 5.5 知线性规划 $(\mathrm{G}_{\mathrm{C^2R}})$ 的最优值不为 0. 故存在线性规划 $(\mathrm{G}_{\mathrm{C^2R}})$ 的最优解 $\boldsymbol{s}^-$, $\boldsymbol{s}^+$, λ_j $(j = 1, 2, \cdots, n)$, 使得

$$\boldsymbol{x}_{j_0} = \sum_{j=1}^{n} \boldsymbol{x}_j \lambda_j + \boldsymbol{s}^-, \quad \boldsymbol{y}_{j_0} = \sum_{j=1}^{n} \boldsymbol{y}_j \lambda_j - \boldsymbol{s}^+,$$

并且 $(\boldsymbol{s}^-, \boldsymbol{s}^+) \neq \boldsymbol{0}$, 即

$$\left(\sum_{j=1}^{n} \boldsymbol{x}_j \lambda_j, -\sum_{j=1}^{n} \boldsymbol{y}_j \lambda_j \right) \leqslant \left(\boldsymbol{x}_{j_0}, -\boldsymbol{y}_{j_0} \right).$$

由于

$$\left(\sum_{j=1}^{n} \boldsymbol{x}_j \lambda_j, \sum_{j=1}^{n} \boldsymbol{y}_j \lambda_j \right) \in T,$$

因此, 由定义 5.5 知, $(\boldsymbol{x}_{j_0}, \boldsymbol{y}_{j_0})$ 不是多目标规划问题 (VP) 的 Pareto 有效解. 这与已知条件矛盾, 故假设不成立. 证毕.

定理 5.8 若决策单元 j_0 为 DEA 有效, 则它所对应的 $(\boldsymbol{x}_{j_0}, \boldsymbol{y}_{j_0})$ 是多目标规划问题 (VP) 的 Pareto 有效解.

证明 (反证法) 假设 $(\boldsymbol{x}_{j_0}, \boldsymbol{y}_{j_0})$ 不是多目标规划问题 (VP) 的 Pareto 有效解, 则存在 $(\boldsymbol{x}, \boldsymbol{y}) \in T$, 使得

$$\boldsymbol{F}(\boldsymbol{x}, \boldsymbol{y}) \leqslant \boldsymbol{F}(\boldsymbol{x}_{j_0}, \boldsymbol{y}_{j_0}),$$

成立, 即

$$(\boldsymbol{x}, -\boldsymbol{y}) \leqslant \left(\boldsymbol{x}_{j_0}, -\boldsymbol{y}_{j_0} \right).$$

由于

$$(\boldsymbol{x}, \boldsymbol{y}) \in T,$$

故存在 $\lambda_j \geqq 0$ $(j = 1, 2, \cdots, n)$, 使得

$$\sum_{j=1}^{n} \boldsymbol{x}_j \lambda_j \leqq \boldsymbol{x}, \quad \sum_{j=1}^{n} \boldsymbol{y}_j \lambda_j \geqq \boldsymbol{y}.$$

因此有

$$\left(\sum_{j=1}^{n}\boldsymbol{x}_j\lambda_j,-\sum_{j=1}^{n}\boldsymbol{y}_j\lambda_j\right)\leqslant\left(\boldsymbol{x}_{j_0},-\boldsymbol{y}_{j_0}\right).$$

令

$$\boldsymbol{s}^-=\boldsymbol{x}_{j_0}-\sum_{j=1}^{n}\boldsymbol{x}_j\lambda_j,$$

$$\boldsymbol{s}^+=-\boldsymbol{y}_{j_0}+\sum_{j=1}^{n}\boldsymbol{y}_j\lambda_j.$$

显然, $\lambda_j\ (j=1,2,\cdots,n),\boldsymbol{s}^-$, $\boldsymbol{s}^+$ 是线性规划 $(\mathrm{G_{C^2R}})$ 的一个可行解, 并且

$$(\boldsymbol{s}^-,\boldsymbol{s}^+)\geqslant\boldsymbol{0}.$$

故线性规划 $(\mathrm{G_{C^2R}})$ 的最优值不为 0. 由定理 5.5 知决策单元 j_0 不为 DEA 有效. 这与已知条件矛盾, 故假设不成立. 证毕.

定理 5.9 若 $\left(\boldsymbol{x}_{j_0},\boldsymbol{y}_{j_0}\right)$ 是多目标规划问题 (VP) 的弱 Pareto 有效解, 则决策单元 j_0 为弱 DEA 有效.

证明 (反证法) 假设决策单元 j_0 不为弱 DEA 有效, 则由定理 5.6 知线性规划 $(\mathrm{WG_{C^2R}})$ 的最优值不为 0, 故存在线性规划 $(\mathrm{WG_{C^2R}})$ 的最优解 $\lambda_j\ (j=1,2,\cdots,n),\boldsymbol{s}^-,\boldsymbol{s}^+$, z, 使得

$$\begin{aligned}&\sum_{j=1}^{n}\boldsymbol{x}_j\lambda_j+\boldsymbol{s}^-=\boldsymbol{x}_{j_0},\\&\sum_{j=1}^{n}\boldsymbol{y}_j\lambda_j-\boldsymbol{s}^+=\boldsymbol{y}_{j_0},\\&\hat{e}z\leqq\boldsymbol{s}^-,\\&\boldsymbol{e}z\leqq\boldsymbol{s}^+,\end{aligned}$$

并且 $z\neq0$, 即

$$\left(\sum_{j=1}^{n}\boldsymbol{x}_j\lambda_j,-\sum_{j=1}^{n}\boldsymbol{y}_j\lambda_j\right)<\left(\boldsymbol{x}_{j_0},-\boldsymbol{y}_{j_0}\right).$$

由于

$$\left(\sum_{j=1}^{n}\boldsymbol{x}_j\lambda_j,\sum_{j=1}^{n}\boldsymbol{y}_j\lambda_j\right)\in T,$$

因此, 由定义 5.4 知 $\left(\boldsymbol{x}_{j_0},\boldsymbol{y}_{j_0}\right)$ 不是多目标规划问题 (VP) 的弱 Pareto 有效解. 这与已知条件相矛盾, 故假设不成立. 证毕.

定理 5.10　决策单元 j_0 为弱 DEA 有效, 则它所对应的 $(\boldsymbol{x}_{j_0},\boldsymbol{y}_{j_0})$ 是多目标规划问题 (VP) 的弱 Pareto 有效解.

证明　(反证法) 假设 $(\boldsymbol{x}_{j_0},\boldsymbol{y}_{j_0})$ 不是多目标规划问题 (VP) 的弱 Pareto 有效解, 则存在 $(\boldsymbol{x},\boldsymbol{y})\in T$, 使得

$$\boldsymbol{F}(\boldsymbol{x},\boldsymbol{y})<\boldsymbol{F}(\boldsymbol{x}_{j_0},\boldsymbol{y}_{j_0})$$

成立, 即

$$(\boldsymbol{x},-\boldsymbol{y})<\left(\boldsymbol{x}_{j_0},-\boldsymbol{y}_{j_0}\right).$$

由于 $(\boldsymbol{x},\boldsymbol{y})\in T$, 故存在 $\lambda_j\geqq 0\ (j=1,2,\cdots,n)$, 使得

$$\sum_{j=1}^{n}\boldsymbol{x}_j\lambda_j\leqq\boldsymbol{x},\quad \sum_{j=1}^{n}\boldsymbol{y}_j\lambda_j\geqq\boldsymbol{y},$$

即得

$$\left(\sum_{j=1}^{n}\boldsymbol{x}_j\lambda_j,-\sum_{j=1}^{n}\boldsymbol{y}_j\lambda_j\right)<\left(\boldsymbol{x}_{j_0},-\boldsymbol{y}_{j_0}\right).$$

令

$$\begin{aligned}\boldsymbol{s}^-&=\boldsymbol{x}_{j_0}-\sum_{j=1}^{n}\boldsymbol{x}_j\lambda_j,\\ \boldsymbol{s}^+&=-\boldsymbol{y}_{j_0}+\sum_{j=1}^{n}\boldsymbol{y}_j\lambda_j,\\ z&=\min\{s_1^-,\cdots,s_m^-,s_1^+,\cdots,s_s^+\}.\end{aligned}$$

显然有

$$\hat{\boldsymbol{e}}z\leqq\boldsymbol{s}^-,\quad \boldsymbol{e}z\leqq\boldsymbol{s}^+,\quad z>0.$$

可以验证 $z,\boldsymbol{s}^-,\boldsymbol{s}^+,\lambda_j\geqq 0\ (j=1,2,\cdots,n)$ 是线性规划 $(\mathrm{WG_{C^2R}})$ 的一个可行解, 故线性规划 $(\mathrm{WG_{C^2R}})$ 的最优值不为 0. 因此, 由定理 5.6 知决策单元 j_0 不为弱 DEA 有效. 这与已知条件矛盾, 故假设不成立. 证毕.

5.5　决策单元在 DEA 相对有效面上的“投影”

5.5.1　DEA 的相对有效面

输入数据和输出数据对应的集合 (称为参考集) 为

$$\hat{T}=\{(\boldsymbol{x}_1,\boldsymbol{y}_1),(\boldsymbol{x}_2,\boldsymbol{y}_2),\cdots,(\boldsymbol{x}_n,\boldsymbol{y}_n)\}.$$

由集合 $\hat{T}$ 生成的凸锥为

$$C(\hat{T})=\left\{\sum_{j=1}^{n}(\boldsymbol{x}_j,\boldsymbol{y}_j)\lambda_j\middle|\lambda_j\geqq 0,j=1,2,\cdots,n\right\},$$

它是参考集中 n 个点 $(\boldsymbol{x}_j,\boldsymbol{y}_j)(j=1,2,\cdots,n)$ 的数据包络.

由集合 $\hat{T}$ 生成的生产可能集为

$$T=\left\{(\boldsymbol{x},\boldsymbol{y})\middle|\sum_{j=1}^{n}\boldsymbol{x}_j\lambda_j\leqq\boldsymbol{x},\sum_{j=1}^{n}\boldsymbol{y}_j\lambda_j\geqq\boldsymbol{y},\lambda_j\geqq 0,j=1,2,\cdots,n\right\}.$$

若存在 $\boldsymbol{\omega}^0\in E^m$, $\boldsymbol{\mu}^0\in E^s$, 满足

$$\boldsymbol{\omega}^0>\mathbf{0},\quad \boldsymbol{\mu}^0>\mathbf{0},$$

$(\boldsymbol{\omega}^{0\mathrm{T}},-\boldsymbol{\mu}^{0\mathrm{T}})$ 是多面锥 $C(\hat{T})$ 的某个平面的法方向, 并且 $C(\hat{T})$ 在该面的法方向 $(\boldsymbol{\omega}^{0\mathrm{T}},-\boldsymbol{\mu}^{0\mathrm{T}})$ 的同侧, 则称该平面为有效生产前沿面或 DEA 的相对有效面. 从多目标的角度看, 有效生产前沿面就是 Pareto 有效点构成的面.

具体而言, DEA 有效生产前沿面可以定义如下.

设 $\hat{\boldsymbol{\omega}},\hat{\boldsymbol{\mu}}$ 满足

$$\hat{\boldsymbol{\omega}}>\mathbf{0},\quad \hat{\boldsymbol{\mu}}>\mathbf{0}$$

以及超平面

$$L=\left\{(\boldsymbol{x},\boldsymbol{y})\middle|\hat{\boldsymbol{\omega}}^{\mathrm{T}}\boldsymbol{x}-\hat{\boldsymbol{\mu}}^{\mathrm{T}}\boldsymbol{y}=0\right\},$$

满足

$$T\subset\left\{(\boldsymbol{x},\boldsymbol{y})\middle|\hat{\boldsymbol{\omega}}^{\mathrm{T}}\boldsymbol{x}-\hat{\boldsymbol{\mu}}^{\mathrm{T}}\boldsymbol{y}\geqq 0\right\},$$

$$L\cap T\neq\varnothing,$$

则 L 为生产可能集 T 的有效面, $L\cap T$ 为生产可能集 T 的生产前沿面.

由于有效生产前沿面是由观察到的 n 个点 $(\boldsymbol{x}_j,\boldsymbol{y}_j)$ $(j=1,2,\cdots,n)$ 所决定的, 因此, 也称为经验生产前沿面或 DEA 的相对有效面.

例 5.6 考虑由表 5.6 中数据给出的例子.

表 5.6 决策单元的输入输出数据

决策单元	1	2	3	4
输入 1	1	3	3	4
输入 2	3	1	3	2
输出	1	1	2	1

例 5.6 中参考集 $\hat{T}$ 和多面凸集 $C(\hat{T})$ 分别为

$$\hat{T}=\{(1,3,1),(3,1,1),(3,3,2),(4,2,1)\},$$

$$C(\hat{T})=\{(1,3,1)\lambda_1+(3,1,1)\lambda_2+(3,3,2)\lambda_3+(4,2,1)\lambda_4|\lambda_j\geqq 0, j=1,2,3,4\},$$

其中决策单元 1, 2, 3, 4 对应的点分别记为 A, B, C, D(图 5.4). 由图 5.4 可以看出 A, B 和 C 是 Pareto 有效解, 多面凸锥 $C(\hat{T})$ 的面 AOC 与面 BOC 是 Pareto 有效面, 该面上的任何点都是多目标规划 (VP) 的 Pareto 有效解.

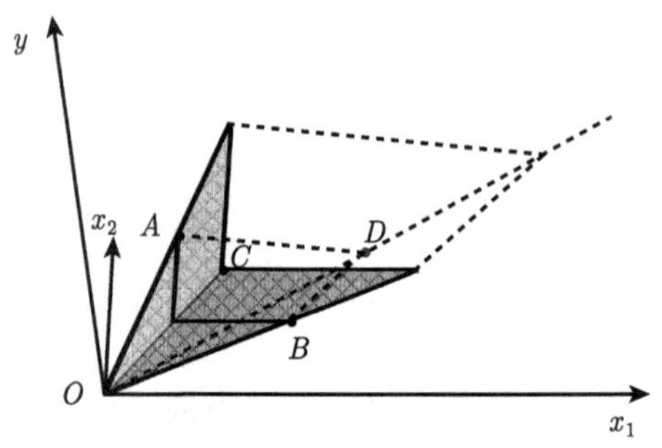

图 5.4　DEA 的相对有效面

5.5.2　决策单元在 DEA 相对有效面上的"投影"

决策单元在 DEA 相对有效面上的"投影"是 DEA 方法中的重要内容, DEA 方法通过"投影"来分析决策单元非有效的原因和程度, 预测决策单元可能达到的有效程度, 发现各决策单元调整投入规模的正确方向和程度, 为管理提供重要的决策信息. 这也正是 DEA 方法的独特之处.

对于带有非阿基米德无穷小量 ε 的线性规划

$$(\mathrm{D}_\varepsilon)\begin{cases}\min & \theta-\varepsilon(\hat{\boldsymbol{e}}^{\mathrm{T}}\boldsymbol{s}^-+\boldsymbol{e}^{\mathrm{T}}\boldsymbol{s}^+)=V_{\mathrm{D}_\varepsilon},\\ \text{s.t.} & \displaystyle\sum_{j=1}^{n}\boldsymbol{x}_j\lambda_j+\boldsymbol{s}^-=\theta\boldsymbol{x}_{j_0},\\ & \displaystyle\sum_{j=1}^{n}\boldsymbol{y}_j\lambda_j-\boldsymbol{s}^+=\boldsymbol{y}_{j_0},\\ & \lambda_j\geqq 0,\quad j=1,2,\cdots,n,\\ & \boldsymbol{s}^-\geqq\boldsymbol{0},\quad \boldsymbol{s}^+\geqq\boldsymbol{0},\end{cases}$$

有以下定义.

定义 5.6　设 $\boldsymbol{\lambda}^0,\boldsymbol{s}^{-0},\boldsymbol{s}^{+0},\theta^0$ 是线性规划问题 (D_ε) 的最优解, 令

$$\hat{\boldsymbol{x}}_{j_0}=\theta^0\boldsymbol{x}_{j_0}-\boldsymbol{s}^{-0},$$
$$\hat{\boldsymbol{y}}_{j_0}=\boldsymbol{y}_{j_0}+\boldsymbol{s}^{+0},$$

称 $(\hat{\boldsymbol{x}}_{j_0},\hat{\boldsymbol{y}}_{j_0})$ 为决策单元 j_0 对应的 $(\boldsymbol{x}_{j_0},\boldsymbol{y}_{j_0})$ 在 DEA 的相对有效面上的“投影”.

可以看出

$$\hat{\boldsymbol{x}}_{j_0}=\theta^0\boldsymbol{x}_{j_0}-\boldsymbol{s}^{-0}=\sum_{j=1}^{n}\boldsymbol{x}_j\lambda_j^0,$$
$$\hat{\boldsymbol{y}}_{j_0}=\boldsymbol{y}_{j_0}+\boldsymbol{s}^{+0}=\sum_{j=1}^{n}\boldsymbol{y}_j\lambda_j^0,$$

并且若决策单元 j_0 为弱 DEA 有效, 则

$$\hat{\boldsymbol{x}}_{j_0}=\boldsymbol{x}_{j_0}-\boldsymbol{s}^{-0},$$
$$\hat{\boldsymbol{y}}_{j_0}=\boldsymbol{y}_{j_0}+\boldsymbol{s}^{+0}.$$

若决策单元 j_0 为 DEA 有效, 则

$$\hat{\boldsymbol{x}}_{j_0}=\boldsymbol{x}_{j_0},$$
$$\hat{\boldsymbol{y}}_{j_0}=\boldsymbol{y}_{j_0}.$$

进一步, 可以得到下面的定理, 即决策单元 j_0 对应的 $(\boldsymbol{x}_{j_0},\boldsymbol{y}_{j_0})$ 的“投影” $(\hat{\boldsymbol{x}}_{j_0},\hat{\boldsymbol{y}}_{j_0})$ 构成了一个新的决策单元, 它是 DEA 有效的. 也就是说, 新的决策单元 $(\hat{\boldsymbol{x}}_{j_0},\hat{\boldsymbol{y}}_{j_0})$ 在多面凸锥 $C(\hat{T})$ 的生产前沿面上. 从而可以看出, DEA 有助于估计未知的经济生产函数.

定理 5.11 设

$$\hat{\boldsymbol{x}}_{j_0}=\theta^0\boldsymbol{x}_{j_0}-\boldsymbol{s}^{-0},$$
$$\hat{\boldsymbol{y}}_{j_0}=\boldsymbol{y}_{j_0}+\boldsymbol{s}^{+0},$$

其中 $\boldsymbol{\lambda}^0,\boldsymbol{s}^{-0},\boldsymbol{s}^{+0},\theta^0$ 是决策单元 j_0 对应的线性规划问题 (D_ε) 的最优解, 则 $(\hat{\boldsymbol{x}}_{j_0},\hat{\boldsymbol{y}}_{j_0})$ 相对于原来的 n 个决策单元是 DEA 有效的.

证明 对应于 $(\hat{\boldsymbol{x}}_{j_0},\hat{\boldsymbol{y}}_{j_0})$ 的线性规划问题为

$$(\hat{\mathrm{P}})\begin{cases}\max & \boldsymbol{\mu}^{\mathrm{T}}\hat{\boldsymbol{y}}_{j_0}=V_{\hat{\mathrm{P}}},\\ \text{s.t.} & \boldsymbol{\omega}^{\mathrm{T}}\boldsymbol{x}_j-\boldsymbol{\mu}^{\mathrm{T}}\boldsymbol{y}_j\geqq 0,\quad j=1,2,\cdots,n,\\ & \boldsymbol{\omega}^{\mathrm{T}}\hat{\boldsymbol{x}}_{j_0}-\boldsymbol{\mu}^{\mathrm{T}}\hat{\boldsymbol{y}}_{j_0}\geqq 0,\\ & \boldsymbol{\omega}^{\mathrm{T}}\hat{\boldsymbol{x}}_{j_0}=1,\\ & \boldsymbol{\omega}\geqq\boldsymbol{0},\quad \boldsymbol{\mu}\geqq\boldsymbol{0}.\end{cases}$$

线性规划 $(\hat{\mathrm{P}})$ 的对偶规划问题为

$$(\hat{\mathrm{D}})\begin{cases}\min & \theta=V_{\hat{\mathrm{D}}},\\ \text{s.t.} & \displaystyle\sum_{j=1}^{n}\boldsymbol{x}_j\lambda_j+\hat{\boldsymbol{x}}_{j_0}\lambda_{n+1}+\boldsymbol{s}^-=\theta\hat{\boldsymbol{x}}_{j_0},\\ & \displaystyle\sum_{j=1}^{n}\boldsymbol{y}_j\lambda_j+\hat{\boldsymbol{y}}_{j_0}\lambda_{n+1}-\boldsymbol{s}^+=\hat{\boldsymbol{y}}_{j_0},\\ & \lambda_j\geqq 0,\quad j=1,2,\cdots,n,n+1,\\ & \boldsymbol{s}^-\geqq\boldsymbol{0},\quad \boldsymbol{s}^+\geqq\boldsymbol{0}.\end{cases}$$

带有非阿基米德无穷小量的线性规划问题为

$$(\hat{\mathrm{D}}_\varepsilon)\begin{cases}\min & \left[\theta-\varepsilon(\hat{\boldsymbol{e}}^{\mathrm{T}}\boldsymbol{s}^-+\boldsymbol{e}^{\mathrm{T}}\boldsymbol{s}^+)\right]=V_{\hat{\mathrm{D}}_\varepsilon},\\ \text{s.t.} & \sum\limits_{j=1}^{n}\boldsymbol{x}_j\lambda_j+\hat{\boldsymbol{x}}_{j_0}\lambda_{n+1}+\boldsymbol{s}^-=\theta\hat{\boldsymbol{x}}_{j_0},\\ & \sum\limits_{j=1}^{n}\boldsymbol{y}_j\lambda_j+\hat{\boldsymbol{y}}_{j_0}\lambda_{n+1}-\boldsymbol{s}^+=\hat{\boldsymbol{y}}_{j_0},\\ & \lambda_j\geqq 0,\quad j=1,2,\cdots,n,n+1,\\ & \boldsymbol{s}^-\geqq\mathbf{0},\quad \boldsymbol{s}^+\geqq\mathbf{0}.\end{cases}$$

假设 $(\hat{\boldsymbol{x}}_{j_0},\hat{\boldsymbol{y}}_{j_0})$ 相对于原来的 n 个决策单元不是 DEA 有效的, 由定理 5.4 可知线性规划 $(\hat{\mathrm{D}}_\varepsilon)$ 的最优解 $\boldsymbol{\lambda}^*,\boldsymbol{s}^{-*},\boldsymbol{s}^{+*},\theta^*$ 必满足以下两种情况之一:

(1) $\theta^*\neq 1$;

(2) $\theta^*=1$, 但 $(\boldsymbol{s}^{-*},\boldsymbol{s}^{+*})\neq\mathbf{0}$.

若 $\theta^*\neq 1$, 则必有 $\theta^*<1$. 令

$$\tilde{\boldsymbol{s}}^-=(1-\theta)\hat{\boldsymbol{x}}_{j_0}+\boldsymbol{s}^{-*}(\neq\mathbf{0}),\quad \tilde{\theta}=1,$$

则有

$$\boldsymbol{\lambda}^*,\quad \tilde{\boldsymbol{s}}^-,\quad \boldsymbol{s}^{+*},\quad \tilde{\theta}$$

是线性规划 $(\hat{\mathrm{D}}_\varepsilon)$ 的可行解.

因此, 对于情况 (1) 和情况 (2) 可以统一讨论以下情况.

线性规划 $(\hat{\mathrm{D}}_\varepsilon)$ 存在一个可行解 $\boldsymbol{\lambda},\boldsymbol{s}^-,\boldsymbol{s}^+,\theta$, 满足

$$\theta=1,\quad (\boldsymbol{s}^-,\boldsymbol{s}^+)\neq\mathbf{0}.$$

由于 $\boldsymbol{\lambda},\boldsymbol{s}^-,\boldsymbol{s}^+,\theta$ 是线性规划 $(\hat{\mathrm{D}}_\varepsilon)$ 的一个可行解, 因此,

$$\sum_{j=1}^{n}\boldsymbol{x}_j\lambda_j+\hat{\boldsymbol{x}}_{j_0}\lambda_{n+1}+\boldsymbol{s}^-=\hat{\boldsymbol{x}}_{j_0},$$
$$\sum_{j=1}^{n}\boldsymbol{y}_j\lambda_j+\hat{\boldsymbol{y}}_{j_0}\lambda_{n+1}-\boldsymbol{s}^+=\hat{\boldsymbol{y}}_{j_0}.$$

由

$$\hat{\boldsymbol{x}}_{j_0}=\theta^0\boldsymbol{x}_{j_0}-\boldsymbol{s}^{-0}=\sum_{j=1}^{n}\boldsymbol{x}_j\lambda_j^0,$$
$$\hat{\boldsymbol{y}}_{j_0}=\boldsymbol{y}_{j_0}+\boldsymbol{s}^{+0}=\sum_{j=1}^{n}\boldsymbol{y}_j\lambda_j^0$$

可以得到

$$\begin{aligned}&\sum_{j=1}^{n}\boldsymbol{x}_j(\lambda_j+\lambda_j^0\lambda_{n+1})+(\boldsymbol{s}^-+\boldsymbol{s}^{-0})=\theta^0\boldsymbol{x}_{j_0},\\&\sum_{j=1}^{n}\boldsymbol{y}_j(\lambda_j+\lambda_j^0\lambda_{n+1})-(\boldsymbol{s}^++\boldsymbol{s}^{+0})=\boldsymbol{y}_{j_0},\\&\lambda_j+\lambda_j^0\lambda_{n+1}\geqq 0,\quad j=1,2,\cdots,n.\end{aligned}$$

由于 $\lambda_j+\lambda_j^0\lambda_{n+1}\ (j=1,2,\cdots,n),\boldsymbol{s}^-+\boldsymbol{s}^{-0},\boldsymbol{s}^++\boldsymbol{s}^{+0},\theta^0$ 也是线性规划问题 (D_ε) 的一个可行解, 并且有

$$\theta^0-\varepsilon(\hat{\boldsymbol{e}}^{\mathrm{T}}(\boldsymbol{s}^-+\boldsymbol{s}^{-0})+\boldsymbol{e}^{\mathrm{T}}(\boldsymbol{s}^++\boldsymbol{s}^{+0}))<\theta^0-\varepsilon(\hat{\boldsymbol{e}}^{\mathrm{T}}\boldsymbol{s}^{-0}+\boldsymbol{e}^{\mathrm{T}}\boldsymbol{s}^{+0}).$$

这与 $\boldsymbol{\lambda}^0,\boldsymbol{s}^{-0},\boldsymbol{s}^{+0},\theta^0$ 是决策单元 j_0 对应的线性规划问题 (D_ε) 的最优解矛盾. 证毕.

一般地, 记 $\Delta\boldsymbol{x}_{j_0}=\boldsymbol{x}_{j_0}-\hat{\boldsymbol{x}}_{j_0}=(1-\theta^0)\boldsymbol{x}_{j_0}+\boldsymbol{s}^{-0}\geqq\boldsymbol{0}$, $\Delta\boldsymbol{y}_{j_0}=\hat{\boldsymbol{y}}_{j_0}-\boldsymbol{y}_{j_0}=\boldsymbol{s}^{+0}\geqq\boldsymbol{0}$ 分别称为输入剩余和输出亏空, 即 $\Delta\boldsymbol{x}_{j_0},\Delta\boldsymbol{y}_{j_0}$ 分别表示当决策单元 j_0 要想转变为 DEA 有效时的输入与输出变化的估计量.

决策单元 j_0 在 DEA 相对有效面上的投影, 实际上为改进非有效的决策单元 j_0 提供一个可行的方案, 同时也指出了非有效的原因. 显然, 若原来的 $(\boldsymbol{x}_{j_0},\boldsymbol{y}_{j_0})$ 非 DEA 有效, 则通过对其 "投影" 可以在不减少输出的前提下, 使原来的输入有所减少 (当 $\Delta\boldsymbol{x}_{j_0}\geqq\boldsymbol{0}$ 时), 或在不增加输入的前提下, 使输出有所增加 (当 $\Delta\boldsymbol{y}_{j_0}\geqq\boldsymbol{0}$ 时).

参 考 文 献

[1] 魏权龄. 评价相对有效的 DEA 方法 [M]. 北京：中国人民大学出版社, 1988

[2] Charnes A, Cooper W W, Rhodes E. Measuring the efficiency of decision making units[J]. European Journal of Operational Research, 1978, 6(2):429-444

[3] 魏权龄. 数据包络分析 [M]. 北京：科学出版社, 2004

[4] 盛昭瀚, 朱乔, 吴广谋. DEA 理论、方法与应用 [M]. 北京：科学出版社, 1996

第 6 章　评价相对有效性的其他几个重要 DEA 模型

本章主要介绍另外几个经典 DEA 模型, 其中 BC^2 模型是评价决策单元技术有效性的重要模型, 在整个 DEA 理论体系中具有重要地位. 同时, C^2W 模型是第一个非线性的 DEA 模型, C^2WH 模型是带有权重约束的代表性模型, 本章将重点介绍这些模型, 并在后续章节中应用偏序集理论对这些模型给出全面的剖析. 本章内容主要取材于文献 [1]~ 文献 [7].

从目前的实际应用看, 国内使用较多的两个模型是 C^2R 模型和 BC^2 模型, 其中, C^2R 模型可以用来评价决策单元是否同时达到规模有效和技术有效, BC^2 模型则可以用来评价决策单元的技术有效性. 从生产理论看, 第一个 DEA 模型——C^2R 模型对应的生产可能集满足平凡性、凸性、锥性、无效性和最小性假设, 但在某些情况下, 把生产可能集用凸锥来描述可能缺乏准确性. 因此, 当在 C^2R 模型中去掉锥性假设后就得到另一个重要的 DEA 模型——BC^2 模型, 应用该模型就可以评价部门间的相对技术有效性. 与之对应的生产可能集满足平凡性、凸性、无效性和最小性假设. 此时的生产前沿面, 可以看成生产函数概念在具有多个输入输出情况下的推广.

另外, 具有无穷多个决策单元的 C^2W 模型以及能够反映决策者偏好的 C^2WH 模型也都是具有代表性的模型. 由于第 5 章中已经对 C^2R 模型进行系统介绍, 因此, 以下简要介绍一下其他几个 DEA 模型.

6.1　评价技术有效性的 BC^2 模型

1984 年, Banker, Charnes 和 Cooper 提出了不考虑生产可能集满足锥性的 DEA 模型, 一般简记为 BC^2 模型. 由于本节许多概念和结果与 C^2R 模型有极大的相似之处, 在此只进行简要介绍.

假设 n 个决策单元对应的输入数据和输出数据分别为

$$\boldsymbol{x}_j = (x_{1j}, x_{2j}, \cdots, x_{mj})^{\mathrm{T}}, \quad j = 1, 2, \cdots, n,$$

$$\boldsymbol{y}_j = (y_{1j}, y_{2j}, \cdots, y_{sj})^{\mathrm{T}}, \quad j = 1, 2, \cdots, n,$$

其中

$$\boldsymbol{x}_j \in E^m, \quad \boldsymbol{y}_j \in E^s, \quad \boldsymbol{x}_j > \boldsymbol{0}, \quad \boldsymbol{y}_j > \boldsymbol{0}, \quad j=1,2,\cdots,n,$$

则 BC^2 模型为

$$(\mathrm{P_{BC^2}})\begin{cases} \max\left(\boldsymbol{\mu}^{\mathrm{T}}\boldsymbol{y}_{j_0}+\mu_0\right)=V_{\mathrm{P}}, \\ \text{s.t.} \quad \boldsymbol{\omega}^{\mathrm{T}}\boldsymbol{x}_j-\boldsymbol{\mu}^{\mathrm{T}}\boldsymbol{y}_j-\mu_0 \geqq 0\ , \quad j=1,2,\cdots,n, \\ \qquad \boldsymbol{\omega}^{\mathrm{T}}\boldsymbol{x}_{j_0}=1, \\ \qquad \boldsymbol{\omega} \geqq \boldsymbol{0}\ , \quad \boldsymbol{\mu} \geqq \boldsymbol{0}. \end{cases}$$

$(\mathrm{P_{BC^2}})$ 模型的对偶规划为

$$(\mathrm{D_{BC^2}})\begin{cases} \min\theta=V_{\mathrm{D}}, \\ \text{s.t.} \quad \sum_{j=1}^{n}\boldsymbol{x}_j\lambda_j+\boldsymbol{s}^-=\theta\boldsymbol{x}_{j_0}, \\ \qquad \sum_{j=1}^{n}\boldsymbol{y}_j\lambda_j-\boldsymbol{s}^+=\boldsymbol{y}_{j_0}, \\ \qquad \sum_{j=1}^{n}\lambda_j=1, \\ \qquad \boldsymbol{s}^-\geqq\boldsymbol{0},\boldsymbol{s}^+\geqq\boldsymbol{0},\lambda_j\geqq 0, j=1,2,\cdots,n. \end{cases}$$

定义 6.1 若线性规划 $(\mathrm{P_{BC^2}})$ 存在最优解 $\boldsymbol{\omega}^0,\boldsymbol{\mu}^0,\mu_0^0$ 满足

$$V_{\mathrm{P}}=\boldsymbol{\mu}^{0\mathrm{T}}\boldsymbol{y}_{j_0}+\mu_0^0=1,$$

则称决策单元 j_0 为弱 DEA 有效 (BC^2). 若进而满足

$$\boldsymbol{\omega}^0>\boldsymbol{0}, \quad \boldsymbol{\mu}^0>\boldsymbol{0},$$

则称决策单元 j_0 为 DEA 有效 (BC^2).

由线性规划的对偶理论可知以下结论成立.

定理 6.1 如果线性规划问题 $(\mathrm{D_{BC^2}})$ 的任意最优解

$$\boldsymbol{\lambda}^0, \quad \boldsymbol{s}^{-0}, \quad \boldsymbol{s}^{+0}, \quad \theta^0,$$

都有

(1) $\theta^0=1$, 则决策单元 j_0 为弱 DEA 有效 (BC^2).

(2) $\theta^0=1$, 并且 $\boldsymbol{s}^{-0}=\boldsymbol{0}$, $\boldsymbol{s}^{+0}=\boldsymbol{0}$, 则决策单元 j_0 为 DEA 有效 (BC^2).

当引进非阿基米德无穷小量 ε 后, 可以得到下面线性规划问题

$$
(\bar{\mathrm{P}}_\varepsilon)\begin{cases}
\max\left(\boldsymbol{\mu}^{\mathrm{T}}\boldsymbol{y}_{j_0}+\mu_0\right)=V_{\bar{\mathrm{P}}_\varepsilon},\\
\text{s.t.}\quad \boldsymbol{\omega}^{\mathrm{T}}\boldsymbol{x}_j-\boldsymbol{\mu}^{\mathrm{T}}\boldsymbol{y}_j-\mu_0\geqq 0,\quad j=1,2,\cdots,n,\\
\qquad \boldsymbol{\omega}^{\mathrm{T}}\boldsymbol{x}_{j_0}=1,\\
\qquad \boldsymbol{\omega}\geqq\varepsilon\hat{\boldsymbol{e}},\\
\qquad \boldsymbol{\mu}\geqq\varepsilon\boldsymbol{e}.
\end{cases}
$$

$(\bar{\mathrm{P}}_\varepsilon)$ 的对偶规划 $(\bar{\mathrm{D}}_\varepsilon)$ 如下:

$$
(\bar{\mathrm{D}}_\varepsilon)\begin{cases}
\min\theta-\varepsilon\left(\hat{\boldsymbol{e}}^{\mathrm{T}}\boldsymbol{s}^-+\boldsymbol{e}^{\mathrm{T}}\boldsymbol{s}^+\right),\\
\text{s.t.}\quad \sum\limits_{j=1}^{n}\boldsymbol{x}_j\lambda_j+\boldsymbol{s}^-=\theta\boldsymbol{x}_{j_0},\\
\qquad \sum\limits_{j=1}^{n}\boldsymbol{y}_j\lambda_j-\boldsymbol{s}^+=\boldsymbol{y}_{j_0},\\
\qquad \sum\limits_{j=1}^{n}\lambda_j=1,\\
\qquad \boldsymbol{s}^-\geqq\boldsymbol{0},\boldsymbol{s}^+\geqq\boldsymbol{0},\lambda_j\geqq 0,j=1,2,\cdots,n,
\end{cases}
$$

其中

$$
\hat{\boldsymbol{e}}^{\mathrm{T}}=(1,1,\cdots,1)\in E^m,\quad \boldsymbol{e}^{\mathrm{T}}=(1,1,\cdots,1)\in E^s.
$$

类似于定理 5.4, 可以得到如下的定理.

定理 6.2 设 ε 为非阿基米德无穷小量, 并且线性规划问题 $(\bar{\mathrm{D}}_\varepsilon)$ 的最优解为

$$
\boldsymbol{\lambda}^0,\quad \boldsymbol{s}^{-0},\quad \boldsymbol{s}^{+0},\quad \theta^0,
$$

则有

(1) 若 $\theta^0=1$, 则决策单元 j_0 为弱 DEA 有效 (BC^2).

(2) 若 $\theta^0=1$, 并且 $\boldsymbol{s}^{-0}=\boldsymbol{0},\boldsymbol{s}^{+0}=\boldsymbol{0}$, 则决策单元 j_0 为 DEA 有效 (BC^2).

应用定理 6.2 就可以判断决策单元的 DEA 有效性 (BC^2). 为了便于说明问题, 以下给出一个算例.

例 6.1 考虑具有一个输入和一个输出的问题, 它们由表 6.1 给出.

表 6.1 决策单元的输入输出数据

决策单元	1	2	3
输入	1	3	4
输出	2	3	1

考察决策单元 1, 相应的带有非阿基米德无穷小量的线性规划问题为

$$(\bar{\mathrm{D}}_{\varepsilon})\begin{cases}\min\theta-\varepsilon\left(s_1^-+s_1^+\right),\\ \text{s.t.}\quad \lambda_1+3\lambda_2+4\lambda_3+s_1^-=\theta,\\ \qquad 2\lambda_1+3\lambda_2+\lambda_3-s_1^+=2,\\ \qquad \lambda_1+\lambda_2+\lambda_3=1,\\ \qquad \lambda_1\geqq 0,\lambda_2\geqq 0,\lambda_3\geqq 0,s_1^-\geqq 0,s_1^+\geqq 0.\end{cases}$$

利用单纯形法求解, 得到最优解为

$$\boldsymbol{\lambda}^0=(1,0,0)^{\mathrm{T}},\quad s_1^{-0}=0,\quad s_1^{+0}=0,\quad \theta^0=1.$$

因此, 决策单元 1 为 DEA 有效 (BC^2).

考察决策单元 2, 相应的线性规划问题为

$$(\bar{\mathrm{D}}_{\varepsilon})\begin{cases}\min\theta-\varepsilon\left(s_1^-+s_1^+\right),\\ \text{s.t.}\quad \lambda_1+3\lambda_2+4\lambda_3+s_1^-=3\theta,\\ \qquad 2\lambda_1+3\lambda_2+\lambda_3-s_1^+=3,\\ \qquad \lambda_1+\lambda_2+\lambda_3=1,\\ \qquad \lambda_1\geqq 0,\lambda_2\geqq 0,\lambda_3\geqq 0,s_1^-\geqq 0,s_1^+\geqq 0.\end{cases}$$

利用单纯形法求解, 得到最优解为

$$\boldsymbol{\lambda}^0=(0,1,0)^{\mathrm{T}},\quad s_1^{-0}=0,\quad s_1^{+0}=0,\quad \theta^0=1.$$

因此, 决策单元 2 为 DEA 有效 (BC^2).

最后, 考察决策单元 3, 相应的线性规划问题为

$$(\bar{\mathrm{D}}_{\varepsilon})\begin{cases}\min\theta-\varepsilon\left(s_1^-+s_1^+\right),\\ \text{s.t.}\quad \lambda_1+3\lambda_2+4\lambda_3+s_1^-=4\theta,\\ \qquad 2\lambda_1+3\lambda_2+\lambda_3-s_1^+=1,\\ \qquad \lambda_1+\lambda_2+\lambda_3=1,\\ \qquad \lambda_1\geqq 0,\lambda_2\geqq 0,\lambda_3\geqq 0,s_1^-\geqq 0,s_1^+\geqq 0.\end{cases}$$

利用单纯形法求解, 得到最优解为

$$\boldsymbol{\lambda}^0=(1,0,0)^{\mathrm{T}},\quad s_1^{-0}=0,\quad s_1^{+0}=0,\quad \theta^0=\frac{1}{4}.$$

因此, 决策单元 3 不为 DEA 有效 (BC^2).

事实上, DEA 有效 (BC^2) 也具有深刻的经济背景.

假设生产可能集 T 满足公理: “平凡性”, “凸性”, “无效性” 和 “最小性”(见 5.3 节), 可知

$$T=\left\{(\boldsymbol{x},\boldsymbol{y})\left|\sum_{j=1}^{n}\boldsymbol{x}_j\lambda_j\leqq\boldsymbol{x},\sum_{j=1}^{n}\boldsymbol{y}_j\lambda_j\geqq\boldsymbol{y},\sum_{j=1}^{n}\lambda_j=1,\ \lambda_j\geqq 0,j=1,2,\cdots,n\right.\right\},$$

这里 T 为凸多面体.

类似第 5 章中关于 $\mathrm{C^2R}$ 模型的生产前沿面的讨论可知, $\mathrm{BC^2}$ 模型对应的生产前沿面的定义如下.

设 $\hat{\boldsymbol{\omega}},\hat{\boldsymbol{\mu}},\hat{\mu}_0$ 满足

$$\hat{\boldsymbol{\omega}}>\mathbf{0},\quad \hat{\boldsymbol{\mu}}>\mathbf{0}$$

以及超平面

$$L=\{(\boldsymbol{x},\boldsymbol{y})|\hat{\boldsymbol{\omega}}^{\mathrm{T}}\boldsymbol{x}-\hat{\boldsymbol{\mu}}^{\mathrm{T}}\boldsymbol{y}-\hat{\mu}_0=0\},$$

满足

$$T\subset\{(\boldsymbol{x},\boldsymbol{y})|\hat{\boldsymbol{\omega}}^{\mathrm{T}}\boldsymbol{x}-\hat{\boldsymbol{\mu}}^{\mathrm{T}}\boldsymbol{y}-\hat{\mu}_0\geqq 0\},$$

$$L\cap T\neq\varnothing,$$

则 L 为生产可能集 T 的有效面, $L\cap T$ 为生产可能集 T 的有效生产前沿面.

为了说明 DEA 有效 $(\mathrm{BC^2})$ 的经济含义, 仍以例 6.1 为例, 生产可能集 T 由图 6.1 给出.

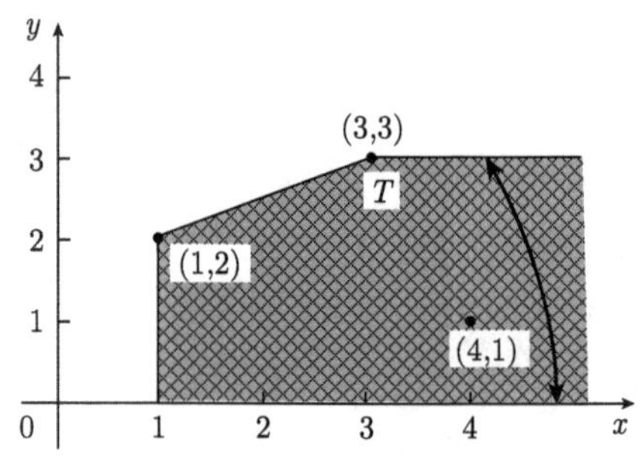

图 6.1 生产可能集 T

对于 $\mathrm{BC^2}$ 模型, 对应的线性规划为

$$(\mathrm{D}_2)\begin{cases}\min\theta=V_{\mathrm{D}},\\ \text{s.t.}\quad \displaystyle\sum_{j=1}^{n}\boldsymbol{x}_j\lambda_j\leqq\theta\boldsymbol{x}_{j_0},\\ \qquad\ \displaystyle\sum_{j=1}^{n}\boldsymbol{y}_j\lambda_j\geqq\boldsymbol{y}_{j_0},\\ \qquad\ \displaystyle\sum_{j=1}^{n}\lambda_j=1,\\ \qquad\ \lambda_j\geqq 0,\quad j=1,2,\cdots,n.\end{cases}$$

由于 $(\boldsymbol{x}_{j_0}, \boldsymbol{y}_{j_0}) \in T$, 故满足

$$\sum_{j=1}^{n} \boldsymbol{x}_j \lambda_j \leqq \boldsymbol{x}_{j_0},$$
$$\sum_{j=1}^{n} \boldsymbol{y}_j \lambda_j \geqq \boldsymbol{y}_{j_0},$$

其中

$$\sum_{j=1}^{n} \lambda_j = 1, \quad \lambda_j \geqq 0, \quad j = 1, 2, \cdots, n.$$

线性规划 (D$_2$) 的经济解释是: 在生产可能集 T 内, 当产出 $\boldsymbol{y}_{j_0}$ 保持不变的情况下, 尽量将投入量 $\boldsymbol{x}_{j_0}$ 按同一比例 θ 减少 $(0 < \theta \leqq 1)$. 如果投入量 $\boldsymbol{x}_{j_0}$ 不能按同一比例 θ 减少, 即线性规划问题 (D$_2$) 的最优值 $V_{\mathrm{D}} = \theta^0 = 1$, 在单输入和单输出的情况下, 当 $\boldsymbol{y}_{j_0}$ 不能继续改进时, 决策单元 j_0 是技术有效的. 在这里之所以与 C^{2}R 模型的情况不同 (在 C^{2}R 模型中, 若 $V_{\mathrm{D}} = \theta^0 = 1$, 决策单元 j_0 既是技术有效, 也是规模有效) 是因为生产可能集 T 的构成不满足 "锥性" 的公理假设. 在图 6.1 中的点 $(3, 3)$ 是位于生产可能集 T 的有效生产前沿面上, 当产出量 $y = 3$ 保持不变时, 将投入量 $x = 3$ 尽量减少已经不可能了, 即线性规划问题

$$(\mathrm{D}_2)\begin{cases} \min \ \ \theta = V_{\mathrm{D}}, \\ \text{s.t.} \ \ \lambda_1 + 3\lambda_2 + 4\lambda_3 \leqq 3\theta, \\ \qquad 2\lambda_1 + 3\lambda_2 + \lambda_3 \geqq 3, \\ \qquad \lambda_1 + \lambda_2 + \lambda_3 = 1, \\ \qquad \lambda_1 \geqq 0, \lambda_2 \geqq 0, \lambda_3 \geqq 0 \end{cases}$$

的最优解 $\boldsymbol{\lambda}^0 = (0, 1, 0)^{\mathrm{T}}, \theta^0 = 1$, 满足 $V_{\mathrm{D}} = \theta^0 = 1$, 因此决策单元 2 为 DEA 有效 (BC^2). 但是, 当用第 5 章中所叙述的 C^{2}R 模型评价时, 由于生产可能集的构成需要满足锥性公理假设, DEA 有效性会发生变化. 此时集合 T 由图 6.2 给出.

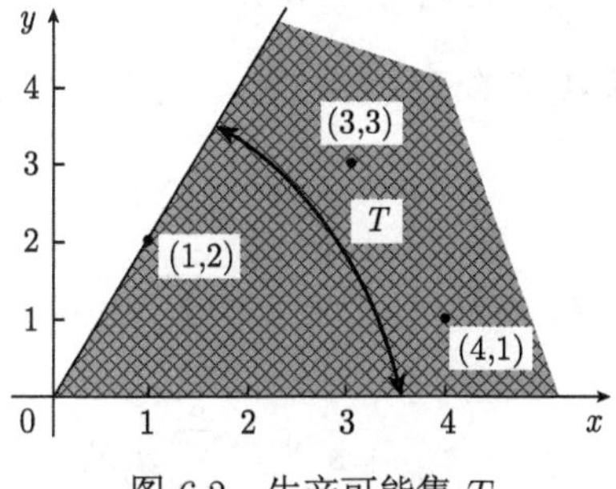

图 6.2 生产可能集 T

利用 C^2R 模型评价决策单元 2 (对应 $x=3, y=3$), 相应的线性规划问题为

$$(\mathrm{D}_2)\begin{cases}\min\theta = V_{\mathrm{D}},\\ \text{s.t.}\quad \lambda_1+3\lambda_2+4\lambda_3 \leqq 3\theta,\\ \qquad\ 2\lambda_1+3\lambda_2+\lambda_3 \geqq 3,\\ \qquad\ \lambda_1\geqq 0, \lambda_2\geqq 0, \lambda_3\geqq 0.\end{cases}$$

它的最优解为

$$\boldsymbol{\lambda}^0=\left(\frac{3}{2},0,0\right)^{\mathrm{T}},\quad \theta^0=\frac{1}{2},$$

因为

$$V_{\mathrm{D}}=\theta^0=\frac{1}{2}<1,$$

所以, 决策单元 2 不为 DEA 有效 (C^2R).

对于 BC^2 模型也可以定义决策单元在 DEA 的相对有效面上的“投影”. 令

$$\hat{\boldsymbol{x}}_{j_0}=\theta^0\boldsymbol{x}_{j_0}-\boldsymbol{s}^{-0}=\sum_{j=1}^{n}\boldsymbol{x}_j\lambda_j^0,$$

$$\hat{\boldsymbol{y}}_{j_0}=\boldsymbol{y}_{j_0}+\boldsymbol{s}^{+0}=\sum_{j=1}^{n}\boldsymbol{y}_j\lambda_j^0,$$

其中 $\boldsymbol{\lambda}^0, \boldsymbol{s}^{-0}, \boldsymbol{s}^{+0}, \theta^0$ 为线性规划问题

$$(\bar{\mathrm{D}}_\varepsilon)\begin{cases}\min\theta-\varepsilon(\hat{\boldsymbol{e}}^{\mathrm{T}}\boldsymbol{s}^-+\boldsymbol{e}^{\mathrm{T}}\boldsymbol{s}^+)=V_{\bar{\mathrm{D}}_\varepsilon},\\ \text{s.t.}\quad \displaystyle\sum_{j=1}^{n}\boldsymbol{x}_j\lambda_j+\boldsymbol{s}^-=\theta\boldsymbol{x}_{j_0},\\ \qquad\ \displaystyle\sum_{j=1}^{n}\boldsymbol{y}_j\lambda_j-\boldsymbol{s}^+=\boldsymbol{y}_{j_0},\\ \qquad\ \displaystyle\sum_{j=1}^{n}\lambda_j=1,\\ \qquad\ \boldsymbol{s}^-\geqq\mathbf{0}, \boldsymbol{s}^+\geqq\mathbf{0}, \lambda_j\geqq 0, j=1,2,\cdots,n\end{cases}$$

的最优解, 称 $(\hat{\boldsymbol{x}}_{j_0}, \hat{\boldsymbol{y}}_{j_0})$ 为决策单元 j_0 在 DEA 的相对有效面上的“投影”, 有如下定理.

定理 6.3　设

$$\hat{\boldsymbol{x}}_{j_0}=\theta^0\boldsymbol{x}_{j_0}-\boldsymbol{s}^{-0}=\sum_{j=1}^{n}\boldsymbol{x}_j\lambda_j^0,$$

$$\hat{\boldsymbol{y}}_{j_0}=\boldsymbol{y}_{j_0}+\boldsymbol{s}^{+0}=\sum_{j=1}^{n}\boldsymbol{y}_j\lambda_j^0,$$

其中 $\boldsymbol{\lambda}^0, \boldsymbol{s}^{-0}, \boldsymbol{s}^{+0}, \theta^0$ 是决策单元 j_0 对应的线性规划问题 $(\bar{\mathrm{D}}_\varepsilon)$ 的最优解, 则 $(\hat{\boldsymbol{x}}_0, \hat{\boldsymbol{y}}_0)$ 相对于原来的 n 个决策单元为 DEA 有效 (BC^2).

证明 与定理 5.11 类似.

当然, 也可以用下面的目标规划来判断决策单元的 DEA 有效性.

$$
(\mathrm{G}_{\mathrm{BC}^2})\begin{cases}
\max(\hat{\boldsymbol{e}}^{\mathrm{T}}\boldsymbol{s}^- + \boldsymbol{e}^{\mathrm{T}}\boldsymbol{s}^+) = V_{\mathrm{G}}, \\
\text{s.t.} \quad \sum\limits_{j=1}^{n} \boldsymbol{x}_j\lambda_j + \boldsymbol{s}^- = \boldsymbol{x}_{j_0}, \\
\qquad \sum\limits_{j=1}^{n} \boldsymbol{y}_j\lambda_j - \boldsymbol{s}^+ = \boldsymbol{y}_{j_0}, \\
\qquad \sum\limits_{j=1}^{n} \lambda_j = 1, \\
\qquad \boldsymbol{s}^- \geqq \boldsymbol{0}, \boldsymbol{s}^+ \geqq \boldsymbol{0}, \lambda_j \geqq 0, j = 1, 2, \cdots, n.
\end{cases}
$$

定理 6.4 决策单元 j_0 为 DEA 有效 (BC^2) 的充分必要条件是线性规划 $(\mathrm{G}_{\mathrm{BC}^2})$ 的最优值为 0.

证明 若线性规划 $(\mathrm{G}_{\mathrm{BC}^2})$ 的最优值不为 0, 则必存在 $(\mathrm{G}_{\mathrm{BC}^2})$ 的一个最优解 $\boldsymbol{\lambda}^0, \boldsymbol{s}^{-0}, \boldsymbol{s}^{+0}$, 使得

$$
(\boldsymbol{s}^{-0}, \boldsymbol{s}^{+0}) \neq \boldsymbol{0}.
$$

令 θ^0=1, 显然

$$
\boldsymbol{\lambda}^0, \quad \boldsymbol{s}^{-0}, \quad \boldsymbol{s}^{+0}, \quad \theta^0
$$

是线性规划 $(\mathrm{D}_{\mathrm{BC}^2})$ 的一个可行解. 由定理 6.1 可知决策单元 j_0 不为 DEA 有效.

反之, 若决策单元 j_0 不为 DEA 有效, 则由定理 6.1 可知存在 $(\mathrm{D}_{\mathrm{BC}^2})$ 的最优解

$$
\boldsymbol{\lambda}^0 = (\lambda_1^0, \cdots, \lambda_n^0)^{\mathrm{T}}, \quad \boldsymbol{s}^{-0}, \quad \boldsymbol{s}^{+0}, \quad \theta^0,
$$

满足以下两种情况之一:

(1) θ^0=1, $(\boldsymbol{s}^{-0}, \boldsymbol{s}^{+0}) \neq \boldsymbol{0}$.

(2) $\theta^0 \neq 1$.

如果 θ^0=1, $(\boldsymbol{s}^{-0}, \boldsymbol{s}^{+0}) \neq \boldsymbol{0}$, 显然 $(\mathrm{G}_{\mathrm{BC}^2})$ 的最优值不为 0.

如果 $\theta^0 \neq 1$, 可以验证

$$
\boldsymbol{\lambda} = (0, \cdots, 0, \underset{j_0}{1}, 0, \cdots, 0)^{\mathrm{T}}, \quad \boldsymbol{s}^- = \boldsymbol{0}, \quad \boldsymbol{s}^+ = \boldsymbol{0}, \quad \theta = 1
$$

是 $(\mathrm{D}_{\mathrm{BC}^2})$ 的可行解. 因此, $(\mathrm{D}_{\mathrm{BC}^2})$ 的最优值必小于等于 1. 由此可知 $\theta^0 < 1$, 故

$$
\boldsymbol{s}^{-*} = \boldsymbol{x}_{j_0} - \sum_{j=1}^{n} \lambda_j^0 \boldsymbol{x}_j > \boldsymbol{0},
$$

并且 $\boldsymbol{\lambda}^0$, $\boldsymbol{s}^{-*}$, $\boldsymbol{s}^{+0}$ 是 ($\mathrm{G_{BC^2}}$) 的一个可行解, 因此 ($\mathrm{G_{BC^2}}$) 的最优值不为 0. 证毕.

当判定决策单元 j_0 的弱 DEA 有效性 ($\mathrm{BC^2}$) 时, 可以考虑下面的规划问题:

$$
(\mathrm{WG_{BC^2}})\begin{cases}\max\ z,\\ \text{s.t.}\ \ \displaystyle\sum_{j=1}^{n}\boldsymbol{x}_j\lambda_j+\boldsymbol{s}^-=\boldsymbol{x}_{j_0},\\ \qquad\displaystyle\sum_{j=1}^{n}\boldsymbol{y}_j\lambda_j-\boldsymbol{s}^+=\boldsymbol{y}_{j_0},\\ \qquad\displaystyle\sum_{j=1}^{n}\lambda_j=1,\\ \qquad\hat{\boldsymbol{e}}z\leqq\boldsymbol{s}^-,\\ \qquad\boldsymbol{e}z\leqq\boldsymbol{s}^+,\\ \qquad\boldsymbol{s}^-\geqq\boldsymbol{0},\boldsymbol{s}^+\geqq\boldsymbol{0},\lambda_j\geqq 0,j=1,2,\cdots,n.\end{cases}
$$

以下是判断决策单元 j_0 为弱 DEA 有效 ($\mathrm{BC^2}$) 的一个必要条件.

定理 6.5　若决策单元 j_0 为弱 DEA 有效 ($\mathrm{BC^2}$), 则线性规划 ($\mathrm{WG_{BC^2}}$) 的最优值为 0.

证明　若线性规划 ($\mathrm{WG_{BC^2}}$) 的最优值不为 0, 则必存在 ($\mathrm{WG_{BC^2}}$) 的一个最优解

$$
\boldsymbol{\lambda}^0=(\lambda_1^0,\cdots,\lambda_n^0)^{\mathrm{T}},\quad \boldsymbol{s}^{-0},\quad \boldsymbol{s}^{+0},\quad z,
$$

使得 $z>0$.

令

$$
\boldsymbol{s}^{-*}=\boldsymbol{s}^{-0}-\frac{z}{\displaystyle\sum_{i=1}^{m}x_{ij_0}}\boldsymbol{x}_{j_0},\quad \theta=1-\frac{z}{\displaystyle\sum_{i=1}^{m}x_{ij_0}},
$$

则有

$$
\begin{aligned}
\sum_{j=1}^{n}\boldsymbol{x}_j\lambda_j^0+\boldsymbol{s}^{-*}&=\sum_{j=1}^{n}\boldsymbol{x}_j\lambda_j^0+\boldsymbol{s}^{-0}-\frac{z}{\displaystyle\sum_{i=1}^{m}x_{ij_0}}\boldsymbol{x}_{j_0}\\
&=\left(1-\frac{z}{\displaystyle\sum_{i=1}^{m}x_{ij_0}}\right)\boldsymbol{x}_{j_0}\\
&=\theta\boldsymbol{x}_{j_0}.
\end{aligned}
$$

因为

$$\frac{\boldsymbol{x}_{j_0}}{\sum\limits_{i=1}^{m} x_{ij_0}} z \leqq \hat{\boldsymbol{e}}z \leqq \boldsymbol{s}^{-0}, \quad \hat{\boldsymbol{e}}z \leqq \boldsymbol{s}^{-0} \leqq \boldsymbol{x}_{j_0},$$

所以

$$\boldsymbol{s}^{-*} = \boldsymbol{s}^{-0} - \frac{z}{\sum\limits_{i=1}^{m} x_{ij_0}} \boldsymbol{x}_{j_0} \geqq \boldsymbol{0}, \quad 0 < z \leqq \sum_{i=1}^{m} x_{ij_0},$$

故得

$$0 \leqq \theta = 1 - \frac{z}{\sum\limits_{i=1}^{m} x_{ij_0}} < 1.$$

由上述结论可知

$$\boldsymbol{\lambda}^0, \boldsymbol{s}^{-*}, \boldsymbol{s}^{+0}, \theta$$

是线性规划 ($\mathrm{D_{BC^2}}$) 的一个可行解. 因此, ($\mathrm{D_{BC^2}}$) 的最优值小于 1, 由定理 6.1 可知决策单元 j_0 不为弱 DEA 有效. 证毕.

决策单元的 DEA 有效性 (BC^2) 与相应的多目标规划问题的 Pareto 有效解之间也存在着一定的关系. 值得注意的是对于弱 DEA 有效性 (C^{2}R) 存在等价关系, 而对弱 DEA 有效性 (BC^2) 却不存在等价关系.

设约束集

$$T_{\mathrm{BC^2}} = \left\{ (\boldsymbol{x}, \boldsymbol{y}) \left| \sum_{j=1}^{n} \boldsymbol{x}_j \lambda_j \leqq \boldsymbol{x}, \sum_{j=1}^{n} \boldsymbol{y}_j \lambda_j \geqq \boldsymbol{y}, \sum_{j=1}^{n} \lambda_j = 1, \lambda_j \geqq 0, j = 1, 2, \cdots, n \right. \right\},$$

则对多目标规划

$$(\mathrm{VP}) \begin{cases} V - \min(x_1, \cdots, x_m, -y_1, \cdots, -y_s), \\ \text{s.t.} \quad (\boldsymbol{x}, \boldsymbol{y}) \in T_{\mathrm{BC^2}} \end{cases}$$

有以下结论.

定理 6.6 决策单元 j_0 为 DEA 有效 (BC^2) 的充分必要条件是 $(\boldsymbol{x}_{j_0}, \boldsymbol{y}_{j_0})$ 为多目标规划问题 (VP) 的 Pareto 有效解.

证明 决策单元 j_0 不为 DEA 有效 (BC^2), 由定理 6.4 可知, 线性规划问题 ($\mathrm{G_{BC^2}}$) 的最优值不为 0, 由此可知存在 ($\mathrm{G_{BC^2}}$) 的可行解 $\boldsymbol{\lambda}, \boldsymbol{s}^-, \boldsymbol{s}^+$, 使得

$$(\boldsymbol{s}^-, \boldsymbol{s}^+) \neq \boldsymbol{0}.$$

容易推得

$$\left(\sum_{j=1}^{n}\boldsymbol{x}_j\lambda_j,\ \sum_{j=1}^{n}\boldsymbol{y}_j\lambda_j\right)\in T_{\mathrm{BC}^2},$$

$$\left(\sum_{j=1}^{n}\boldsymbol{x}_j\lambda_j,\ -\sum_{j=1}^{n}\boldsymbol{y}_j\lambda_j\right)\leq(\boldsymbol{x}_{j_0},-\boldsymbol{y}_{j_0}),$$

因此, $\left(\boldsymbol{x}_{j_0},\boldsymbol{y}_{j_0}\right)$ 不为多目标规划问题 (VP) 的 Pareto 有效解.

反之, 若 $\left(\boldsymbol{x}_{j_0},\boldsymbol{y}_{j_0}\right)$ 不是多目标规划问题 (VP) 的 Pareto 有效解, 则存在 $(\boldsymbol{x},\boldsymbol{y})\in T_{\mathrm{BC}^2}$, 使得

$$(\boldsymbol{x},-\boldsymbol{y})\leqq\left(\boldsymbol{x}_{j_0},-\boldsymbol{y}_{j_0}\right).$$

由于

$$(\boldsymbol{x},\boldsymbol{y})\in T_{\mathrm{BC}^2},$$

故存在 $\lambda_j\geqq 0(j=1,2,\cdots,n)$, 使得

$$\sum_{j=1}^{n}\boldsymbol{x}_j\lambda_j\leqq\boldsymbol{x},\quad \sum_{j=1}^{n}\boldsymbol{y}_j\lambda_j\geqq\boldsymbol{y}.$$

因此, 有

$$\left(\sum_{j=1}^{n}\boldsymbol{x}_j\lambda_j,-\sum_{j=1}^{n}\boldsymbol{y}_j\lambda_j\right)\leqq\left(\boldsymbol{x}_{j_0},-\boldsymbol{y}_{j_0}\right).$$

令

$$\boldsymbol{s}^-=\boldsymbol{x}_{j_0}-\sum_{j=1}^{n}\boldsymbol{x}_j\lambda_j,$$

$$\boldsymbol{s}^+=-\boldsymbol{y}_{j_0}+\sum_{j=1}^{n}\boldsymbol{y}_j\lambda_j.$$

显然 $\boldsymbol{\lambda}$, $\boldsymbol{s}^-$, $\boldsymbol{s}^+$ 是线性规划 $(\mathrm{G}_{\mathrm{BC}^2})$ 的一个可行解, 并且

$$(\boldsymbol{s}^-,\boldsymbol{s}^+)\geqslant\mathbf{0},$$

故线性规划 $(\mathrm{G}_{\mathrm{BC}^2})$ 的最优值不为 0. 由定理 6.4 可知决策单元 j_0 不为 DEA 有效 (BC^2). 证毕.

定理 6.7　若决策单元 j_0 为弱 DEA 有效 (BC^2), 则 $\left(\boldsymbol{x}_{j_0},\boldsymbol{y}_{j_0}\right)$ 为多目标规划 (VP) 的弱 Pareto 有效解.

证明　假设 $\left(\boldsymbol{x}_{j_0},\boldsymbol{y}_{j_0}\right)$ 不是多目标规划问题 (VP) 的弱 Pareto 有效解, 则存在 $(\boldsymbol{x},\boldsymbol{y})\in T$, 使得

$$(\boldsymbol{x},-\boldsymbol{y})<\left(\boldsymbol{x}_{j_0},-\boldsymbol{y}_{j_0}\right).$$

由于 $(\boldsymbol{x},\boldsymbol{y})\in T$, 故存在 $\lambda_j \geqq 0,\ j=1,2,\cdots,n$, 使得

$$\sum_{j=1}^{n}\boldsymbol{x}_j\lambda_j \leqq \boldsymbol{x},\quad \sum_{j=1}^{n}\boldsymbol{y}_j\lambda_j \geqq \boldsymbol{y},\quad \sum_{j=1}^{n}\lambda_j = 1,$$

即得

$$\left(\sum_{j=1}^{n}\boldsymbol{x}_j\lambda_j, -\sum_{j=1}^{n}\boldsymbol{y}_j\lambda_j\right) < \left(\boldsymbol{x}_{j_0}, -\boldsymbol{y}_{j_0}\right).$$

令

$$\boldsymbol{s}^- = \boldsymbol{x}_{j_0} - \sum_{j=1}^{n}\boldsymbol{x}_j\lambda_j,\quad \boldsymbol{s}^+ = -\boldsymbol{y}_{j_0} + \sum_{j=1}^{n}\boldsymbol{y}_j\lambda_j,$$

$$z = \min\{s_1^-,\cdots,s_m^-,s_1^+,\cdots,s_s^+\}.$$

显然有

$$\hat{\boldsymbol{e}}z \leqq \boldsymbol{s}^-,\quad \boldsymbol{e}z \leqq \boldsymbol{s}^+,\quad z>0.$$

可以验证 z , $\boldsymbol{s}^-$, $\boldsymbol{s}^+$, $\lambda_j \geqq 0,\ j=1,2,\cdots,n$ 是线性规划 $(\mathrm{WG_{BC^2}})$ 的一个可行解, 故线性规划 $(\mathrm{WG_{BC^2}})$ 的最优值不为 0. 因此, 由定理 6.5 知, 决策单元 j_0 不为弱 DEA 有效. 证毕.

6.2 具有无穷多个决策单元的 C²W 模型

1986 年, Charnes, Cooper 和 Wei 给出了 C²W 模型, 该模型将决策单元的个数由有限多个拓展到无穷多个, 该模型是第一个非线性的 DEA 模型 —— 半无限规划 DEA 模型. 该模型的提出不仅给出了一个精美的研究结构, 而且对 DEA 随机背景的进一步研究也提供了一个简明、完好的分析基础. 可以认为 C²W 模型是对 C²R 模型的推广[6].

假设 C 为决策单元的集合, C 是有界闭集,

$X_i(\tau)=$ 决策单元 τ 对第 i 项输入的投入量, $\quad i=1,2,\cdots,m,\quad \tau\in C,$

$Y_r(\tau)=$ 决策单元 τ 对第 r 项输出的产出量, $\quad r=1,2,\cdots,s,\quad \tau\in C,$

并且对任意 $\tau\in C$, 有

$$\boldsymbol{X}(\tau)=(X_1(\tau),X_2(\tau),\cdots,X_m(\tau))^{\mathrm{T}}>\boldsymbol{0},$$

$$\boldsymbol{Y}(\tau)=(Y_1(\tau),Y_2(\tau),\cdots,Y_s(\tau))^{\mathrm{T}}>\boldsymbol{0}.$$

对于决策单元 $\tau_0 \in C$ 对应的 DEA 模型为

$$
(\mathrm{P_{C^2W}})\begin{cases}\max \boldsymbol{\mu}^{\mathrm{T}}\boldsymbol{Y}(\tau_0)=V_{\mathrm{P}},\\ \text{s.t.}\quad \boldsymbol{\omega}^{\mathrm{T}}\boldsymbol{X}(\tau)-\boldsymbol{\mu}^{\mathrm{T}}\boldsymbol{Y}(\tau)\geqq 0,\quad \tau\in C,\\ \qquad\ \boldsymbol{\omega}^{\mathrm{T}}\boldsymbol{X}(\tau_0)=1,\\ \qquad\ \boldsymbol{\omega}\geqq\boldsymbol{0},\quad \boldsymbol{\mu}\geqq\boldsymbol{0}.\end{cases}
$$

半无限规划 $(\mathrm{P_{C^2W}})$ 的对偶规划问题为

$$
(\mathrm{D_{C^2W}})\begin{cases}\min\theta=V_{\mathrm{D}},\\ \text{s.t.}\quad \sum\limits_{\tau\in C}\boldsymbol{X}(\tau)\lambda(\tau)-\theta\boldsymbol{X}(\tau_0)\leqq\boldsymbol{0},\\ \qquad -\sum\limits_{\tau\in C}\boldsymbol{Y}(\tau)\lambda(\tau)+\boldsymbol{Y}(\tau_0)\leqq\boldsymbol{0},\\ \qquad \lambda(\tau)\geqq 0,\quad \tau\in C,\end{cases}
$$

其中 $\lambda(\tau)\in E^1$, $\boldsymbol{\lambda}=[\lambda(\tau):\tau\in C]\in S$, S 是广义有限序列空间 (即 S 是由所有向量 $\boldsymbol{\lambda}=[\lambda(\tau):\tau\in C]$ 组成, 其中向量 $\boldsymbol{\lambda}$ 只有有限多个不为零的分量).

对 $\mathrm{C^2W}$ 模型不加证明地引进如下的一些定理.

定理 6.8　对于规划问题 $(\mathrm{P_{C^2W}})$ 和 $(\mathrm{D_{C^2W}})$, 有 $V_{\mathrm{D}}\geqq V_{\mathrm{P}}$.

定理 6.9　规划问题 $(\mathrm{P_{C^2W}})$ 和 $(\mathrm{D_{C^2W}})$ 都存在可行解.

定理 6.10 (对偶定理)　规划 $(\mathrm{P_{C^2W}})$ 和 $(\mathrm{D_{C^2W}})$ 有相同的最优值

$$
V_{\mathrm{P}}=\max\boldsymbol{\mu}^{\mathrm{T}}\boldsymbol{Y}(\tau_0)=\min\theta=V_{\mathrm{D}}.
$$

定义 6.2　设 $\tau_0\in C$, 若规划 $(\mathrm{P_{C^2W}})$ 的最优解 $\boldsymbol{\omega}^0,\boldsymbol{\mu}^0$ 满足

$$
V_{\mathrm{p}}=\boldsymbol{\mu}^{0\mathrm{T}}\boldsymbol{Y}(\tau_0)=1,
$$

则称决策单元 τ_0 为弱 DEA 有效 $(\mathrm{C^2W})$.

定义 6.3　设 $\tau_0\in C$, 若规划 $(\mathrm{P_{C^2W}})$ 存在最优解 $\boldsymbol{\omega}^0,\boldsymbol{\mu}^0$ 满足

$$
\boldsymbol{\omega}^0>\boldsymbol{0},\quad \boldsymbol{\mu}^0>\boldsymbol{0},
$$

并且最优值

$$
V_{\mathrm{p}}=\boldsymbol{\mu}^{0\mathrm{T}}\boldsymbol{Y}(\tau_0)=1,
$$

则称决策单元 τ_0 为 DEA 有效 $(\mathrm{C^2W})$.

对上述 DEA 模型引进非阿基米德无穷小量 ε, 得到以下具有非阿基米德无穷小量的 C²W 模型:

$$
(\mathrm{D}_\varepsilon)\begin{cases}\min[\theta-\varepsilon(\hat{\boldsymbol{e}}^{\mathrm{T}}\boldsymbol{s}^-+\boldsymbol{e}^{\mathrm{T}}\boldsymbol{s}^+)]=V_{\mathrm{D}_\varepsilon},\\ \text{s.t.}\quad \displaystyle\sum_{\tau\in C}\boldsymbol{X}(\tau)\lambda(\tau)+\boldsymbol{s}^-=\theta\boldsymbol{X}(\tau_0),\\ \qquad\displaystyle\sum_{\tau\in C}\boldsymbol{Y}(\tau)\lambda(\tau)-\boldsymbol{s}^+=\boldsymbol{Y}(\tau_0),\\ \qquad\boldsymbol{s}^-\geqq\boldsymbol{0},\boldsymbol{s}^+\geqq\boldsymbol{0},\lambda(\tau)\geqq 0,\tau\in C.\end{cases}
$$

假设半无限规划 (D_ε) 的最优解为

$$
\lambda^0(\tau),\quad \tau\in C,\quad \boldsymbol{s}^{-0},\quad \boldsymbol{s}^{+0},\quad \theta^0,
$$

则在某些假设之下得到如下定理.

定理 6.11 如果半无限规划问题 (D_ε) 的最优解 $\lambda^0(\tau)(\tau\in C),\boldsymbol{s}^{-0},\boldsymbol{s}^{+0},\theta^0$ 满足 $\theta^0=1$, 则决策单元 τ_0 为弱 DEA 有效 (C²W). 若进而有

$$
\boldsymbol{s}^{-0}=\boldsymbol{0},\quad \boldsymbol{s}^{+0}=\boldsymbol{0},
$$

则决策单元 τ_0 为 DEA 有效 (C²W).

在 C²W 模型之下的 DEA 有效决策单元与相应的多目标规划问题 (VP) 的 Pareto 有效解是等价的, 而且, 其他大部分性质也都成立. 这里主要介绍以下两个重要定理.

记

$$
T_{\mathrm{C^2W}}=\left\{(\boldsymbol{X},\boldsymbol{Y})\left|\sum_{\tau\in C}\boldsymbol{X}(\tau)\lambda(\tau)\leqq\boldsymbol{X},\sum_{\tau\in C}\boldsymbol{Y}(\tau)\lambda(\tau)\geqq\boldsymbol{Y},\boldsymbol{\lambda}\geqq\boldsymbol{0},\boldsymbol{\lambda}\in S\right.\right\},
$$

其中 $\boldsymbol{\lambda}=[\lambda(\tau):\tau\in C]\in S$, S 为广义有限序列空间.

对于多目标规划问题

$$
(\mathrm{VP})\begin{cases}V-\min(X_1,\cdots,X_m,-Y_1,\cdots,-Y_s),\\ \text{s.t.}\quad(\boldsymbol{X},\boldsymbol{Y})\in T_{\mathrm{C^2W}}\end{cases}
$$

和规划问题

$$
(\mathrm{G_{C^2W}})\begin{cases}\max(\hat{\boldsymbol{e}}^{\mathrm{T}}\boldsymbol{s}^-+\boldsymbol{e}^{\mathrm{T}}\boldsymbol{s}^+),\\ \text{s.t.}\quad \displaystyle\sum_{\tau\in C}\boldsymbol{X}(\tau)\lambda(\tau)+\boldsymbol{s}^-=\boldsymbol{X}(\tau_0),\\ \qquad\displaystyle\sum_{\tau\in C}\boldsymbol{Y}(\tau)\lambda(\tau)-\boldsymbol{s}^+=\boldsymbol{Y}(\tau_0),\\ \qquad\boldsymbol{s}^-\geqq\boldsymbol{0},\boldsymbol{s}^+\geqq\boldsymbol{0},\lambda(\tau)\geqq 0,\tau\in C,\end{cases}
$$

在某些假设之下, 以下结论成立.

定理 6.12　下面的结论 (1), (2), (3) 是等价的:

(1) 决策单元 τ_0 为 DEA 有效 (C^2W).

(2) $(\boldsymbol{X}(\tau_0), \boldsymbol{Y}(\tau_0))$ 为多目标规划问题 (VP) 的 Pareto 有效解.

(3) 半无限规划问题 (G_{C^2W}) 的最优值为 0.

对于规划

$$(WG_{C^2W})\begin{cases} \max t, \\ \text{s.t.} \quad \sum\limits_{\tau\in C} \boldsymbol{X}(\tau)\lambda(\tau) + \boldsymbol{s}^- = \boldsymbol{X}(\tau_0), \\ \qquad \sum\limits_{\tau\in C} \boldsymbol{Y}(\tau)\lambda(\tau) - \boldsymbol{s}^+ = \boldsymbol{Y}(\tau_0), \\ \qquad -\boldsymbol{s}^- + \hat{\boldsymbol{e}}t \leqq \boldsymbol{0}, \\ \qquad -\boldsymbol{s}^+ + \boldsymbol{e}t \leqq \boldsymbol{0}, \\ \qquad \boldsymbol{s}^- \geqq \boldsymbol{0}, \boldsymbol{s}^+ \geqq \boldsymbol{0}, \lambda(\tau) \geqq 0, \tau \in C, \end{cases}$$

在某些假设之下, 以下结论成立.

定理 6.13　下面的结论 (1), (2), (3) 是等价的:

(1) 决策单元 τ_0 为弱 DEA 有效 (C^2W).

(2) $(\boldsymbol{X}(\tau_0), \boldsymbol{Y}(\tau_0))$ 为多目标规划问题 (VP) 的弱 Pareto 有效解.

(3) 半无限规划问题 (WG_{C^2W}) 的最优值为 0.

6.3　锥比率的 DEA 模型——C^2WH 模型

在 C^2R, BC^2, C^2W 模型中, 输入指标和输出指标的权重没有任何限制, 而在许多评价问题中, 决策者对评价指标是有所侧重的. 1989 年, Charnes, Cooper, Wei 和 Huang 提出了锥比率的 DEA 模型——C^2WH 模型, 该模型可以通过锥的选取来体现决策者的 "偏好", 因此, 被称为锥比率的 C^2WH 模型.

6.3.1　凸集和锥的一些性质

首先, 介绍关于凸集和锥的一些性质.

记

$$\text{Int}S = \{x | \exists N_\delta(\boldsymbol{x}), \text{使得 } N_\delta(\boldsymbol{x}) \subset S\},$$

称它为 S 的内点的集合; 记

$$S^* = \{\boldsymbol{x} | \boldsymbol{x}^{\mathrm{T}}\boldsymbol{y} \leqq 0, \forall \boldsymbol{y} \in S\},$$

称为 S 的极锥, $\text{cl}S$ 为集合 S 的闭包.

定义 6.4 (1) 集合 $S \subset E^n$, 若对任意的 $\boldsymbol{x}, \boldsymbol{y} \in S$ 及任意数 $\lambda \in [0,1]$, 均有

$$\lambda \boldsymbol{x} + (1-\lambda)\boldsymbol{y} \in S,$$

则称 S 为凸集.

(2) 集合 $S \subset E^n$, 若对任意的 $\boldsymbol{x} \in S$ 及任意数 $\alpha \geqq 0$, 均有 $\alpha \boldsymbol{x} \in S$, 则称 S 为锥.

(3) 集合 S 为锥, $S \subset E^n$, 并且 $S \neq \varnothing$, 如果存在开半空间

$$H = \{\boldsymbol{u} | \boldsymbol{a}^{\mathrm{T}} \boldsymbol{u} > 0\}, \quad \boldsymbol{a} \in E^n, \quad \boldsymbol{a} \neq \boldsymbol{0},$$

使得

$$\mathrm{cl} S \subset H \cup \{\boldsymbol{0}\},$$

则称锥 S 为锐锥.

(4) 集合 $S \subset E^n$, 若对任意的 $\boldsymbol{x}, \boldsymbol{y} \in S$ 及任意数 $\alpha \geqq 0, \beta \geqq 0$, 均有

$$\alpha \boldsymbol{x} + \beta \boldsymbol{y} \in S,$$

则称 S 为凸锥.

引理 6.1 (1) 若 S 为凸锥, $\boldsymbol{x}^0 \in \mathrm{Int} S$, 则

$$\boldsymbol{x}^0 + S \subset \mathrm{Int} S.$$

(2) 若 S 为凸锥, $\boldsymbol{x}^0 \in \mathrm{Int} S, \alpha > 0$, 则

$$\alpha \boldsymbol{x}^0 \in \mathrm{Int} S.$$

引理 6.2 锥有如下 4 个重要性质.

(1) S 为锐锥的充分必要条件是

$$\mathrm{Int} S^* \neq \varnothing.$$

(2) 如果 S 为闭集, 且 $\mathrm{Int} S^* \neq \varnothing$, 则

$$\mathrm{Int} S^* = \{\boldsymbol{x} | \boldsymbol{x}^{\mathrm{T}} \boldsymbol{y} < 0, \forall \boldsymbol{y} \in S \backslash \{\boldsymbol{0}\}\}.$$

(3) 如果 S 为闭凸锥, 且 $\mathrm{Int} S \neq \varnothing$, 则

$$S^* \cap (-S^*) = \{\boldsymbol{0}\}.$$

(4) 如果 S 为闭凸锥, 且 $\mathrm{Int} S \neq \varnothing$, 则

$$\mathrm{Int} S = \{\boldsymbol{x} | \boldsymbol{x}^{\mathrm{T}} \boldsymbol{y} < 0, \forall \boldsymbol{y} \in S^* \backslash \{\boldsymbol{0}\}\}.$$

6.3.2 锥比率的 DEA 模型

假设有 n 个决策单元, 它们的输入数据和输出数据分别为 $(\boldsymbol{x}_j, \boldsymbol{y}_j), j=1,2,\cdots,n$, 对于第 j_0 个决策单元, C²WH 模型可表示如下:

$$
(\mathrm{C^2WH})\left\{\begin{array}{ll}
\max & \dfrac{\boldsymbol{u}^{\mathrm{T}}\boldsymbol{y}_{j_0}}{\boldsymbol{v}^{\mathrm{T}}\boldsymbol{x}_{j_0}}, \\
\text{s.t.} & \boldsymbol{v}^{\mathrm{T}}\boldsymbol{X}-\boldsymbol{u}^{\mathrm{T}}\boldsymbol{Y}\in K, \\
& \boldsymbol{v}\in V\backslash\{\boldsymbol{0}\}, \\
& \boldsymbol{u}\in U\backslash\{\boldsymbol{0}\}.
\end{array}\right.
$$

这里

$\boldsymbol{X}=(\boldsymbol{x}_1,\boldsymbol{x}_2,\cdots,\boldsymbol{x}_n)$ 为 $m\times n$ 矩阵,
$\boldsymbol{Y}=(\boldsymbol{y}_1,\boldsymbol{y}_2,\cdots,\boldsymbol{y}_n)$ 为 $s\times n$ 矩阵,
$V\subset E_+^m$ 为闭凸锥, 并且 $\mathrm{Int}V\neq\varnothing$,
$U\subset E_+^s$ 为闭凸锥, 并且 $\mathrm{Int}U\neq\varnothing$,
$K\subset E^n$ 为闭凸锥, 并且 $\boldsymbol{\delta}_j=(0,\cdots,0,\underset{j}{1},0,\cdots,0)^{\mathrm{T}}\in -K^*, j=1,2,\cdots,n$,

其中 K^* 为 K 的极锥, 由下式定义

$$
K^*=\left\{\boldsymbol{k}\,\middle|\,\hat{\boldsymbol{k}}^{\mathrm{T}}\boldsymbol{k}\leqq 0, \forall\hat{\boldsymbol{k}}\in K\right\},
$$

进而假设

$$
\boldsymbol{x}_j\in\mathrm{Int}(-V^*),\quad j=1,2,\cdots,n,
$$

$$
\boldsymbol{y}_j\in\mathrm{Int}(-U^*),\quad j=1,2,\cdots,n.
$$

对于上述规划问题 (C²WH), 使用 C² 变换

$$
t=\frac{1}{\boldsymbol{v}^{\mathrm{T}}\boldsymbol{x}_{j_0}},\quad \boldsymbol{\omega}=t\boldsymbol{v},\quad \boldsymbol{\mu}=t\boldsymbol{u},
$$

可化为等价的凸规划问题

$$
(\mathrm{P_{C^2WH}})\left\{\begin{array}{ll}
\max & \boldsymbol{\mu}^{\mathrm{T}}\boldsymbol{y}_{j_0}=V_{\mathrm{P}}, \\
\text{s.t.} & \boldsymbol{\omega}^{\mathrm{T}}\boldsymbol{X}-\boldsymbol{\mu}^{\mathrm{T}}\boldsymbol{Y}\in K, \\
& \boldsymbol{\omega}^{\mathrm{T}}\boldsymbol{x}_{j_0}=1, \\
& \boldsymbol{\omega}\in V,\quad \boldsymbol{\mu}\in U.
\end{array}\right.
$$

因为

$$
\boldsymbol{\delta}_j=(0,\cdots,0,\underset{j}{1},0,\cdots,0)^{\mathrm{T}}\in -K^*,\quad j=1,2,\cdots,n,
$$

故对于任意的 $\boldsymbol{k}=(k_1,k_2,\cdots,k_n)^{\mathrm{T}}\in K$, 均有

$$\boldsymbol{k}^{\mathrm{T}}\boldsymbol{\delta}_j=k_j\geqq 0,\quad j=1,2,\cdots,n.$$

于是得知 $K\subset E^n_+$, 这样有

$$\boldsymbol{\omega}^{\mathrm{T}}\boldsymbol{x}_j-\boldsymbol{\mu}^{\mathrm{T}}\boldsymbol{y}_j\geqq 0,$$

特别有

$$\boldsymbol{\omega}^{\mathrm{T}}\boldsymbol{x}_{j_0}-\boldsymbol{\mu}^{\mathrm{T}}\boldsymbol{y}_{j_0}\geqq 0.$$

于是对于规划 $(\mathrm{P}_{\mathrm{C^2WH}})$ 的任意可行解 $\boldsymbol{\omega},\boldsymbol{\mu}$ 均有

$$\boldsymbol{\mu}^{\mathrm{T}}\boldsymbol{y}_{j_0}\leqq\boldsymbol{\omega}^{\mathrm{T}}\boldsymbol{x}_{j_0}=1.$$

故规划问题 $(\mathrm{P}_{\mathrm{C^2WH}})$ 的最优值 V_{P} 小于等于 1. 因此, 有如下定义.

定义 6.5 若规划 $(\mathrm{P}_{\mathrm{C^2WH}})$ 存在最优解 $\boldsymbol{\omega}^0,\boldsymbol{\mu}^0$, 满足

$$V_{\mathrm{P}}=\boldsymbol{\mu}^{0\mathrm{T}}\boldsymbol{y}_{j_0}=1,$$

则称决策单元 j_0 为弱 DEA 有效 (C^{2}WH).

定义 6.6 若规划 $(\mathrm{P}_{\mathrm{C^2WH}})$ 存在最优解 $\boldsymbol{\omega}^0,\boldsymbol{\mu}^0$, 满足

$$\boldsymbol{\omega}^0\in\mathrm{Int}V,\quad \boldsymbol{\mu}^0\in\mathrm{Int}U,\quad V_{\mathrm{P}}=\boldsymbol{\mu}^{0\mathrm{T}}\boldsymbol{y}_{j_0}=1,$$

则称决策单元 j_0 为 DEA 有效 (C^{2}WH).

根据锥的对偶理论, 规划问题 $(\mathrm{P}_{\mathrm{C^2WH}})$ 的对偶规划为

$$(\mathrm{D}_{\mathrm{C^2WH}})\begin{cases}\min\theta=V_{\mathrm{D}},\\ \text{s.t.}\quad \boldsymbol{X\lambda}-\theta\boldsymbol{x}_{j_0}\in V^*,\\ \qquad\ -\boldsymbol{Y\lambda}+\boldsymbol{y}_{j_0}\in U^*,\\ \qquad\ \boldsymbol{\lambda}\in -K^*,\end{cases}$$

其中 V^*,U^*,K^* 分别为 V,U,K 的极锥,

$$V^*=\left\{\boldsymbol{v}|\hat{\boldsymbol{v}}^{\mathrm{T}}\boldsymbol{v}\leqq 0,\forall\hat{\boldsymbol{v}}\in V\right\},$$

$$U^*=\left\{\boldsymbol{u}|\hat{\boldsymbol{u}}^{\mathrm{T}}\boldsymbol{u}\leqq 0,\forall\hat{\boldsymbol{u}}\in U\right\},$$

$$K^*=\left\{\boldsymbol{k}|\hat{\boldsymbol{k}}^{\mathrm{T}}\boldsymbol{k}\leqq 0,\forall\hat{\boldsymbol{k}}\in K\right\}.$$

同时, 使用凸锥去度量决策单元的 DEA 有效性时, 相应的生产可能集为

$$T=\{(\boldsymbol{x},\boldsymbol{y})|(\boldsymbol{x},\boldsymbol{y})\in(\boldsymbol{X\lambda},\boldsymbol{Y\lambda})+(-V^*,U^*),\boldsymbol{\lambda}\in -K^*\}.$$

在某些特殊情况下, 锥比率模型 $(\mathrm{P}_{\mathrm{C^2WH}})$ 可以退化成以下 3 种形式.

(1) 若令 $V=E_+^m, U=E_+^s, K=E_+^n$, 则锥比率模型 $(\mathrm{P}_{\mathrm{C^2WH}})$ 即为 $\mathrm{C^2R}$ 模型. 可见 $(\mathrm{P}_{\mathrm{C^2WH}})$ 模型是 $\mathrm{C^2R}$ 模型的推广.

(2) 如果令 $K=E_+^n$, 则 $(\mathrm{P}_{\mathrm{C^2WH}})$ 和 $(\mathrm{D}_{\mathrm{C^2WH}})$ 变为

$$(\mathrm{P}_1)\begin{cases}\max & \boldsymbol{\mu}^{\mathrm{T}}\boldsymbol{y}_{j_0}=V_{\mathrm{P}},\\ \text{s.t.} & \boldsymbol{\omega}^{\mathrm{T}}\boldsymbol{X}-\boldsymbol{\mu}^{\mathrm{T}}\boldsymbol{Y}\geqq\mathbf{0},\\ & \boldsymbol{\omega}^{\mathrm{T}}\boldsymbol{x}_{j_0}=1,\\ & \boldsymbol{\omega}\in V,\quad \boldsymbol{\mu}\in U,\end{cases}$$

$$(\mathrm{D}_1)\begin{cases}\min\theta=V_{\mathrm{D}},\\ \text{s.t.}\quad \boldsymbol{X}\boldsymbol{\lambda}-\theta\boldsymbol{x}_{j_0}\in V^*,\\ \qquad -\boldsymbol{Y}\boldsymbol{\lambda}+\boldsymbol{y}_{j_0}\in U^*,\\ \qquad \boldsymbol{\lambda}\geqq\mathbf{0}.\end{cases}$$

上述模型是将 $\mathrm{C^2R}$ 模型中的权重约束 $\boldsymbol{\omega}\geqq\mathbf{0}$, $\boldsymbol{\mu}\geqq\mathbf{0}$ 分别用 $\boldsymbol{\omega}\in V$, $\boldsymbol{\mu}\in U$ 代替得到的. 相应的生产可能集为

$$T=\{(\boldsymbol{x},\boldsymbol{y})|(\boldsymbol{x},\boldsymbol{y})\in(\boldsymbol{X}\boldsymbol{\lambda},\boldsymbol{Y}\boldsymbol{\lambda})+(-V^*,U^*),\boldsymbol{\lambda}\geqq\mathbf{0}\}.$$

(3) 如果令 $V=E_+^m, U=E_+^s$, 则 $(\mathrm{P}_{\mathrm{C^2WH}})$ 和 $(\mathrm{D}_{\mathrm{C^2WH}})$ 变为

$$(\mathrm{P}_2)\begin{cases}\max & \boldsymbol{\mu}^{\mathrm{T}}\boldsymbol{y}_{j_0}=V_{\mathrm{P}},\\ \text{s.t.} & \boldsymbol{\omega}^{\mathrm{T}}\boldsymbol{X}-\boldsymbol{\mu}^{\mathrm{T}}\boldsymbol{Y}\in K,\\ & \boldsymbol{\omega}^{\mathrm{T}}\boldsymbol{x}_{j_0}=1,\\ & \boldsymbol{\omega}\geqq\mathbf{0},\boldsymbol{\mu}\geqq\mathbf{0},\end{cases}$$

$$(\mathrm{D}_2)\begin{cases}\min\theta=V_{\mathrm{D}},\\ \text{s.t.}\quad \boldsymbol{X}\boldsymbol{\lambda}-\theta\boldsymbol{x}_{j_0}\leqq\mathbf{0},\\ \qquad -\boldsymbol{Y}\boldsymbol{\lambda}+\boldsymbol{y}_{j_0}\leqq\mathbf{0},\\ \qquad \boldsymbol{\lambda}\in -K^*.\end{cases}$$

此时的生产可能集为

$$T=\{(\boldsymbol{x},\boldsymbol{y})|\boldsymbol{X}\boldsymbol{\lambda}\leqq\boldsymbol{x},\boldsymbol{Y}\boldsymbol{\lambda}\geqq\boldsymbol{y},\boldsymbol{\lambda}\in -K^*\},$$

这一模型是用 $\boldsymbol{\lambda}\in -K^*$ 代替了 $\mathrm{C^2R}$ 模型中的条件 $\boldsymbol{\lambda}\geqq\mathbf{0}$ 得到的.

6.3.3 DEA 有效 (C²WH) 与相应的多目标规划之间的关系

在模型 $\mathrm{C^2WH}$ 之下, 决策单元的 DEA 有效 $(\mathrm{C^2WH})$ 与相应的多目标规划之间也存在与 DEA 有效 $(\mathrm{C^2R})$ 类似的关系. 考虑多目标规划问题

$$(\mathrm{VP})\begin{cases} V-\min(f_1(\boldsymbol{x},\boldsymbol{y}),\cdots,f_{m+s}(\boldsymbol{x},\boldsymbol{y})), \\ \text{s.t.}\quad (\boldsymbol{x},\boldsymbol{y})\in T, \end{cases}$$

其中

$$T=\{(\boldsymbol{x},\boldsymbol{y})|(\boldsymbol{x},\boldsymbol{y})\in(\boldsymbol{X\lambda},\boldsymbol{Y\lambda})+(-V^*,U^*),\boldsymbol{\lambda}\in -K^*\},$$

T 为生产可能集, 不难看出 T 为凸锥, 并且, 当 $1\leqq k\leqq m$ 时,

$$f_k(\boldsymbol{x},\boldsymbol{y})=x_k,$$

当 $m+1\leqq k\leqq m+s$ 时,

$$f_k(\boldsymbol{x},\boldsymbol{y})=-y_{k-m}$$

及

$$\boldsymbol{x}=(x_1,x_2,\cdots,x_m)^{\mathrm{T}},$$
$$\boldsymbol{y}=(y_1,y_2,\cdots,y_s)^{\mathrm{T}}.$$

记

$$\boldsymbol{F}(\boldsymbol{x},\boldsymbol{y})=(f_1(\boldsymbol{x},\boldsymbol{y}),f_2(\boldsymbol{x},\boldsymbol{y}),\cdots,f_{m+s}(\boldsymbol{x},\boldsymbol{y})).$$

因

$$\boldsymbol{\delta}_j=(0,\cdots,0,\underset{j}{1},0,\cdots,0)^{\mathrm{T}}\in -K^*,$$

故输入、输出向量

$$(\boldsymbol{x}_j,\boldsymbol{y}_j)\in T,\quad j=1,2,\cdots,n.$$

这样可以给出如下定义.

定义 6.7 如果 $(\boldsymbol{x}_{j_0},\boldsymbol{y}_{j_0})\in T$, 且不存在 $(\boldsymbol{x},\boldsymbol{y})\in T$, 使得

$$\boldsymbol{F}(\boldsymbol{x},\boldsymbol{y})\in \boldsymbol{F}(\boldsymbol{x}_{j_0},\boldsymbol{y}_{j_0})+(V^*,U^*),\quad \boldsymbol{F}(\boldsymbol{x},\boldsymbol{y})\neq \boldsymbol{F}(\boldsymbol{x}_{j_0},\boldsymbol{y}_{j_0}),$$

则称 $(\boldsymbol{x}_{j_0},\boldsymbol{y}_{j_0})$ 为多目标规划 (VP) 关于 $V^*\times U^*$ 的非支配解.

定义 6.8 如果 $(\boldsymbol{x}_{j_0},\boldsymbol{y}_{j_0})\in T$, 且不存在 $(\boldsymbol{x},\boldsymbol{y})\in T$, 使得

$$\boldsymbol{F}(\boldsymbol{x},\boldsymbol{y})\in \boldsymbol{F}(\boldsymbol{x}_{j_0},\boldsymbol{y}_{j_0})+(\mathrm{Int}V^*,\mathrm{Int}U^*),$$

则称 $(\boldsymbol{x}_{j_0},\boldsymbol{y}_{j_0})$ 为多目标规划 (VP) 关于 $(\mathrm{Int}V^*)\times(\mathrm{Int}U^*)$ 的非支配解.

下面讨论 DEA 有效性 (C^2WH) 与对应的多目标规划非支配解之间的关系, 为方便起见, 记

$$S=\{(\boldsymbol{x}_j,\boldsymbol{y}_j)|j=1,2,\cdots,n\},\quad \tilde{S}=\{(\boldsymbol{X\lambda},\boldsymbol{Y\lambda})|\boldsymbol{\lambda}\in -K^*\}.$$

这里从文献 [4] 中选择以下几个主要结论.

引理 6.3 假设规划 $(\mathrm{P_{C^2WH}})$ 的一组最优解为 $\boldsymbol{\omega}^0,\boldsymbol{\mu}^0$ 且 $\boldsymbol{\mu}^{0\mathrm{T}}\boldsymbol{y}_{j_0}=1$, 则对任意的 $(\boldsymbol{x},\boldsymbol{y})\in T$, 有

$$\boldsymbol{\omega}^{0\mathrm{T}}\boldsymbol{x}-\boldsymbol{\mu}^{0\mathrm{T}}\boldsymbol{y}\geqq 0=\boldsymbol{\omega}^{0\mathrm{T}}\boldsymbol{x}_{j_0}-\boldsymbol{\mu}^{0\mathrm{T}}\boldsymbol{y}_{j_0}.$$

证明 因为 $\boldsymbol{\mu}^{0\mathrm{T}}\boldsymbol{y}_{j_0}=1$, 所以

$$\boldsymbol{\omega}^{0\mathrm{T}}\boldsymbol{x}_{j_0}-\boldsymbol{\mu}^{0\mathrm{T}}\boldsymbol{y}_{j_0}=0.$$

对任意的 $(\bar{\boldsymbol{x}},\bar{\boldsymbol{y}})\in\tilde{S}$, 存在 $\boldsymbol{\lambda}\in -K^*$, 使得

$$(\bar{\boldsymbol{x}},\bar{\boldsymbol{y}})=(\boldsymbol{X}\boldsymbol{\lambda},\boldsymbol{Y}\boldsymbol{\lambda}).$$

由于

$$\boldsymbol{\omega}^{0\mathrm{T}}\boldsymbol{X}-\boldsymbol{\mu}^{0\mathrm{T}}\boldsymbol{Y}\in K,$$
$$-K^*=\left\{\boldsymbol{k}\middle|\hat{\boldsymbol{k}}^{\mathrm{T}}\boldsymbol{k}\geqq 0,\forall\hat{\boldsymbol{k}}\in K\right\},$$

故有

$$\begin{aligned}\boldsymbol{\omega}^{0\mathrm{T}}\bar{\boldsymbol{x}}-\boldsymbol{\mu}^{0\mathrm{T}}\bar{\boldsymbol{y}}&=\boldsymbol{\omega}^{0\mathrm{T}}\boldsymbol{X}\boldsymbol{\lambda}-\boldsymbol{\mu}^{0\mathrm{T}}\boldsymbol{Y}\boldsymbol{\lambda}\\&=(\boldsymbol{\omega}^{0\mathrm{T}}\boldsymbol{X}-\boldsymbol{\mu}^{0\mathrm{T}}\boldsymbol{Y})\boldsymbol{\lambda}\geqq 0.\end{aligned}$$

对任意的 $(\boldsymbol{x},\boldsymbol{y})\in T$, 必存在

$$\boldsymbol{\lambda}\in -K^*,\quad \boldsymbol{v}^*\in -V^*,\quad \boldsymbol{u}^*\in -U^*,$$

使得

$$(\boldsymbol{x},\boldsymbol{y})=(\boldsymbol{X}\boldsymbol{\lambda}+\boldsymbol{v}^*,\boldsymbol{Y}\boldsymbol{\lambda}-\boldsymbol{u}^*),$$

因此

$$\begin{aligned}\boldsymbol{\omega}^{0\mathrm{T}}\boldsymbol{x}-\boldsymbol{\mu}^{0\mathrm{T}}\boldsymbol{y}&=\boldsymbol{\omega}^{0\mathrm{T}}(\boldsymbol{X}\boldsymbol{\lambda}+\boldsymbol{v}^*)-\boldsymbol{\mu}^{0\mathrm{T}}(\boldsymbol{Y}\boldsymbol{\lambda}-\boldsymbol{u}^*)\\&=(\boldsymbol{\omega}^{0\mathrm{T}}\boldsymbol{X}-\boldsymbol{\mu}^{0\mathrm{T}}\boldsymbol{Y})\boldsymbol{\lambda}+\boldsymbol{\omega}^{0\mathrm{T}}\boldsymbol{v}^*+\boldsymbol{\mu}^{0\mathrm{T}}\boldsymbol{u}^*.\end{aligned}$$

由

$$-V^*=\left\{\boldsymbol{v}\middle|\hat{\boldsymbol{v}}^{\mathrm{T}}\boldsymbol{v}\geqq 0,\forall\hat{\boldsymbol{v}}\in V\right\},\quad -U^*=\left\{\boldsymbol{u}\middle|\hat{\boldsymbol{u}}^{\mathrm{T}}\boldsymbol{u}\geqq 0,\forall\hat{\boldsymbol{u}}\in U\right\}$$

可得

$$\boldsymbol{\omega}^{0\mathrm{T}}\boldsymbol{x}-\boldsymbol{\mu}^{0\mathrm{T}}\boldsymbol{y}\geqq 0=\boldsymbol{\omega}^{0\mathrm{T}}\boldsymbol{x}_{j_0}-\boldsymbol{\mu}^{0\mathrm{T}}\boldsymbol{y}_{j_0}.$$

证毕.

以下几个定理给出决策单元 j_0 的 DEA 有效性 (C^2WH) 与多目标规划 (VP) 相对于锥 $V^* \times U^*$ 的非支配解之间的关系, 以及决策单元 j_0 的弱 DEA 有效性 (C^2WH) 与多目标规划 (VP) 相对于锥 $(\mathrm{Int}V^*) \times (\mathrm{Int}U^*)$ 的非支配解之间的关系.

定理 6.14 若决策单元 j_0 为 DEA 有效 (C^2WH), 则 $(\boldsymbol{x}_{j_0}, \boldsymbol{y}_{j_0})$ 为 (VP) 相对于锥 $V^* \times U^*$ 的非支配解.

证明 若 $(\boldsymbol{x}_{j_0}, \boldsymbol{y}_{j_0})$ 不为多目标规划 (VP) 相对于锥 $V^* \times U^*$ 的非支配解, 则存在 $(\hat{\boldsymbol{x}}, \hat{\boldsymbol{y}}) \in T$, 使得

$$\boldsymbol{F}(\hat{\boldsymbol{x}}, \hat{\boldsymbol{y}}) \in \boldsymbol{F}(\boldsymbol{x}_{j_0}, \boldsymbol{y}_{j_0}) + (V^*, U^*), \quad \boldsymbol{F}(\hat{\boldsymbol{x}}, \hat{\boldsymbol{y}}) \neq \boldsymbol{F}(\boldsymbol{x}_{j_0}, \boldsymbol{y}_{j_0}),$$

即

$$(\hat{\boldsymbol{x}}, -\hat{\boldsymbol{y}}) \in (\boldsymbol{x}_{j_0}, -\boldsymbol{y}_{j_0}) + (V^*, U^*), \quad (\hat{\boldsymbol{x}}, \hat{\boldsymbol{y}}) \neq (\boldsymbol{x}_{j_0}, \boldsymbol{y}_{j_0}),$$

故存在

$$(\boldsymbol{v}^*, \boldsymbol{u}^*) \in (V^*, U^*), \quad (\boldsymbol{v}^*, \boldsymbol{u}^*) \neq \boldsymbol{0},$$

使得

$$(\hat{\boldsymbol{x}}, -\hat{\boldsymbol{y}}) = (\boldsymbol{x}_{j_0}, -\boldsymbol{y}_{j_0}) + (\boldsymbol{v}^*, \boldsymbol{u}^*).$$

因决策单元 j_0 为 DEA 有效 (C^2WH), 故必存在 (P_{C^2WH}) 的一组最优解 $\boldsymbol{\omega}^0 \in \mathrm{Int}V$, $\boldsymbol{\mu}^0 \in \mathrm{Int}U$, 使得

$$\boldsymbol{\mu}^{0\mathrm{T}} \boldsymbol{y}_{j_0} = 1.$$

因此, 有

$$\boldsymbol{\omega}^{0\mathrm{T}} \hat{\boldsymbol{x}} - \boldsymbol{\mu}^{0\mathrm{T}} \hat{\boldsymbol{y}} = (\boldsymbol{\omega}^{0\mathrm{T}} \boldsymbol{x}_{j_0} - \boldsymbol{\mu}^{0\mathrm{T}} \boldsymbol{y}_{j_0}) + (\boldsymbol{\omega}^{0\mathrm{T}} \boldsymbol{v}^* + \boldsymbol{\mu}^{0\mathrm{T}} \boldsymbol{u}^*).$$

因为

$$(\boldsymbol{v}^*, \boldsymbol{u}^*) \neq \boldsymbol{0},$$

不失一般性, 设 $\boldsymbol{v}^* \neq \boldsymbol{0}$, 因为 $\boldsymbol{\omega}^0 \in \mathrm{Int}V$, $\boldsymbol{v}^* \in V^*$ 且 V 为闭凸锥, 且 $\mathrm{Int}V \neq \varnothing$, 故有

$$\boldsymbol{\omega}^{0\mathrm{T}} \boldsymbol{v}^* < 0, \quad \boldsymbol{\mu}^{0\mathrm{T}} \boldsymbol{u}^* \leqq 0,$$

所以

$$\boldsymbol{\omega}^{0\mathrm{T}} \hat{\boldsymbol{x}} - \boldsymbol{\mu}^{0\mathrm{T}} \hat{\boldsymbol{y}} < \boldsymbol{\omega}^{0\mathrm{T}} \boldsymbol{x}_{j_0} - \boldsymbol{\mu}^{0\mathrm{T}} \boldsymbol{y}_{j_0}.$$

而由引理 6.3 有

$$\boldsymbol{\omega}^{0\mathrm{T}} \hat{\boldsymbol{x}} - \boldsymbol{\mu}^{0\mathrm{T}} \hat{\boldsymbol{y}} \geqq \boldsymbol{\omega}^{0\mathrm{T}} \boldsymbol{x}_{j_0} - \boldsymbol{\mu}^{0\mathrm{T}} \boldsymbol{y}_{j_0},$$

矛盾! 证毕.

对于规划

$$
(\bar{\mathrm{D}})\begin{cases} \max(\boldsymbol{\tau}^{\mathrm{T}}\boldsymbol{s}^{-}+\hat{\boldsymbol{\tau}}^{\mathrm{T}}\boldsymbol{s}^{+})=V_{\bar{\mathrm{D}}}, \\ \text{s.t.}\quad \boldsymbol{X}\boldsymbol{\lambda}-\boldsymbol{x}_{j_0}+\boldsymbol{s}^{-}=\boldsymbol{0}, \\ \qquad\ \boldsymbol{y}_{j_0}-\boldsymbol{Y}\boldsymbol{\lambda}+\boldsymbol{s}^{+}=\boldsymbol{0}, \\ \qquad\ \boldsymbol{\lambda}\in -K^{*}, \boldsymbol{s}^{-}\in -V^{*}, \boldsymbol{s}^{+}\in -U^{*}. \end{cases}
$$

这里 $\boldsymbol{\tau}\in \mathrm{Int}V$, $\hat{\boldsymbol{\tau}}\in \mathrm{Int}U$.

假设 $\boldsymbol{\lambda}^0, \boldsymbol{s}^{-0}, \boldsymbol{s}^{+0}$ 为规划 $(\bar{\mathrm{D}})$ 的一组可行解, 记

$$
\bar{D}(\boldsymbol{\lambda}^0, \boldsymbol{s}^{-0}, \boldsymbol{s}^{+0})=\left\{\left(\begin{array}{l} \boldsymbol{X}^{\mathrm{T}}\boldsymbol{\omega}-\boldsymbol{Y}^{\mathrm{T}}\boldsymbol{\mu}+\boldsymbol{v}_1 \\ \boldsymbol{\omega}+\boldsymbol{v}_2 \\ \boldsymbol{\mu}+\boldsymbol{v}_3 \end{array}\right)\middle| \begin{array}{l} \boldsymbol{v}_1\in K, \boldsymbol{v}_2\in V, \boldsymbol{v}_3\in U, \\ \\ \boldsymbol{v}_1^{\mathrm{T}}\boldsymbol{\lambda}^0=\boldsymbol{v}_2^{\mathrm{T}}\boldsymbol{s}^{-0}=\boldsymbol{v}_3^{\mathrm{T}}\boldsymbol{s}^{+0}=0 \end{array}\right\}.
$$

定理 6.15　若 $(\boldsymbol{x}_{j_0}, \boldsymbol{y}_{j_0})$ 为 (VP) 相对于锥 $V^*\times U^*$ 的非支配解, 且 $\bar{D}(\boldsymbol{\lambda}^0, \boldsymbol{s}^{-0}, \boldsymbol{s}^{+0})$ 为闭集, 则决策单元 j_0 为 DEA 有效 ($\mathrm{C^2WH}$).

证明　若 $(\boldsymbol{x}_{j_0}, \boldsymbol{y}_{j_0})$ 为多目标规划 (VP) 的相对于锥 $V^*\times U^*$ 的非支配解, 并且 $\tilde{S}\subset T$, 则式 (I) 不成立,

$$
(\mathrm{I})\begin{cases} (\boldsymbol{X}\boldsymbol{\lambda}, -\boldsymbol{Y}\boldsymbol{\lambda})\in(\boldsymbol{x}_{j_0}, -\boldsymbol{y}_{j_0})+(V^*, U^*), \\ (\boldsymbol{X}\boldsymbol{\lambda}, -\boldsymbol{Y}\boldsymbol{\lambda})\neq(\boldsymbol{x}_{j_0}, -\boldsymbol{y}_{j_0}), \\ \boldsymbol{\lambda}\in -K^*. \end{cases}
$$

考虑下面的规划问题 $(\bar{\mathrm{P}})$ 和它的对偶规划 $(\bar{\mathrm{D}})$,

$$
(\bar{\mathrm{P}})\begin{cases} \min(\boldsymbol{\omega}^{\mathrm{T}}\boldsymbol{x}_{j_0}-\boldsymbol{\mu}^{\mathrm{T}}\boldsymbol{y}_{j_0})=V_{\bar{\mathrm{P}}}, \\ \text{s.t.}\quad \boldsymbol{\omega}^{\mathrm{T}}\boldsymbol{X}-\boldsymbol{\mu}^{\mathrm{T}}\boldsymbol{Y}\in K, \\ \qquad\ \boldsymbol{\omega}-\boldsymbol{\tau}\in V, \\ \qquad\ \boldsymbol{\mu}-\hat{\boldsymbol{\tau}}\in U, \end{cases}
$$

下面采用反证法证明 $V_{\bar{\mathrm{D}}}=0$.

对任意规划 $(\bar{\mathrm{D}})$ 的可行解 $\boldsymbol{\lambda}, \boldsymbol{s}^{-}, \boldsymbol{s}^{+}$, 由于

$$
\boldsymbol{s}^{-}\in -V^{*},\quad \boldsymbol{\tau}\in \mathrm{Int}V,\quad \boldsymbol{s}^{+}\in -U^{*},\quad \hat{\boldsymbol{\tau}}\in \mathrm{Int}U,
$$

则

$$
\boldsymbol{\tau}^{\mathrm{T}}\boldsymbol{s}^{-}\geqq 0,\quad \hat{\boldsymbol{\tau}}^{\mathrm{T}}\boldsymbol{s}^{+}\geqq 0,
$$

所以 $V_{\bar{\mathrm{D}}} \geqq 0$.

如果 $V_{\bar{\mathrm{D}}} > 0$, 即存在规划 $\overline{\mathrm{D}}$ 的一个最优解 $\boldsymbol{\lambda}^0, \boldsymbol{s}^{-0}, \boldsymbol{s}^{+0}$, 使得

$$V_{\bar{\mathrm{D}}} = \boldsymbol{\tau}^{\mathrm{T}} \boldsymbol{s}^{-0} + \hat{\boldsymbol{\tau}}^{\mathrm{T}} \boldsymbol{s}^{+0} > 0,$$

则有

$$(\boldsymbol{X}\boldsymbol{\lambda}^0, -\boldsymbol{Y}\boldsymbol{\lambda}^0) = (\boldsymbol{x}_{j_0}, -\boldsymbol{y}_{j_0}) + (-\boldsymbol{s}^{-0}, -\boldsymbol{s}^{+0}),$$

$$(-\boldsymbol{s}^{-0}, -\boldsymbol{s}^{+0}) \in (V^*, U^*),$$

$$(\boldsymbol{s}^{-0}, \boldsymbol{s}^{+0}) \neq \mathbf{0},$$

这与式 (I) 矛盾, 故 $V_{\bar{\mathrm{D}}} = 0$, 由锥对偶理论可知 $V_{\bar{\mathrm{P}}} = 0$.

设 $\tilde{\boldsymbol{\omega}}, \tilde{\boldsymbol{\mu}}$ 为规划 $(\bar{\mathrm{P}})$ 的一个最优解, 因此

$$\tilde{\boldsymbol{\omega}} \in \boldsymbol{\tau} + V \subset \mathrm{Int}V, \quad \tilde{\boldsymbol{\mu}} \in \hat{\boldsymbol{\tau}} + U \subset \mathrm{Int}U,$$

故 $\tilde{\boldsymbol{\omega}}^{\mathrm{T}} \boldsymbol{x}_{j_0} > 0$, 令

$$\boldsymbol{\omega}^0 = \frac{\tilde{\boldsymbol{\omega}}}{\tilde{\boldsymbol{\omega}}^{\mathrm{T}} \boldsymbol{x}_{j_0}}, \quad \boldsymbol{\mu}^0 = \frac{\tilde{\boldsymbol{\mu}}}{\tilde{\boldsymbol{\omega}}^{\mathrm{T}} \boldsymbol{x}_{j_0}}.$$

于是有

$$\boldsymbol{\omega}^{0\mathrm{T}} \boldsymbol{x}_{j_0} = \boldsymbol{\mu}^{0\mathrm{T}} \boldsymbol{y}_{j_0} = 1,$$

$$\boldsymbol{\omega}^{0\mathrm{T}} \boldsymbol{X} - \boldsymbol{\mu}^{0\mathrm{T}} \boldsymbol{Y} \in K,$$

即有

$$\max \boldsymbol{\mu}^{\mathrm{T}} \boldsymbol{y}_{j_0} = \boldsymbol{\mu}^{0\mathrm{T}} \boldsymbol{y}_{j_0} = 1,$$

$$\boldsymbol{\omega}^{0\mathrm{T}} \boldsymbol{X} - \boldsymbol{\mu}^{0\mathrm{T}} \boldsymbol{Y} \in K,$$

$$\boldsymbol{\omega}^{0\mathrm{T}} \boldsymbol{x}_{j_0} = 1,$$

$$\boldsymbol{\omega}^0 \in \mathrm{Int}V, \quad \boldsymbol{\mu}^0 \in \mathrm{Int}U,$$

由此可得决策单元 j_0 为 DEA 有效 (C^{2}WH). 证毕.

定理 6.16 如果决策单元 j_0 为弱 DEA 有效 (C^{2}WH), 则 $(\boldsymbol{x}_{j_0}, \boldsymbol{y}_{j_0})$ 为多目标规划 (VP) 相对于锥 $(\mathrm{Int}V^*) \times (\mathrm{Int}U^*)$ 的非支配解.

证明 若 $(\boldsymbol{x}_{j_0}, \boldsymbol{y}_{j_0})$ 不为多目标规划 (VP) 相对于锥 $(\mathrm{Int}V^*) \times (\mathrm{Int}U^*)$ 的非支配解, 则存在 $(\hat{\boldsymbol{x}}, \hat{\boldsymbol{y}}) \in T$, 使得

$$\boldsymbol{F}(\hat{\boldsymbol{x}}, \hat{\boldsymbol{y}}) \in \boldsymbol{F}(\boldsymbol{x}_{j_0}, \boldsymbol{y}_{j_0}) + (\mathrm{Int}V^*, \mathrm{Int}U^*),$$

$$\boldsymbol{F}(\hat{\boldsymbol{x}}, \hat{\boldsymbol{y}}) \neq \boldsymbol{F}(\boldsymbol{x}_{j_0}, \boldsymbol{y}_{j_0}),$$

即

$$(\hat{\boldsymbol{x}}, -\hat{\boldsymbol{y}}) \in (\boldsymbol{x}_{j_0}, -\boldsymbol{y}_{j_0}) + (\text{Int}V^*, \text{Int}U^*),$$

$$(\hat{\boldsymbol{x}}, \hat{\boldsymbol{y}}) \neq (\boldsymbol{x}_{j_0}, \boldsymbol{y}_{j_0}),$$

故存在

$$(\boldsymbol{v}^*, \boldsymbol{u}^*) \in (\text{Int}V^*, \text{Int}U^*), \quad (\boldsymbol{v}^*, \boldsymbol{u}^*) \neq \boldsymbol{0},$$

使得

$$(\hat{\boldsymbol{x}}, -\hat{\boldsymbol{y}}) = (\boldsymbol{x}_{j_0}, -\boldsymbol{y}_{j_0}) + (\boldsymbol{v}^*, \boldsymbol{u}^*).$$

因决策单元 j_0 为弱 DEA 有效 (C^2WH), 故必存在 ($\text{P}_{\text{C}^2\text{WH}}$) 的一组最优解 $\boldsymbol{\omega}^0 \in V$, $\boldsymbol{\mu}^0 \in U$, 使得

$$\boldsymbol{\mu}^{0\text{T}} \boldsymbol{y}_{j_0} = 1.$$

因此有

$$\boldsymbol{\omega}^{0\text{T}} \hat{\boldsymbol{x}} - \boldsymbol{\mu}^{0\text{T}} \hat{\boldsymbol{y}} = (\boldsymbol{\omega}^{0\text{T}} \boldsymbol{x}_{j_0} - \boldsymbol{\mu}^{0\text{T}} \boldsymbol{y}_{j_0}) + (\boldsymbol{\omega}^{0\text{T}} \boldsymbol{v}^* + \boldsymbol{\mu}^{0\text{T}} \boldsymbol{u}^*).$$

又因为

$$(\boldsymbol{v}^*, \boldsymbol{u}^*) \neq \boldsymbol{0},$$

不失一般性, 设 $\boldsymbol{v}^* \neq \boldsymbol{0}$, 因 $\boldsymbol{\omega}^0 \in V$, $\boldsymbol{v}^* \in \text{Int}V^*$ 且 V 为尖锥, 故有

$$\boldsymbol{\omega}^{0\text{T}} \boldsymbol{v}^* < 0, \quad \boldsymbol{\mu}^{0\text{T}} \boldsymbol{u}^* \leqq 0,$$

所以

$$\boldsymbol{\omega}^{0\text{T}} \hat{\boldsymbol{x}} - \boldsymbol{\mu}^{0\text{T}} \hat{\boldsymbol{y}} < \boldsymbol{\omega}^{0\text{T}} \boldsymbol{x}_{j_0} - \boldsymbol{\mu}^{0\text{T}} \boldsymbol{y}_{j_0}.$$

而由引理 6.3 有

$$\boldsymbol{\omega}^{0\text{T}} \hat{\boldsymbol{x}} - \boldsymbol{\mu}^{0\text{T}} \hat{\boldsymbol{y}} \geqq \boldsymbol{\omega}^{0\text{T}} \boldsymbol{x}_{j_0} - \boldsymbol{\mu}^{0\text{T}} \boldsymbol{y}_{j_0},$$

矛盾! 证毕.

对于规划

$$(\hat{\text{D}}) \begin{cases} \max z = V_{\hat{\text{D}}}, \\ \text{s.t.} \quad \boldsymbol{X\lambda} - \boldsymbol{x}_{j_0} + \boldsymbol{s}^- = \boldsymbol{0}, \\ \qquad -\boldsymbol{Y\lambda} + \boldsymbol{y}_{j_0} + \boldsymbol{s}^+ = \boldsymbol{0}, \\ \qquad z\boldsymbol{\tau} - \boldsymbol{s}^- \in V^*, \\ \qquad z\hat{\boldsymbol{\tau}} - \boldsymbol{s}^+ \in U^*, \\ \qquad \boldsymbol{\lambda} \in -K^*, \boldsymbol{s}^- \in -V^*, \boldsymbol{s}^+ \in -U^*. \end{cases}$$

假设 $\boldsymbol{\lambda}^0, \boldsymbol{s}^{-0}, \boldsymbol{s}^{+0}, z^0$ 为规划 ($\hat{\mathrm{D}}$) 的一组可行解, $\boldsymbol{\tau} \in \mathrm{Int}V$, $\hat{\boldsymbol{\tau}} \in \mathrm{Int}U$, 记

$$\hat{D}(\boldsymbol{\lambda}^0, \boldsymbol{s}^{-0}, \boldsymbol{s}^{+0}, z^0) = \left\{ \begin{pmatrix} \boldsymbol{X}^{\mathrm{T}}\boldsymbol{\omega} - \boldsymbol{Y}^{\mathrm{T}}\boldsymbol{\mu} + \boldsymbol{v}_1 \\ \boldsymbol{\omega} - \boldsymbol{v} + \boldsymbol{v}_2 \\ \boldsymbol{\mu} - \boldsymbol{u} + \boldsymbol{v}_3 \\ \boldsymbol{\tau}^{\mathrm{T}}\boldsymbol{v} + \hat{\boldsymbol{\tau}}^{\mathrm{T}}\boldsymbol{u} \end{pmatrix} \middle| \begin{array}{l} \boldsymbol{v} \in -V, \boldsymbol{u} \in -U, \\ \boldsymbol{v}_1 \in K, \boldsymbol{v}_2 \in V, \boldsymbol{v}_3 \in U, \\ \boldsymbol{v}^{\mathrm{T}}(z^0\boldsymbol{\tau} - \boldsymbol{s}^{-0}) = 0, \\ \boldsymbol{u}^{\mathrm{T}}(z^0\boldsymbol{\tau} - \boldsymbol{s}^{+0}) = 0, \\ \boldsymbol{v}_1^{\mathrm{T}}\boldsymbol{\lambda}^0 = \boldsymbol{v}_2^{\mathrm{T}}\boldsymbol{s}^{-0} = \boldsymbol{v}_3^{\mathrm{T}}\boldsymbol{s}^{+0} = 0 \end{array} \right\}.$$

定理 6.17 若 $(\boldsymbol{x}_{j_0}, \boldsymbol{y}_{j_0})$ 为多目标规划 (VP) 相对于锥 $(\mathrm{Int}V^*) \times (\mathrm{Int}U^*)$ 的非支配解, 且 $\hat{D}(\boldsymbol{\lambda}^0, \boldsymbol{s}^{-0}, \boldsymbol{s}^{+0}, z^0)$ 为闭集, 则决策单元 j_0 为弱 DEA 有效 ($\mathrm{C^2WH}$).

证明 由于 $(\boldsymbol{x}_{j_0}, \boldsymbol{y}_{j_0})$ 为多目标规划 (VP) 相对于锥 $(\mathrm{Int}V^*) \times (\mathrm{Int}U^*)$ 的非支配解, 则式 (II) 不成立:

$$(\mathrm{II}) \begin{cases} (\boldsymbol{X}\boldsymbol{\lambda}, -\boldsymbol{Y}\boldsymbol{\lambda}) \in (\boldsymbol{x}_{j_0}, -\boldsymbol{y}_{j_0}) + (\mathrm{Int}V^*, \mathrm{Int}U^*), \\ \boldsymbol{\lambda} \in -K^*. \end{cases}$$

考虑下面的规划问题 ($\hat{\mathrm{P}}$) 和它的对偶规划 ($\hat{\mathrm{D}}$),

$$(\hat{\mathrm{P}}) \begin{cases} \min(\boldsymbol{\omega}^{\mathrm{T}}\boldsymbol{x}_{j_0} - \boldsymbol{\mu}^{\mathrm{T}}\boldsymbol{y}_{j_0}) = V_{\hat{\mathrm{P}}}, \\ \text{s.t.} \quad \boldsymbol{\omega}^{\mathrm{T}}\boldsymbol{X} - \boldsymbol{\mu}^{\mathrm{T}}\boldsymbol{Y} \in K, \\ \qquad \boldsymbol{\omega} - \boldsymbol{v} \in V, \\ \qquad \boldsymbol{\mu} - \boldsymbol{u} \in U, \\ \qquad \boldsymbol{\tau}^{\mathrm{T}}\boldsymbol{v} + \hat{\boldsymbol{\tau}}^{\mathrm{T}}\boldsymbol{u} = 1, \\ \qquad \boldsymbol{v} \in V, \boldsymbol{u} \in U. \end{cases}$$

因为

$$\boldsymbol{\delta}_j \in -K^*, \quad j = 1, 2, \cdots, n,$$

所以

$$(\bar{\boldsymbol{\lambda}}, \bar{\boldsymbol{s}}^-, \bar{\boldsymbol{s}}^+, \bar{z}) = (\boldsymbol{\delta}_{j_0}, \boldsymbol{0}, \boldsymbol{0}, 0)$$

为规划 ($\hat{\mathrm{D}}$) 的一组可行解, 因此,

$$V_{\hat{\mathrm{D}}} = \max z \geqq 0.$$

首先, 用反证法证明 $V_{\hat{\mathrm{D}}} = 0$.

如果 $V_{\hat{\mathrm{D}}} > 0$, 那么存在规划 ($\hat{\mathrm{D}}$) 的一组最优解 $\boldsymbol{\lambda}^0, \boldsymbol{s}^{-0}, \boldsymbol{s}^{+0}, z^0$, 使得

$$V_{\hat{\mathrm{D}}} = \max z = z^0 > 0.$$

因为 $V \subset E_+^m$, V 为闭凸锥, 且 $\mathrm{Int}V \neq \varnothing$, 所以

$$\mathrm{Int}V^* = \left\{\boldsymbol{v} | \boldsymbol{v}^{\mathrm{T}}\hat{\boldsymbol{v}} < 0, \forall \hat{\boldsymbol{v}} \in V, \hat{\boldsymbol{v}} \neq \mathbf{0}\right\}.$$

又由于 $z^0\boldsymbol{\tau} > \mathbf{0}$, 所以对任意 $\boldsymbol{v} \in V, \boldsymbol{v} \neq \mathbf{0}$, 都有

$$(-z^0\boldsymbol{\tau})^{\mathrm{T}}\boldsymbol{v} < 0$$

成立, 所以

$$-z^0\boldsymbol{\tau} \in \mathrm{Int}V^*.$$

类似可证

$$-z^0\hat{\boldsymbol{\tau}} \in \mathrm{Int}U^*.$$

因此, 有

$$\begin{aligned} -\boldsymbol{s}^{-0} &\in -z^0\boldsymbol{\tau} + V^* \subset \mathrm{Int}V^*, \\ -\boldsymbol{s}^{+0} &\in -z^0\hat{\boldsymbol{\tau}} + U^* \subset \mathrm{Int}U^*. \end{aligned}$$

由于

$$\boldsymbol{X\lambda}^0 - \boldsymbol{x}_{j_0} = -\boldsymbol{s}^{-0}, \quad -\boldsymbol{Y\lambda} + \boldsymbol{y}_{j_0} = -\boldsymbol{s}^{+0},$$

因此

$$\boldsymbol{X\lambda}^0 - \boldsymbol{x}_{j_0} \in \mathrm{Int}V^*, \quad -\boldsymbol{Y\lambda} + \boldsymbol{y}_{j_0} \in \mathrm{Int}U^*,$$

这与式 (Ⅱ) 矛盾, 故 $V_{\hat{\mathrm{D}}} = 0$, 由锥对偶理论可知 $V_{\hat{\mathrm{P}}} = 0$.

其次, 记 $\bar{\boldsymbol{\omega}}, \bar{\boldsymbol{\mu}}, \bar{\boldsymbol{v}}, \bar{\boldsymbol{u}}$ 为 $(\hat{\mathrm{P}})$ 的一组最优解, 有

$$\bar{\boldsymbol{\omega}} \in \bar{\boldsymbol{v}} + V \subset V, \quad \bar{\boldsymbol{\mu}} = \bar{\boldsymbol{u}} + U \subset U.$$

因此有

$$\bar{\boldsymbol{\omega}} = \bar{\boldsymbol{v}} + \boldsymbol{v}^{**}, \quad \boldsymbol{v}^{**} \in V,$$

$$\bar{\boldsymbol{\mu}} = \bar{\boldsymbol{u}} + \boldsymbol{u}^{**}, \quad \boldsymbol{u}^{**} \in U,$$

故得

$$\boldsymbol{\tau}^{\mathrm{T}}\bar{\boldsymbol{\omega}} + \hat{\boldsymbol{\tau}}^{\mathrm{T}}\bar{\boldsymbol{\mu}} = \boldsymbol{\tau}^{\mathrm{T}}\bar{\boldsymbol{v}} + \hat{\boldsymbol{\tau}}^{\mathrm{T}}\bar{\boldsymbol{u}} + \boldsymbol{\tau}^{\mathrm{T}}\boldsymbol{v}^{**} + \hat{\boldsymbol{\tau}}^{\mathrm{T}}\boldsymbol{u}^{**} \geqq 1,$$

所以

$$(\bar{\boldsymbol{\omega}}, \bar{\boldsymbol{\mu}}) \neq \mathbf{0}.$$

又因

$$V_{\hat{\mathrm{P}}} = V_{\hat{\mathrm{D}}} = 0,$$

故有

$$\bar{\boldsymbol{\omega}}^{\mathrm{T}}\boldsymbol{x}_{j_0}=\bar{\boldsymbol{\mu}}^{\mathrm{T}}\boldsymbol{y}_{j_0},$$

所以

$$\bar{\boldsymbol{\omega}}\neq\mathbf{0},\quad \bar{\boldsymbol{\mu}}\neq\mathbf{0}.$$

令

$$\boldsymbol{\omega}^0=\frac{\bar{\boldsymbol{\omega}}}{\bar{\boldsymbol{\omega}}^{\mathrm{T}}\boldsymbol{x}_{j_0}},\quad \boldsymbol{\mu}^0=\frac{\bar{\boldsymbol{\mu}}}{\bar{\boldsymbol{\omega}}^{\mathrm{T}}\boldsymbol{x}_{j_0}},$$

则有

$$\boldsymbol{\mu}^{0\mathrm{T}}\boldsymbol{y}_{j_0}=\boldsymbol{\omega}^{0\mathrm{T}}\boldsymbol{x}_{j_0}=1,\quad \boldsymbol{\omega}^{0\mathrm{T}}\boldsymbol{X}-\boldsymbol{\mu}^{0\mathrm{T}}\boldsymbol{Y}\in K,$$

$$\boldsymbol{\omega}^0\in\frac{\bar{\boldsymbol{v}}}{\bar{\boldsymbol{\omega}}^{\mathrm{T}}\boldsymbol{x}_{j_0}}+V\subset V,$$

$$\boldsymbol{\mu}^0\in\frac{\bar{\boldsymbol{u}}}{\bar{\boldsymbol{\omega}}^{\mathrm{T}}\boldsymbol{x}_{j_0}}+U\subset U.$$

即得

$$\begin{cases}\max\boldsymbol{\mu}^{\mathrm{T}}\boldsymbol{y}_{j_0}=\boldsymbol{\mu}^{0\mathrm{T}}\boldsymbol{y}_{j_0}=1,\\ \text{s.t.}\quad \boldsymbol{\omega}^{\mathrm{T}}\boldsymbol{X}-\boldsymbol{\mu}^{\mathrm{T}}\boldsymbol{Y}\in K,\\ \qquad \boldsymbol{\omega}^{\mathrm{T}}\boldsymbol{x}_{j_0}=1,\\ \qquad \boldsymbol{\omega}\in V,\quad \boldsymbol{\mu}\in U.\end{cases}$$

由此可得决策单元 j_0 为弱 DEA 有效 (C²WH). 证毕.

下面讨论锥比率 DEA 模型的投影问题.

对决策单元 j_0, 考虑如下的规划问题:

$$(\mathrm{P_g})\begin{cases}\max(\boldsymbol{\tau}^{\mathrm{T}}\boldsymbol{s}^-+\hat{\boldsymbol{\tau}}^{\mathrm{T}}\boldsymbol{s}^+),\\ \text{s.t.}\quad \boldsymbol{X\lambda}-\boldsymbol{x}_{j_0}+\boldsymbol{s}^-=\mathbf{0},\\ \qquad \boldsymbol{y}_{j_0}-\boldsymbol{Y\lambda}+\boldsymbol{s}^+=\mathbf{0},\\ \qquad \boldsymbol{\lambda}\in-K^*,\boldsymbol{s}^-\in-V^*,\boldsymbol{s}^+\in-U^*,\end{cases}$$

其中 $\boldsymbol{\tau}\in\mathrm{Int}V$, $\hat{\boldsymbol{\tau}}\in\mathrm{Int}U$.

定义 6.9 设 $(\mathrm{P_g})$ 的一个最优解为 $\boldsymbol{\lambda}^0,\boldsymbol{s}^{-0},\boldsymbol{s}^{+0}$, 令

$$\hat{\boldsymbol{x}}_{j_0}=\boldsymbol{X\lambda}^0=\boldsymbol{x}_{j_0}-\boldsymbol{s}^{-0},$$

$$\hat{\boldsymbol{y}}_{j_0}=\boldsymbol{Y\lambda}^0=\boldsymbol{y}_{j_0}+\boldsymbol{s}^{+0},$$

称 $(\hat{\boldsymbol{x}}_{j_0},\hat{\boldsymbol{y}}_{j_0})$ 为 $(\boldsymbol{x}_{j_0},\boldsymbol{y}_{j_0})$ 在生产可能集 T 的有效前沿面上的投影. 显然, $(\hat{\boldsymbol{x}}_{j_0},\hat{\boldsymbol{y}}_{j_0})\in T$.

定理 6.18　若 $\bar{D}(\boldsymbol{\lambda}^0, \boldsymbol{s}^{-0}, \boldsymbol{s}^{+0})$ 为闭集, 则决策单元 j_0 在有效前沿面上的投影 $(\hat{\boldsymbol{x}}_{j_0}, \hat{\boldsymbol{y}}_{j_0})$ 为 DEA 有效 ($\mathrm{C^2WH}$).

证明　由定理 6.15 可知, 只需证明 $(\hat{\boldsymbol{x}}_{j_0}, \hat{\boldsymbol{y}}_{j_0})$ 为多目标规划 (VP) 相对于锥 $V^* \times U^*$ 的非支配解即可, 下面用反证法证明.

假设 $(\hat{\boldsymbol{x}}_{j_0}, \hat{\boldsymbol{y}}_{j_0})$ 不为 (VP) 相对于锥 $V^* \times U^*$ 的非支配解, 则必存在 $(\bar{\boldsymbol{x}}, \bar{\boldsymbol{y}}) \in T$, 使得

$$(\bar{\boldsymbol{x}}, -\bar{\boldsymbol{y}}) \in (\hat{\boldsymbol{x}}_{j_0}, -\hat{\boldsymbol{y}}_{j_0}) + (V^*, U^*),$$

$$(\bar{\boldsymbol{x}}, -\bar{\boldsymbol{y}}) \neq (\hat{\boldsymbol{x}}_{j_0}, -\hat{\boldsymbol{y}}_{j_0}),$$

即存在

$$(\boldsymbol{v}^*, \boldsymbol{u}^*) \in (V^*, U^*), \quad (\boldsymbol{v}^*, \boldsymbol{u}^*) \neq \boldsymbol{0},$$

使得

$$(\bar{\boldsymbol{x}}, -\bar{\boldsymbol{y}}) = (\hat{\boldsymbol{x}}_{j_0}, -\hat{\boldsymbol{y}}_{j_0}) + (\boldsymbol{v}^*, \boldsymbol{u}^*).$$

因为 $(\bar{\boldsymbol{x}}, \bar{\boldsymbol{y}}) \in T$, 所以存在 $\bar{\boldsymbol{\lambda}} \in -K^*$, $(\bar{\boldsymbol{v}}, \bar{\boldsymbol{u}}) \in (V^*, U^*)$, 使得

$$(\bar{\boldsymbol{x}}, \bar{\boldsymbol{y}}) = (\boldsymbol{X}\bar{\boldsymbol{\lambda}}, \boldsymbol{Y}\bar{\boldsymbol{\lambda}}) + (-\bar{\boldsymbol{v}}, \bar{\boldsymbol{u}}).$$

于是

$$(\boldsymbol{X}\bar{\boldsymbol{\lambda}}, -\boldsymbol{Y}\bar{\boldsymbol{\lambda}}) = (\hat{\boldsymbol{x}}_{j_0}, -\hat{\boldsymbol{y}}_{j_0}) + (\boldsymbol{v}^* + \bar{\boldsymbol{v}}, \boldsymbol{u}^* + \bar{\boldsymbol{u}}),$$

且

$$(\boldsymbol{v}^* + \bar{\boldsymbol{v}}, \quad \boldsymbol{u}^* + \bar{\boldsymbol{u}}) \neq \boldsymbol{0}.$$

令

$$\hat{\boldsymbol{v}} = \boldsymbol{v}^* + \bar{\boldsymbol{v}} \in V^*, \quad \hat{\boldsymbol{u}} = \boldsymbol{u}^* + \bar{\boldsymbol{u}} \in U^*,$$

则有

$$(\boldsymbol{X}\bar{\boldsymbol{\lambda}}, -\boldsymbol{Y}\bar{\boldsymbol{\lambda}}) = (\hat{\boldsymbol{x}}_{j_0}, -\hat{\boldsymbol{y}}_{j_0}) + (\hat{\boldsymbol{v}}, \hat{\boldsymbol{u}}), \quad (\hat{\boldsymbol{v}}, \hat{\boldsymbol{u}}) \neq \boldsymbol{0},$$

所以

$$\boldsymbol{X}\bar{\boldsymbol{\lambda}} = \hat{\boldsymbol{x}}_{j_0} + \hat{\boldsymbol{v}} = \boldsymbol{x}_{j_0} - \boldsymbol{s}^{-0} + \hat{\boldsymbol{v}},$$

$$-\boldsymbol{Y}\bar{\boldsymbol{\lambda}} = -\hat{\boldsymbol{y}}_{j_0} + \hat{\boldsymbol{u}} = -\boldsymbol{y}_{j_0} - \boldsymbol{s}^{+0} + \hat{\boldsymbol{u}},$$

故有

$$\begin{cases} \boldsymbol{X}\bar{\boldsymbol{\lambda}} + (\boldsymbol{s}^{-0} - \hat{\boldsymbol{v}}) = \boldsymbol{x}_{j_0}, \\ -\boldsymbol{Y}\bar{\boldsymbol{\lambda}} + (\boldsymbol{s}^{+0} - \hat{\boldsymbol{u}}) = -\boldsymbol{y}_{j_0}, \\ \bar{\boldsymbol{\lambda}} \in -K^*, \boldsymbol{s}^{-0} - \hat{\boldsymbol{v}} \in -V^*, \boldsymbol{s}^{+0} - \hat{\boldsymbol{u}} \in -U^*. \end{cases}$$

进一步, 因 $\boldsymbol{\tau} \in \mathrm{Int}V$, $\hat{\boldsymbol{v}} \in V^*$, $\hat{\boldsymbol{\tau}} \in \mathrm{Int}U$, $\hat{\boldsymbol{u}} \in U^*$, 故

$$\boldsymbol{\tau}^{\mathrm{T}}\hat{\boldsymbol{v}} \leqq 0, \quad \hat{\boldsymbol{\tau}}^{\mathrm{T}}\hat{\boldsymbol{u}} \leqq 0.$$

由于 $(\hat{\boldsymbol{v}}, \hat{\boldsymbol{u}}) \neq \mathbf{0}$, 因此,

$$\boldsymbol{\tau}^{\mathrm{T}}\hat{\boldsymbol{v}} + \hat{\boldsymbol{\tau}}^{\mathrm{T}}\hat{\boldsymbol{u}} < 0,$$

故有

$$\begin{aligned}&\boldsymbol{\tau}^{\mathrm{T}}(\boldsymbol{s}^{-0} - \hat{\boldsymbol{v}}) + \hat{\boldsymbol{\tau}}^{\mathrm{T}}(\boldsymbol{s}^{+0} - \hat{\boldsymbol{u}})\\ =&(\boldsymbol{\tau}^{\mathrm{T}}\boldsymbol{s}^{-0} + \hat{\boldsymbol{\tau}}^{\mathrm{T}}\boldsymbol{s}^{+0}) - (\boldsymbol{\tau}^{\mathrm{T}}\hat{\boldsymbol{v}} + \hat{\boldsymbol{\tau}}^{\mathrm{T}}\hat{\boldsymbol{u}}) > \boldsymbol{\tau}^{\mathrm{T}}\boldsymbol{s}^{-0} + \hat{\boldsymbol{\tau}}^{\mathrm{T}}\boldsymbol{s}^{+0},\end{aligned}$$

这与 $\boldsymbol{\lambda}^0, \boldsymbol{s}^{-0}, \boldsymbol{s}^{+0}$ 为 $(\mathrm{P_g})$ 的最优解矛盾, 故 $(\hat{\boldsymbol{x}}_{j_0}, \hat{\boldsymbol{y}}_{j_0})$ 为多目标规划 (VP) 相对于锥 $V^* \times U^*$ 的一个非支配解. 证毕.

参 考 文 献

[1] 魏权龄. 评价相对有效性的 DEA 方法 [M]. 北京：中国人民大学出版社, 1988

[2] Banker R D, Charnes A, Cooper W W. Some models for estimating technical and scale inefficiencies in data envelopment analysis[J]. Management Science, 1984, 30(9): 1078-1092

[3] Charnes A, Cooper W W, Golany B, Seiford L, Stutz J. Foundations of data envelopment analysis for pareto-koopmans efficient empirical production functions[J]. Journal of Econometrics,1985, 30(1):91-107

[4] Charnes A, Cooper W W, Wei Q L, Huang Z M. Cone ratio data envelopment analysis and multi-objective programming[J]. International Journal of Systems Science, 1989, 20(7): 1099-1118

[5] Charnes A, Cooper W W, Wei Q L. A semi-infinite multi-criteria programming approach to data envelopment analysis with infinitely many decision making units[R]. The University of Texas at Austin, Center for Cybernetic Studies Report, CCS 551, September, 1986

[6] 魏权龄. 数据包络分析 [M]. 北京：科学出版社, 2004

[7] 盛昭瀚, 朱乔, 吴广谋. DEA 理论、方法与应用 [M]. 北京：科学出版社, 1996

第 7 章 基于偏序集理论的 DEA 有效性刻画

DEA 有效是数据包络分析最重要的概念, DEA 有效单元与偏序集的极大元之间具有紧密的联系. 本章从偏序集理论出发刻画四种典型 DEA 模型 (C^2R 模型、BC^2 模型、C^2W 模型、C^2WH 模型) 所描述的 DEA 有效性和弱 DEA 有效性的本质特征, 证明 DEA 有效决策单元实际上就是偏序集的极大元, 进而从偏序集理论出发对 DEA 有效给出新的解释. 本章内容主要取材于文献 [1]~ 文献 [5].

DEA 有效是数据包络分析最重要的概念, 在传统 DEA 理论中, 对 DEA 有效的解释主要依据经济学的生产函数理论, 对 DEA 方法的研究多是以规划论为基础开展的. 但实际上, DEA 方法与偏序集理论之间关系紧密, 从偏序集理论出发不仅可以刻画 DEA 有效的本质特征、对 DEA 有效性给出不同于 Charnes 等的原始解释[4], 而且还可以深入到 DEA 理论研究的许多方面, 无论对 DEA 的理论研究, 还是对 DEA 方法的推广都具有重要意义. 在该方面若能深入开展工作不仅能为偏序集理论在管理决策、评价技术等领域中的应用找到一个新途径, 而且还可能建立 DEA 理论新框架, 并有助于人文、社会领域中一些难以确定权重问题的定量化评估. 以下首先从 DEA 有效和弱 DEA 有效这一基本概念出发, 刻画几种典型 DEA 模型所描述的 DEA 有效及弱 DEA 有效的本质特征. 其次, 从偏序集理论出发, 给出基于偏好思想的 DEA 方法的构造思路.

7.1 DEA 有效决策单元的偏好性质

7.1.1 C^2R 模型刻画的 DEA 有效性的特征

基本 DEA 模型——C^2R 模型可以描述如下[6]:

$$(\mathrm{P}_{\mathrm{C^2R}})\begin{cases}\max \boldsymbol{\mu}^{\mathrm{T}}\boldsymbol{y}_{j_0}=V_{\mathrm{P}},\\ \text{s.t.}\quad \boldsymbol{\omega}^{\mathrm{T}}\boldsymbol{x}_j-\boldsymbol{\mu}^{\mathrm{T}}\boldsymbol{y}_j\geqq 0,\quad j=1,2,\cdots,n,\\ \qquad \boldsymbol{\omega}^{\mathrm{T}}\boldsymbol{x}_{j_0}=1,\\ \qquad \boldsymbol{\omega}\geqq \mathbf{0},\quad \boldsymbol{\mu}\geqq\mathbf{0}.\end{cases}$$

定义 7.1[6] (1) 若线性规划 $(\mathrm{P}_{\mathrm{C^2R}})$ 的最优解 $\boldsymbol{\omega}^0,\boldsymbol{\mu}^0$, 满足

$$V_{\mathrm{P}}=\boldsymbol{\mu}^{0\mathrm{T}}\boldsymbol{y}_{j_0}=1,$$

则称决策单元 j_0 为弱 DEA 有效 ($\mathrm{C^2R}$).

(2) 若线性规划 ($\mathrm{P_{C^2R}}$) 的最优解中存在 $\boldsymbol{\omega}^0 > \mathbf{0}, \boldsymbol{\mu}^0 > \mathbf{0}$, 满足

$$V_{\mathrm{P}} = \boldsymbol{\mu}^{0\mathrm{T}} \boldsymbol{y}_{j_0} = 1,$$

则称决策单元 j_0 为 DEA 有效 ($\mathrm{C^2R}$).

考虑多目标规划

$$(\mathrm{VP_0}) \begin{cases} V - \min(x_1, x_2, \cdots, x_m, -y_1, -y_2, \cdots, -y_s), \\ \text{s.t.} \quad (\boldsymbol{x}, \boldsymbol{y}) \in T_{\mathrm{C^2R}}, \end{cases}$$

其中生产可能集

$$T_{\mathrm{C^2R}} = \left\{ (\boldsymbol{x}, \boldsymbol{y}) \middle| \sum_{j=1}^{n} \boldsymbol{x}_j \lambda_j \leqq \boldsymbol{x}, \sum_{j=1}^{n} \boldsymbol{y}_j \lambda_j \geqq \boldsymbol{y}, \lambda_j \geqq 0, j = 1, \cdots, n \right\}.$$

定理 7.1[6] (1) 决策单元 j_0 为弱 DEA 有效 ($\mathrm{C^2R}$) 当且仅当 $(\boldsymbol{x}_{j_0}, \boldsymbol{y}_{j_0})$ 为多目标规划 ($\mathrm{VP_0}$) 的弱 Pareto 有效解.

(2) 决策单元 j_0 为 DEA 有效 ($\mathrm{C^2R}$) 当且仅当 $(\boldsymbol{x}_{j_0}, \boldsymbol{y}_{j_0})$ 为多目标规划 ($\mathrm{VP_0}$) 的 Pareto 有效解.

定义 7.2[7] 假设 $(P, \ll)$ 是一个偏序集, $a \in P$, 对任何 $b \in P$, 若

$$a \ll b$$

都有

$$a = b,$$

则称 a 是 $(P, \ll)$ 的极大元.

定义 $T_{\mathrm{C^2R}}$ 上的二元关系 $\ll_1$ 为

$$(\boldsymbol{x}, \boldsymbol{y}) \ll_1 (\bar{\boldsymbol{x}}, \bar{\boldsymbol{y}})$$

当且仅当

$$(-\boldsymbol{x}, \boldsymbol{y}) < (-\bar{\boldsymbol{x}}, \bar{\boldsymbol{y}}) \text{或} (\boldsymbol{x}, \boldsymbol{y}) = (\bar{\boldsymbol{x}}, \bar{\boldsymbol{y}}),$$

其中 $<$ 即为通常向量的严格小于关系, 则有以下结论.

定理 7.2 决策单元 j_0 为弱 DEA 有效 ($\mathrm{C^2R}$) 当且仅当 $(\boldsymbol{x}_{j_0}, \boldsymbol{y}_{j_0})$ 是 $(T_{\mathrm{C^2R}}, \ll_1)$ 的极大元.

证明 (1) 自反性: 显然对任意 $(\boldsymbol{x}, \boldsymbol{y}) \in T_{\mathrm{C^2R}}$, 有

$$(\boldsymbol{x}, \boldsymbol{y}) \ll_1 (\boldsymbol{x}, \boldsymbol{y}).$$

(2) 反对称性: 假设

$$(\boldsymbol{x},\boldsymbol{y}),\quad (\bar{\boldsymbol{x}},\bar{\boldsymbol{y}})\in T_{\mathrm{C^2R}},$$

满足

$$(\boldsymbol{x},\boldsymbol{y})\ll_1(\bar{\boldsymbol{x}},\bar{\boldsymbol{y}}),\quad (\bar{\boldsymbol{x}},\bar{\boldsymbol{y}})\ll_1(\boldsymbol{x},\boldsymbol{y}),$$

必有

$$(\boldsymbol{x},\boldsymbol{y})=(\bar{\boldsymbol{x}},\bar{\boldsymbol{y}}).$$

这是因为, 如果

$$(\boldsymbol{x},\boldsymbol{y})\neq(\bar{\boldsymbol{x}},\bar{\boldsymbol{y}}),$$

那么, 由 $\ll_1$ 的定义知

$$(-\boldsymbol{x},\boldsymbol{y})<(-\bar{\boldsymbol{x}},\bar{\boldsymbol{y}})<(-\boldsymbol{x},\boldsymbol{y}),$$

矛盾!

(3) 传递性: 若

$$(\boldsymbol{x},\boldsymbol{y}),\quad (\bar{\boldsymbol{x}},\bar{\boldsymbol{y}}),\quad (\tilde{\boldsymbol{x}},\tilde{\boldsymbol{y}})\in T_{\mathrm{C^2R}},$$

并且

$$(\boldsymbol{x},\boldsymbol{y})\ll_1(\bar{\boldsymbol{x}},\bar{\boldsymbol{y}}),\quad (\bar{\boldsymbol{x}},\bar{\boldsymbol{y}})\ll_1(\tilde{\boldsymbol{x}},\tilde{\boldsymbol{y}}),$$

则由 $\ll_1$ 的定义易证

$$(\boldsymbol{x},\boldsymbol{y})\ll_1(\tilde{\boldsymbol{x}},\tilde{\boldsymbol{y}}).$$

由上述证明可知, $(T_{\mathrm{C^2R}},\ll_1)$ 是一个偏序集.

由定理 7.1 知决策单元 j_0 为弱 DEA 有效 ($\mathrm{C^2R}$) 当且仅当 $(\boldsymbol{x}_{j_0},\boldsymbol{y}_{j_0})$ 为多目标规划 ($\mathrm{VP_0}$) 的弱 Pareto 有效解, 当且仅当不存在 $(\boldsymbol{x},\boldsymbol{y})\in T_{\mathrm{C^2R}}$, 使得

$$(\boldsymbol{x},-\boldsymbol{y})<(\boldsymbol{x}_{j_0},-\boldsymbol{y}_{j_0}).$$

当且仅当不存在 $(\boldsymbol{x},\boldsymbol{y})\in T_{\mathrm{C^2R}}$, 使得

$$(\boldsymbol{x},\boldsymbol{y})\neq(\boldsymbol{x}_{j_0},\boldsymbol{y}_{j_0}).$$

且

$$(\boldsymbol{x}_{j_0},\boldsymbol{y}_{j_0})\ll_1(\boldsymbol{x},\boldsymbol{y}).$$

当且仅当 $(\boldsymbol{x}_{j_0},\boldsymbol{y}_{j_0})$ 是 $(T_{\mathrm{C^2R}},\ll_1)$ 的极大元. 证毕.

定义 $T_{\mathrm{C^2R}}$ 上的二元关系 $\ll_2$ 为

$$(\boldsymbol{x},\boldsymbol{y})\ll_2(\hat{\boldsymbol{x}},\hat{\boldsymbol{y}})$$

当且仅当

$$\boldsymbol{x} \geqq \hat{\boldsymbol{x}}, \quad \boldsymbol{y} \leqq \hat{\boldsymbol{y}}.$$

其中 $\leqq$ 即为通常的小于等于关系.

定理 7.3 决策单元 j_0 为 DEA 有效 ($\mathrm{C^2R}$) 当且仅当 $(\boldsymbol{x}_{j_0}, \boldsymbol{y}_{j_0})$ 是 $(T_{\mathrm{C^2R}}, \ll_2)$ 的极大元.

证明 容易证明 $\ll_2$ 是 $T_{\mathrm{C^2R}}$ 上的偏序关系, 因此, $(T_{\mathrm{C^2R}}, \ll_2)$ 为偏序集. 由定理 7.1 知, 决策单元 j_0 为 DEA 有效当且仅当 $(\boldsymbol{x}_{j_0}, \boldsymbol{y}_{j_0})$ 为多目标规划 ($\mathrm{VP_0}$) 的 Pareto 有效解当且仅当不存在

$$(\boldsymbol{x}, \boldsymbol{y}) \in T_{\mathrm{C^2R}}, \quad (\boldsymbol{x}, \boldsymbol{y}) \neq (\boldsymbol{x}_{j_0}, \boldsymbol{y}_{j_0}),$$

使得

$$\boldsymbol{x}_{j_0} \geqq \boldsymbol{x}, \quad \boldsymbol{y}_{j_0} \leqq \boldsymbol{y},$$

当且仅当不存在

$$(\boldsymbol{x}, \boldsymbol{y}) \in T_{\mathrm{C^2R}}, \quad (\boldsymbol{x}, \boldsymbol{y}) \neq (\boldsymbol{x}_{j_0}, \boldsymbol{y}_{j_0}),$$

使得

$$(\boldsymbol{x}_{j_0}, \boldsymbol{y}_{j_0}) \ll_2 (\boldsymbol{x}, \boldsymbol{y}),$$

当且仅当 $(\boldsymbol{x}_{j_0}, \boldsymbol{y}_{j_0})$ 是 $(T_{\mathrm{C^2R}}, \ll_2)$ 的极大元. 证毕.

定理 7.2、定理 7.3 表明 $\mathrm{C^2R}$ 模型描述的 DEA 有效单元和弱有效单元本质上都是某个偏序集的极大元. 因此, DEA 有效和弱有效可以解释为: 从以往的经验数据看, 决策单元的投入产出指标数据的偏好性达到了极大.

尽管 DEA 有效及弱有效都表示决策单元的生产活动在生产可能集上达到了极大, 但它们对偏好要求的严格程度却不同.

7.1.2 $\mathrm{BC^2}$ 模型刻画的 DEA 有效性的特征

刻画技术有效性的 $\mathrm{BC^2}$ 模型可以描述如下[8]:

$$(\mathrm{P_{BC^2}})\left\{\begin{array}{ll}\max & (\boldsymbol{\mu}^{\mathrm{T}} \boldsymbol{y}_{j_0} + \boldsymbol{\mu}_0) = V_{\mathrm{P}}, \\ \text{s.t.} & \boldsymbol{\omega}^{\mathrm{T}} \boldsymbol{x}_j - \boldsymbol{\mu}^{\mathrm{T}} \boldsymbol{y}_j - \mu_0 \geqq 0, \quad j = 1, 2, \cdots, n, \\ & \boldsymbol{\omega}^{\mathrm{T}} \boldsymbol{x}_{j_0} = 1, \\ & \boldsymbol{\omega} \geqq \mathbf{0}, \quad \boldsymbol{\mu} \geqq \mathbf{0}.\end{array}\right.$$

定义 7.3[8] (1) 若线性规划 ($\mathrm{P_{BC^2}}$) 的最优解 $\boldsymbol{\omega}^0, \boldsymbol{\mu}^0, \mu_0^0$ 满足

$$V_{\mathrm{P}} = \boldsymbol{\mu}^{0\mathrm{T}} \boldsymbol{y}_{j_0} + \mu_0^0 = 1,$$

则称决策单元 j_0 为弱 DEA 有效 ($\mathrm{BC^2}$).

(2) 若线性规划 ($\mathrm{P_{BC^2}}$) 的最优解中存在 $\boldsymbol{\omega}^0 > \mathbf{0}, \boldsymbol{\mu}^0 > \mathbf{0}$, 满足

$$V_{\mathrm{P}} = \boldsymbol{\mu}^{0\mathrm{T}} \boldsymbol{y}_{j_0} + \mu_0^0 = 1,$$

则称决策单元 j_0 为 DEA 有效 (BC^2).

定理 7.4[8]　决策单元 j_0 为弱 DEA 有效 (BC^2) 当且仅当规划 ($\mathrm{D_{BC^2}}$) 的最优值为 1.

$$(\mathrm{D_{BC^2}})\begin{cases} \min & \theta = V_{\mathrm{D}}, \\ \text{s.t.} & \displaystyle\sum_{j=1}^{n} \boldsymbol{x}_j \lambda_j \leqq \theta \boldsymbol{x}_{j_0}, \\ & \displaystyle\sum_{j=1}^{n} \boldsymbol{y}_j \lambda_j \geqq \boldsymbol{y}_{j_0}, \\ & \displaystyle\sum_{j=1}^{n} \lambda_j = 1, \\ & \lambda_j \geqq 0, \quad j = 1, \cdots, n. \end{cases}$$

考虑多目标规划

$$(\mathrm{VP_1})\begin{cases} V - \min(x_1, x_2, \cdots, x_m, -y_1, -y_2, \cdots, -y_s), \\ \text{s.t.} \quad (\boldsymbol{x}, \boldsymbol{y}) \in T_{\mathrm{BC^2}}, \end{cases}$$

其中生产可能集

$$T_{\mathrm{BC^2}} = \left\{ (\boldsymbol{x}, \boldsymbol{y}) \left| \sum_{j=1}^{n} \boldsymbol{x}_j \lambda_j \leqq \boldsymbol{x}, \sum_{j=1}^{n} \boldsymbol{y}_j \lambda_j \geqq \boldsymbol{y}, \sum_{j=1}^{n} \lambda_j = 1, \lambda_j \geqq 0, j = 1, \cdots, n \right. \right\}.$$

对于弱 DEA 有效 (BC^2), 没有类似定理 7.1 的结论, 即从多目标规划的角度还不能刻画弱 DEA 有效 (BC^2) 单元的特征, 但从偏序集的角度却可以做到, 这可由以下的定理 7.5 的结论得到体现.

定义 $T_{\mathrm{BC^2}}$ 上的二元关系 $\ll_3$ 为

$$(\boldsymbol{x}, \boldsymbol{y}) \ll_3 (\bar{\boldsymbol{x}}, \bar{\boldsymbol{y}})$$

当且仅当

$$\boldsymbol{x} > \bar{\boldsymbol{x}}, \boldsymbol{y} \leqq \bar{\boldsymbol{y}} \text{ 或 } (\boldsymbol{x}, \boldsymbol{y}) = (\bar{\boldsymbol{x}}, \bar{\boldsymbol{y}}).$$

定理 7.5　决策单元 j_0 为弱 DEA 有效 (BC^2) 当且仅当 $(\boldsymbol{x}_{j_0}, \boldsymbol{y}_{j_0})$ 是 $(T_{\mathrm{BC^2}}, \ll_3)$ 的极大元.

证明　(1) 自反性: 显然对任意 $(\boldsymbol{x}, \boldsymbol{y}) \in T_{\mathrm{BC^2}}$, 有

$$(\boldsymbol{x}, \boldsymbol{y}) \ll_3 (\boldsymbol{x}, \boldsymbol{y}).$$

(2) 反对称性: 假设

$$(\boldsymbol{x},\boldsymbol{y}),\quad (\bar{\boldsymbol{x}},\bar{\boldsymbol{y}})\in T_{\mathrm{BC}^2},$$

$$(\boldsymbol{x},\boldsymbol{y})\ll_3(\bar{\boldsymbol{x}},\bar{\boldsymbol{y}}),\quad (\bar{\boldsymbol{x}},\bar{\boldsymbol{y}})\ll_3(\boldsymbol{x},\boldsymbol{y}),$$

必有

$$(\boldsymbol{x},\boldsymbol{y})=(\bar{\boldsymbol{x}},\bar{\boldsymbol{y}}).$$

这是因为, 如果

$$(\boldsymbol{x},\boldsymbol{y})\neq(\bar{\boldsymbol{x}},\bar{\boldsymbol{y}}),$$

那么, 由 $\ll_3$ 的定义知

$$\bar{\boldsymbol{x}}<\boldsymbol{x}<\bar{\boldsymbol{x}},$$

矛盾!

(3) 传递性: 若

$$(\boldsymbol{x},\boldsymbol{y}),\quad (\bar{\boldsymbol{x}},\bar{\boldsymbol{y}}),\quad (\tilde{\boldsymbol{x}},\tilde{\boldsymbol{y}})\in T_{\mathrm{BC}^2},$$

并且

$$(\boldsymbol{x},\boldsymbol{y})\ll_3(\bar{\boldsymbol{x}},\bar{\boldsymbol{y}}),\quad (\bar{\boldsymbol{x}},\bar{\boldsymbol{y}})\ll_3(\tilde{\boldsymbol{x}},\tilde{\boldsymbol{y}}),$$

则由 $\ll_3$ 的定义易证

$$(\boldsymbol{x},\boldsymbol{y})\ll_3(\tilde{\boldsymbol{x}},\tilde{\boldsymbol{y}}).$$

由上述证明可知, $(T_{\mathrm{BC}^2},\ll_3)$ 是一个偏序集.

若 $(\boldsymbol{x}_{j_0},\boldsymbol{y}_{j_0})$ 不是 $(T_{\mathrm{BC}^2},\ll_3)$ 的极大元, 则存在 $(\boldsymbol{x},\boldsymbol{y})\in T_{\mathrm{BC}^2}$, 使得

$$(\boldsymbol{x},\boldsymbol{y})\neq(\boldsymbol{x}_{j_0},\boldsymbol{y}_{j_0})\text{ 且 }(\boldsymbol{x}_{j_0},\boldsymbol{y}_{j_0})\ll_3(\boldsymbol{x},\boldsymbol{y}),$$

即

$$\boldsymbol{x}_{j_0}>\boldsymbol{x},\quad \boldsymbol{y}_{j_0}\leqq\boldsymbol{y}.$$

由于 $(\boldsymbol{x},\boldsymbol{y})\in T_{\mathrm{BC}^2}$, 故存在 $\bar{\boldsymbol{\lambda}}\geqq\mathbf{0}$, 使得

$$\boldsymbol{x}\geqq\sum_{j=1}^{n}\boldsymbol{x}_j\bar{\lambda}_j,\quad \boldsymbol{y}\leqq\sum_{j=1}^{n}\boldsymbol{y}_j\bar{\lambda}_j,\quad \sum_{j=1}^{n}\bar{\lambda}_j=1,$$

因此,

$$\boldsymbol{x}_{j_0}>\sum_{j=1}^{n}\boldsymbol{x}_j\bar{\lambda}_j,\quad \boldsymbol{y}_{j_0}\leqq\sum_{j=1}^{n}\boldsymbol{y}_j\bar{\lambda}_j.$$

由于 $\boldsymbol{x}_{j_0} > \mathbf{0}$, 令

$$\bar{\theta} = \max\left\{\sum_{j=1}^{n}(x_{ij}\bar{\lambda}_j/x_{ij_0})\middle| i=1,\cdots,m\right\}.$$

显然 $\bar{\theta} <1$, 并且可以验证 $\bar{\theta}, \bar{\boldsymbol{\lambda}}$ 是 $(\mathrm{D}_{\mathrm{BC}^2})$ 的一个可行解. 因此, 规划 $(\mathrm{D}_{\mathrm{BC}^2})$ 的最优值小于 1, 由定理 7.4 知决策单元 j_0 不为弱 DEA 有效 (BC^2).

反之, 若决策单元 j_0 不为弱 DEA 有效 (BC^2), 则由定理 7.4 知规划 $(\mathrm{D}_{\mathrm{BC}^2})$ 的最优值小于 1. 因此, 存在 $\tilde{\boldsymbol{\lambda}} \geqq \mathbf{0}$, 使得

$$\theta\boldsymbol{x}_{j_0} \geqq \sum_{j=1}^{n}\boldsymbol{x}_j\tilde{\lambda}_j, \quad \boldsymbol{y}_{j_0} \leqq \sum_{j=1}^{n}\boldsymbol{y}_j\tilde{\lambda}_j, \quad \sum_{j=1}^{n}\tilde{\lambda}_j = 1,$$

由于 $\boldsymbol{x}_{j_0} > \mathbf{0}$, 可知

$$\boldsymbol{x}_{j_0} > \sum_{j=1}^{n}\boldsymbol{x}_j\tilde{\lambda}_j, \quad \boldsymbol{y}_{j_0} \leqq \sum_{j=1}^{n}\boldsymbol{y}_j\tilde{\lambda}_j.$$

因为

$$\left(\sum_{j=1}^{n}\boldsymbol{x}_j\tilde{\lambda}_j, \sum_{j=1}^{n}\boldsymbol{y}_j\tilde{\lambda}_j\right) \in T_{\mathrm{BC}^2},$$

$$\left(\sum_{j=1}^{n}\boldsymbol{x}_j\tilde{\lambda}_j, \sum_{j=1}^{n}\boldsymbol{y}_j\tilde{\lambda}_j\right) \neq (\boldsymbol{x}_{j_0}, \boldsymbol{y}_{j_0}),$$

$$(\boldsymbol{x}_{j_0}, \boldsymbol{y}_{j_0}) \ll_3 \left(\sum_{j=1}^{n}\boldsymbol{x}_j\tilde{\lambda}_j, \sum_{j=1}^{n}\boldsymbol{y}_j\tilde{\lambda}_j\right),$$

所以, $(\boldsymbol{x}_{j_0}, \boldsymbol{y}_{j_0})$ 不是 $(T_{\mathrm{BC}^2},\ll_3)$ 的极大元. 证毕.

定理 7.6[8] 决策单元 j_0 为 DEA 有效 (BC^2) 当且仅当 $(\boldsymbol{x}_{j_0}, \boldsymbol{y}_{j_0})$ 为多目标规划 (VP_1) 的 Pareto 有效解.

定义 T_{BC^2} 上的二元关系 $\ll_4$ 为

$$(\boldsymbol{x}, \boldsymbol{y}) \ll_4 (\hat{\boldsymbol{x}}, \hat{\boldsymbol{y}})$$

当且仅当

$$\boldsymbol{x} \geqq \hat{\boldsymbol{x}}, \quad \boldsymbol{y} \leqq \hat{\boldsymbol{y}}.$$

其中 $\leqq$ 即为通常的小于等于关系.

定理 7.7 决策单元 j_0 为 DEA 有效 (BC^2) 当且仅当 $(\boldsymbol{x}_{j_0}, \boldsymbol{y}_{j_0})$ 是 $(T_{\mathrm{BC}^2}, \ll_4)$ 的极大元.

证明 由定理 7.6 知, 决策单元 j_0 不为 DEA 有效当且仅当 $(\boldsymbol{x}_{j_0},\boldsymbol{y}_{j_0})$ 不为多目标规划 (VP_1) 的 Pareto 有效解. 当且仅当存在

$$(\boldsymbol{x},\boldsymbol{y})\in T_{\mathrm{BC}^2},\quad (\boldsymbol{x},\boldsymbol{y})\neq(\boldsymbol{x}_{j_0},\boldsymbol{y}_{j_0}),$$

使得

$$\boldsymbol{x}_{j_0}\geqq\boldsymbol{x},\quad \boldsymbol{y}_{j_0}\leqq\boldsymbol{y},$$

当且仅当存在

$$(\boldsymbol{x},\boldsymbol{y})\in T_{\mathrm{BC}^2},\quad (\boldsymbol{x},\boldsymbol{y})\neq(\boldsymbol{x}_{j_0},\boldsymbol{y}_{j_0}),$$

使得

$$(\boldsymbol{x}_{j_0},\boldsymbol{y}_{j_0})\ll_4(\boldsymbol{x},\boldsymbol{y}).$$

当且仅当 $(\boldsymbol{x}_{j_0},\boldsymbol{y}_{j_0})$ 不为 $(T_{\mathrm{BC}^2},\ll_4)$ 的极大元. 证毕.

7.1.3 C²W 模型刻画的 DEA 有效性的特征

对于决策单元 $\tau_0\in C$, 相应的 $\mathrm{C^2W}$ 模型可表示如下[9]:

$$(\mathrm{P_{C^2W}})\begin{cases}\max & \boldsymbol{\mu}^{\mathrm{T}}\boldsymbol{Y}(\tau_0)=V_{\mathrm{P}},\\ \text{s.t.} & \boldsymbol{\omega}^{\mathrm{T}}\boldsymbol{X}(\tau)-\boldsymbol{\mu}^{\mathrm{T}}\boldsymbol{Y}(\tau)\geqq 0,\quad \tau\in C,\\ & \boldsymbol{\omega}^{\mathrm{T}}\boldsymbol{X}(\tau_0)=1,\\ & \boldsymbol{\omega}\geqq\boldsymbol{0},\quad \boldsymbol{\mu}\geqq\boldsymbol{0}.\end{cases}$$

定义 7.4[9] (1) 对于 $\tau_0\in C$, 若规划 $(\mathrm{P_{C^2W}})$ 的最优解 $\boldsymbol{\omega}^0,\boldsymbol{\mu}^0$, 满足

$$V_{\mathrm{P}}=\boldsymbol{\mu}^{0\mathrm{T}}\boldsymbol{Y}(\tau_0)=1,$$

则称决策单元 τ_0 为弱 DEA 有效 $(\mathrm{C^2W})$.

(2) 若规划 $(\mathrm{P_{C^2W}})$ 存在最优解 $\boldsymbol{\omega}^0,\boldsymbol{\mu}^0$, 满足

$$\boldsymbol{\omega}^0>\boldsymbol{0},\quad \boldsymbol{\mu}^0>\boldsymbol{0},$$

并且最优值

$$V_{\mathrm{P}}=\boldsymbol{\mu}^{0\mathrm{T}}\boldsymbol{Y}(\tau_0)=1,$$

则称决策单元 τ_0 为 DEA 有效 $(\mathrm{C^2W})$.

记

$$\boldsymbol{X}=(X_1,\cdots,X_m)^{\mathrm{T}},\quad \boldsymbol{Y}=(Y_1,\cdots,Y_s)^{\mathrm{T}},$$

$$\boldsymbol{\lambda}=[\lambda(\tau):\tau\in C]\in S,$$

其中 S 是广义有限序列空间, 则生产可能集

$$T_{\mathrm{C^2W}} = \left\{ (\boldsymbol{X}, \boldsymbol{Y}) \middle| \sum_{\tau \in C} \boldsymbol{X}(\tau)\lambda(\tau) \leqq \boldsymbol{X}, \sum_{\tau \in C} \boldsymbol{Y}(\tau)\lambda(\tau) \geqq \boldsymbol{Y}, \boldsymbol{\lambda} \geqq \boldsymbol{0}, \boldsymbol{\lambda} \in S \right\}.$$

对于多目标规划

$$(\mathrm{VP}_3) \begin{cases} V-\min(X_1, \cdots, X_m, -Y_1, \cdots, -Y_s), \\ \text{s.t.} \quad (\boldsymbol{X}, \boldsymbol{Y}) \in T_{\mathrm{C^2W}} \end{cases}$$

有以下结论.

定理 7.8[9] (1) 决策单元 τ_0 为弱 DEA 有效 ($\mathrm{C^2W}$) 当且仅当 $(\boldsymbol{X}(\tau_0), \boldsymbol{Y}(\tau_0))$ 为多目标规划 (VP_3) 的弱 Pareto 有效解.

(2) 决策单元 τ_0 为 DEA 有效 ($\mathrm{C^2W}$) 当且仅当 $(\boldsymbol{X}(\tau_0), \boldsymbol{Y}(\tau_0))$ 为多目标规划 (VP_3) 的 Pareto 有效解.

定义 $T_{\mathrm{C^2W}}$ 上的二元关系 $\ll_5$ 为

$$(\boldsymbol{X}, \boldsymbol{Y}) \ll_5 (\bar{\boldsymbol{X}}, \bar{\boldsymbol{Y}})$$

当且仅当

$$(-\boldsymbol{X}, \boldsymbol{Y}) < (-\bar{\boldsymbol{X}}, \bar{\boldsymbol{Y}}) \text{ 或者 } (\boldsymbol{X}, \boldsymbol{Y}) = (\bar{\boldsymbol{X}}, \bar{\boldsymbol{Y}}).$$

其中 $<$ 即为通常向量的严格小于关系, 则有以下结论.

定理 7.9 决策单元 τ_0 为弱 DEA 有效 ($\mathrm{C^2W}$) 当且仅当 $(\boldsymbol{X}(\tau_0), \boldsymbol{Y}(\tau_0))$ 是偏序集 $(T_{\mathrm{C^2W}}, \ll_5)$ 的极大元.

证明 类似定理 7.2 可证 $(T_{\mathrm{C^2W}}, \ll_5)$ 是一个偏序集. 由定理 7.8 可知决策单元 τ_0 不为弱 DEA 有效 ($\mathrm{C^2W}$) 当且仅当 $(\boldsymbol{X}(\tau_0), \boldsymbol{Y}(\tau_0))$ 不是多目标规划 (VP_3) 的弱 Pareto 有效解, 即存在 $(\boldsymbol{X}, \boldsymbol{Y}) \in T_{\mathrm{C^2W}}$, 使得

$$(\boldsymbol{X}, -\boldsymbol{Y}) < (\boldsymbol{X}(\tau_0), -\boldsymbol{Y}(\tau_0)),$$

当且仅当 $(\boldsymbol{X}(\tau_0), \boldsymbol{Y}(\tau_0))$ 不是 $(T_{\mathrm{C^2W}}, \ll_5)$ 的极大元. 证毕.

定义 $T_{\mathrm{C^2W}}$ 上的二元关系 $\ll_6$ 为

$$(\boldsymbol{X}, \boldsymbol{Y}) \ll_6 (\bar{\boldsymbol{X}}, \bar{\boldsymbol{Y}})$$

当且仅当

$$(-\boldsymbol{X}, \boldsymbol{Y}) \leqq (-\bar{\boldsymbol{X}}, \bar{\boldsymbol{Y}}),$$

其中 $\leqq$ 即为通常的小于等于关系.

定理 7.10 决策单元 τ_0 为 DEA 有效 (C^2W) 当且仅当 $(\boldsymbol{X}(\tau_0),\boldsymbol{Y}(\tau_0))$ 是偏序集 $(T_{C^2W},\ll_6)$ 的极大元.

证明 容易证明 $(T_{C^2W},\ll_6)$ 是一个偏序集. 由定理 7.8 可知决策单元 τ_0 不为 DEA 有效 (C^2W) 当且仅当 $(\boldsymbol{X}(\tau_0),\boldsymbol{Y}(\tau_0))$ 不是多目标规划 (VP_3) 的 Pareto 有效解, 即存在 $(\boldsymbol{X},\boldsymbol{Y})\in T_{C^2W}$, 使得

$$(\boldsymbol{X},-\boldsymbol{Y})\leqq(\boldsymbol{X}(\tau_0),-\boldsymbol{Y}(\tau_0)),$$
$$(\boldsymbol{X},\boldsymbol{Y})\neq(\boldsymbol{X}(\tau_0),\boldsymbol{Y}(\tau_0))$$

当且仅当 $(\boldsymbol{X}(\tau_0),\boldsymbol{Y}(\tau_0))$ 不是 $(T_{C^2W},\ll_6)$ 的极大元. 证毕.

7.1.4 C^2WH 模型刻画的 DEA 有效性的特征

假设有 n 个决策单元, 它们的输入数据和输出数据分别为 $(\boldsymbol{x}_j,\boldsymbol{y}_j), j=1,2,\cdots,n$, 对于第 j_0 个决策单元, C^2WH 模型可表示如下[10]:

$$(\mathrm{P}_{C^2WH})\left\{\begin{array}{ll}\max & \boldsymbol{\mu}^{\mathrm{T}}\boldsymbol{y}_{j_0}=V_{\mathrm{P}},\\ \text{s.t.} & \boldsymbol{\omega}^{\mathrm{T}}\boldsymbol{X}-\boldsymbol{\mu}^{\mathrm{T}}\boldsymbol{Y}\in K,\\ & \boldsymbol{\omega}^{\mathrm{T}}\boldsymbol{x}_{j_0}=1,\\ & \boldsymbol{\omega}\in V,\quad \boldsymbol{\mu}\in U.\end{array}\right.$$

这里

$\boldsymbol{X}=(\boldsymbol{x}_1,\boldsymbol{x}_2,\cdots,\boldsymbol{x}_n)$ 为 $m\times n$ 矩阵,

$\boldsymbol{Y}=(\boldsymbol{y}_1,\boldsymbol{y}_2,\cdots,\boldsymbol{y}_n)$ 为 $s\times n$ 矩阵,

$V\subset E^m_+$ 为闭凸锥, 并且 $\mathrm{Int}V\neq\varnothing$,

$U\subset E^s_+$ 为闭凸锥, 并且 $\mathrm{Int}U\neq\varnothing$,

$K\subset E^n$ 为闭凸锥, 并且 $\boldsymbol{\delta}_j=(0,\cdots,0,\underset{j}{1},0,\cdots,0)^{\mathrm{T}}\in -K^*,\quad j=1,2,\cdots,n$,

其中 K^* 为 K 的极锥, 由下式定义

$$K^*=\left\{\boldsymbol{k}\middle|\hat{\boldsymbol{k}}^{\mathrm{T}}\boldsymbol{k}\leqq 0,\forall\hat{\boldsymbol{k}}\in K\right\},$$

进而假设

$$\boldsymbol{x}_j\in\mathrm{Int}(-V^*),\quad j=1,2,\cdots,n,$$

$$\boldsymbol{y}_j\in\mathrm{Int}(-U^*),\quad j=1,2,\cdots,n,$$

则有如下定义.

定义 7.5[10] (1) 若规划 (P_{C^2WH}) 存在最优解 $\boldsymbol{\omega}^0,\boldsymbol{\mu}^0$, 满足

$$V_{\mathrm{P}}=\boldsymbol{\mu}^{0\mathrm{T}}\boldsymbol{y}_{j_0}=1,$$

则称决策单元 j_0 为弱 DEA 有效 ($\mathrm{C^2WH}$).

(2) 若规划 ($\mathrm{P_{C^2WH}}$) 存在最优解 $\boldsymbol{\omega}^0, \boldsymbol{\mu}^0$, 满足

$$\boldsymbol{\omega}^0 \in \mathrm{Int}V, \quad \boldsymbol{\mu}^0 \in \mathrm{Int}U, \quad V_{\mathrm{P}} = \boldsymbol{\mu}^{0\mathrm{T}} \boldsymbol{y}_{j_0} = 1,$$

则称决策单元 j_0 为 DEA 有效 ($\mathrm{C^2WH}$).

$\mathrm{C^2WH}$ 模型对应的生产可能集为

$$T_{\mathrm{C^2WH}} = \{(\boldsymbol{x}, \boldsymbol{y}) | (\boldsymbol{x}, \boldsymbol{y}) \in (\boldsymbol{X\lambda}, \boldsymbol{Y\lambda}) + (-V^*, U^*), \boldsymbol{\lambda} \in -K^*\}.$$

如果定理 6.17 中的 $\hat{D}(\boldsymbol{\lambda}^0, \boldsymbol{s}^{-0}, \boldsymbol{s}^{+0}, z^0)$ 为闭集, 则定义 $T_{\mathrm{C^2WH}}$ 上的二元关系 $\ll_7$ 为

$$(\boldsymbol{x}, \boldsymbol{y}) \ll_7 (\bar{\boldsymbol{x}}, \bar{\boldsymbol{y}})$$

当且仅当

$$(\bar{\boldsymbol{x}}, \bar{\boldsymbol{y}}) \in (\boldsymbol{x}, \boldsymbol{y}) + (\mathrm{Int}V^*, -\mathrm{Int}U^*) \text{ 或 } (\boldsymbol{x}, \boldsymbol{y}) = (\bar{\boldsymbol{x}}, \bar{\boldsymbol{y}}).$$

定理 7.11　(1) 如果决策单元 j_0 为弱 DEA 有效 ($\mathrm{C^2WH}$), 则 $(\boldsymbol{x}_{j_0}, \boldsymbol{y}_{j_0})$ 是 $(T_{\mathrm{C^2WH}}, \ll_7)$ 的极大元.

(2) 若 $(\boldsymbol{x}_{j_0}, \boldsymbol{y}_{j_0})$ 是 $(T_{\mathrm{C^2WH}}, \ll_7)$ 的极大元, 且 $\hat{D}(\boldsymbol{\lambda}^0, \boldsymbol{s}^{-0}, \boldsymbol{s}^{+0}, z^0)$ 为闭集, 则决策单元 j_0 为弱 DEA 有效 ($\mathrm{C^2WH}$).

证明　首先证明 $(T_{\mathrm{C^2WH}}, \ll_7)$ 是一个偏序集.

(1) 显然, 对任意 $(\boldsymbol{x}, \boldsymbol{y}) \in T_{\mathrm{C^2WH}}$, 有

$$(\boldsymbol{x}, \boldsymbol{y}) \ll_7 (\boldsymbol{x}, \boldsymbol{y}),$$

即 $\ll_7$ 具有自反性.

(2) 若

$$(\boldsymbol{x}, \boldsymbol{y}), \quad (\bar{\boldsymbol{x}}, \bar{\boldsymbol{y}}) \in T_{\mathrm{C^2WH}},$$

$$(\boldsymbol{x}, \boldsymbol{y}) \ll_7 (\bar{\boldsymbol{x}}, \bar{\boldsymbol{y}}), \quad (\bar{\boldsymbol{x}}, \bar{\boldsymbol{y}}) \ll_7 (\boldsymbol{x}, \boldsymbol{y}).$$

假设

$$(\boldsymbol{x}, \boldsymbol{y}) \neq (\bar{\boldsymbol{x}}, \bar{\boldsymbol{y}}),$$

那么, 由 $\ll_7$ 的定义知

$$(\bar{\boldsymbol{x}}, \bar{\boldsymbol{y}}) \in (\boldsymbol{x}, \boldsymbol{y}) + (\mathrm{Int}V^*, -\mathrm{Int}U^*),$$

$$(\boldsymbol{x}, \boldsymbol{y}) \in (\bar{\boldsymbol{x}}, \bar{\boldsymbol{y}}) + (\mathrm{Int}V^*, -\mathrm{Int}U^*).$$

易证

$$(\bar{\boldsymbol{x}}-\boldsymbol{x},\bar{\boldsymbol{y}}-\boldsymbol{y})\in(\mathrm{Int}V^*,-\mathrm{Int}U^*).$$

$$(\bar{\boldsymbol{x}}-\boldsymbol{x},\bar{\boldsymbol{y}}-\boldsymbol{y})\in(-\mathrm{Int}V^*,\mathrm{Int}U^*).$$

由于

$$\mathrm{Int}V^*\subseteq V^*,\quad \mathrm{Int}U^*\subseteq U^*,$$

故

$$(\bar{\boldsymbol{x}}-\boldsymbol{x})\in(\mathrm{Int}V^*)\cap(-\mathrm{Int}V^*)\subseteq V^*\cap(-V^*),$$

$$(\bar{\boldsymbol{y}}-\boldsymbol{y})\in(\mathrm{Int}U^*)\cap(-\mathrm{Int}U^*)\subseteq U^*\cap(-U^*).$$

由引理 6.2 知

$$\boldsymbol{x}=\bar{\boldsymbol{x}},\quad \boldsymbol{y}=\bar{\boldsymbol{y}}.$$

矛盾! 因此,

$$(\boldsymbol{x},\boldsymbol{y})=(\bar{\boldsymbol{x}},\bar{\boldsymbol{y}}),$$

即 $\ll_7$ 具有反对称性.

(3) 若

$$(\boldsymbol{x},\boldsymbol{y}),\quad(\bar{\boldsymbol{x}},\bar{\boldsymbol{y}}),\quad(\tilde{\boldsymbol{x}},\tilde{\boldsymbol{y}})\in T_{\mathrm{C^2WH}},$$

并且

$$(\boldsymbol{x},\boldsymbol{y})\ll_7(\bar{\boldsymbol{x}},\bar{\boldsymbol{y}}),\quad(\bar{\boldsymbol{x}},\bar{\boldsymbol{y}})\ll_7(\tilde{\boldsymbol{x}},\tilde{\boldsymbol{y}}),$$

则由 $\ll_7$ 的定义可知, 若

$$(\boldsymbol{x},\boldsymbol{y})=(\bar{\boldsymbol{x}},\bar{\boldsymbol{y}})\ \text{或}\ (\bar{\boldsymbol{x}},\bar{\boldsymbol{y}})=(\tilde{\boldsymbol{x}},\tilde{\boldsymbol{y}}),$$

则显然

$$(\boldsymbol{x},\boldsymbol{y})\ll_7(\tilde{\boldsymbol{x}},\tilde{\boldsymbol{y}}).$$

否则, 必有

$$(\bar{\boldsymbol{x}},\bar{\boldsymbol{y}})\in(\boldsymbol{x},\boldsymbol{y})+(\mathrm{Int}V^*,-\mathrm{Int}U^*),$$

$$(\tilde{\boldsymbol{x}},\tilde{\boldsymbol{y}})\in(\bar{\boldsymbol{x}},\bar{\boldsymbol{y}})+(\mathrm{Int}V^*,-\mathrm{Int}U^*).$$

由于 $V\subset E^m_+$, 因此, 对任意

$$\boldsymbol{x}\in E^m_-=\{\boldsymbol{w}|\boldsymbol{w}\in E^m,\boldsymbol{w}\leqq\boldsymbol{0}\},$$

显然有 $\boldsymbol{x}\in V^*$, 故得

$$E^m_-\subseteq V^*.$$

由此可知

$$\text{Int}V^* \neq \varnothing,$$

由引理 6.2 的 (1) 和 (2) 可知

$$\text{Int}V^* = \left\{\boldsymbol{v}\middle|\boldsymbol{v}^{\mathrm{T}}\hat{\boldsymbol{v}} < 0, \forall \hat{\boldsymbol{v}} \in V, \hat{\boldsymbol{v}} \neq \boldsymbol{0}\right\}.$$

因此, 对于任意 $\bar{\boldsymbol{v}} \in V$, $\bar{\boldsymbol{v}} \neq \boldsymbol{0}$, 必有

$$(\tilde{\boldsymbol{x}} - \boldsymbol{x})^{\mathrm{T}}\bar{\boldsymbol{v}} = (\tilde{\boldsymbol{x}} - \bar{\boldsymbol{x}})^{\mathrm{T}}\bar{\boldsymbol{v}} + (\bar{\boldsymbol{x}} - \boldsymbol{x})^{\mathrm{T}}\bar{\boldsymbol{v}} < 0,$$

故

$$(\tilde{\boldsymbol{x}} - \boldsymbol{x}) \in \text{Int}V^*.$$

同理可得

$$(\boldsymbol{y} - \tilde{\boldsymbol{y}}) \in \text{Int}U^*.$$

由此可知

$$(\tilde{\boldsymbol{x}}, \tilde{\boldsymbol{y}}) \in (\boldsymbol{x}, \boldsymbol{y}) + (\text{Int}V^*, -\text{Int}U^*),$$

即

$$(\boldsymbol{x}, \boldsymbol{y}) \ll_7 (\tilde{\boldsymbol{x}}, \tilde{\boldsymbol{y}}).$$

因此, $\ll_7$ 具有传递性.

由上述证明可知 $(T_{\mathrm{C^2WH}}, \ll_7)$ 构成了一个偏序集.

由定理 6.16 知决策单元 j_0 为弱 DEA 有效 (C^{2}WH), 则 $(\boldsymbol{x}_{j_0}, \boldsymbol{y}_{j_0})$ 是多目标规划问题 (VP) 相对于锥 $(\text{Int}V^*) \times (\text{Int}U^*)$ 的非支配解, 即不存在 $(\boldsymbol{x}, \boldsymbol{y}) \in T_{\mathrm{C^2WH}}$, 使得

$$(\boldsymbol{x}, -\boldsymbol{y}) \in (\boldsymbol{x}_{j_0}, -\boldsymbol{y}_{j_0}) + (\text{Int}V^*, \text{Int}U^*).$$

因此, 不存在 $(\boldsymbol{x}, \boldsymbol{y}) \in T_{\mathrm{C^2WH}}$, 使得

$$(\boldsymbol{x}, \boldsymbol{y}) \in (\boldsymbol{x}_{j_0}, \boldsymbol{y}_{j_0}) + (\text{Int}V^*, -\text{Int}U^*),$$

即不存在 $(\boldsymbol{x}, \boldsymbol{y}) \in T_{\mathrm{C^2WH}}$, 使得

$$(\boldsymbol{x}, \boldsymbol{y}) \neq (\boldsymbol{x}_{j_0}, \boldsymbol{y}_{j_0}) \text{ 且 } (\boldsymbol{x}_{j_0}, \boldsymbol{y}_{j_0}) \ll_7 (\boldsymbol{x}, \boldsymbol{y}),$$

故 $(\boldsymbol{x}_{j_0}, \boldsymbol{y}_{j_0})$ 是 $(T_{\mathrm{C^2WH}}, \ll_7)$ 的极大元.

反之, 若 $(\boldsymbol{x}_{j_0}, \boldsymbol{y}_{j_0})$ 是 $(T_{\mathrm{C^2WH}}, \ll_7)$ 的极大元, 则不存在 $(\boldsymbol{x}, \boldsymbol{y}) \in T_{\mathrm{C^2WH}}$, 使得

$$(\boldsymbol{x}, \boldsymbol{y}) \neq (\boldsymbol{x}_{j_0}, \boldsymbol{y}_{j_0}) \text{ 且 } (\boldsymbol{x}_{j_0}, \boldsymbol{y}_{j_0}) \ll_7 (\boldsymbol{x}, \boldsymbol{y}),$$

因此, 不存在 $(\boldsymbol{x},\boldsymbol{y})\in T_{\mathrm{C^2WH}}$, 使得

$$(\boldsymbol{x},\boldsymbol{y})\in(\boldsymbol{x}_{j_0},\boldsymbol{y}_{j_0})+(\mathrm{Int}V^*,-\mathrm{Int}U^*),$$

由定理 6.17 知决策单元 j_0 为弱 DEA 有效 ($\mathrm{C^2WH}$). 证毕.

如果定理 6.15 中的 $\bar{D}(\boldsymbol{\lambda}^0,\boldsymbol{s}^{-0},\boldsymbol{s}^{+0})$ 为闭集, 则定义 $T_{\mathrm{C^2WH}}$ 上的二元关系 $\ll_8$ 为

$$(\boldsymbol{x},\boldsymbol{y})\ll_8(\bar{\boldsymbol{x}},\bar{\boldsymbol{y}})$$

当且仅当

$$(\bar{\boldsymbol{x}},\bar{\boldsymbol{y}})\in(\boldsymbol{x},\boldsymbol{y})+(V^*,-U^*).$$

定理 7.12　(1) 如果决策单元 j_0 为 DEA 有效 ($\mathrm{C^2WH}$), 则 $(\boldsymbol{x}_{j_0},\boldsymbol{y}_{j_0})$ 是 $(T_{\mathrm{C^2WH}},\ll_8)$ 的极大元.

(2) 若 $(\boldsymbol{x}_{j_0},\boldsymbol{y}_{j_0})$ 是 $(T_{\mathrm{C^2WH}},\ll_8)$ 的极大元, 且 $\bar{D}(\boldsymbol{\lambda}^0,\boldsymbol{s}^{-0},\boldsymbol{s}^{+0})$ 为闭集, 则决策单元 j_0 为 DEA 有效 ($\mathrm{C^2WH}$).

证明　首先证明 $(T_{\mathrm{C^2WH}},\ll_8)$ 是一个偏序集.

(1) 容易验证

$$(\boldsymbol{0},\boldsymbol{0})\in(V^*,-U^*),$$

因此, 对任意 $(\boldsymbol{x},\boldsymbol{y})\in T_{\mathrm{C^2WH}}$, 有

$$(\boldsymbol{x},\boldsymbol{y})\in(\boldsymbol{x},\boldsymbol{y})+(V^*,-U^*).$$

因此,

$$(\boldsymbol{x},\boldsymbol{y})\ll_8(\boldsymbol{x},\boldsymbol{y}),$$

即 $\ll_8$ 具有自反性.

(2) 若

$$(\boldsymbol{x},\boldsymbol{y})\ll_8(\bar{\boldsymbol{x}},\bar{\boldsymbol{y}}),\quad(\bar{\boldsymbol{x}},\bar{\boldsymbol{y}})\ll_8(\boldsymbol{x},\boldsymbol{y}),$$

则

$$(\bar{\boldsymbol{x}},\bar{\boldsymbol{y}})\in(\boldsymbol{x},\boldsymbol{y})+(V^*,-U^*),$$

$$(\boldsymbol{x},\boldsymbol{y})\in(\bar{\boldsymbol{x}},\bar{\boldsymbol{y}})+(V^*,-U^*).$$

易证

$$((\boldsymbol{x}-\bar{\boldsymbol{x}}),(\boldsymbol{y}-\bar{\boldsymbol{y}}))\in(-V^*,U^*),$$

$$((\boldsymbol{x}-\bar{\boldsymbol{x}}),(\boldsymbol{y}-\bar{\boldsymbol{y}}))\in(V^*,-U^*),$$

故

$$\boldsymbol{x}-\bar{\boldsymbol{x}}\in V^*\cap(-V^*),$$

$$\boldsymbol{y}-\bar{\boldsymbol{y}}\in U^*\cap(-U^*).$$

由引理 6.2 知

$$\boldsymbol{x}=\bar{\boldsymbol{x}},\quad \boldsymbol{y}=\bar{\boldsymbol{y}},$$

即 $\ll_8$ 具有反对称性.

(3) 若

$$(\boldsymbol{x},\boldsymbol{y})\ll_8(\bar{\boldsymbol{x}},\bar{\boldsymbol{y}}),\quad (\bar{\boldsymbol{x}},\bar{\boldsymbol{y}})\ll_8(\tilde{\boldsymbol{x}},\tilde{\boldsymbol{y}}),$$

则

$$(\bar{\boldsymbol{x}},\bar{\boldsymbol{y}})\in(\boldsymbol{x},\boldsymbol{y})+(V^*,-U^*),$$

$$(\tilde{\boldsymbol{x}},\tilde{\boldsymbol{y}})\in(\bar{\boldsymbol{x}},\bar{\boldsymbol{y}})+(V^*,-U^*).$$

因此, 对于任意 $\hat{\boldsymbol{v}}\in V$, 有

$$\hat{\boldsymbol{v}}^{\mathrm{T}}(\tilde{\boldsymbol{x}}-\boldsymbol{x})=\hat{\boldsymbol{v}}^{\mathrm{T}}(\tilde{\boldsymbol{x}}-\bar{\boldsymbol{x}})+\hat{\boldsymbol{v}}^{\mathrm{T}}(\bar{\boldsymbol{x}}-\boldsymbol{x})\leqq 0,$$

故

$$\tilde{\boldsymbol{x}}-\boldsymbol{x}\in V^*.$$

同理可得

$$\boldsymbol{y}-\tilde{\boldsymbol{y}}\in U^*.$$

由此可知

$$(\tilde{\boldsymbol{x}},\tilde{\boldsymbol{y}})\in(\boldsymbol{x},\boldsymbol{y})+(V^*,-U^*),$$

即

$$(\boldsymbol{x},\boldsymbol{y})\ll_8(\tilde{\boldsymbol{x}},\tilde{\boldsymbol{y}}).$$

因此, $\ll_8$ 具有传递性.

由上述证明可知 $(T_{\mathrm{C^2WH}},\ll_8)$ 构成了一个偏序集.

由定理 6.14 可知决策单元 j_0 为 DEA 有效 ($\mathrm{C^2WH}$) 当且仅当 $(\boldsymbol{x}_{j_0},\boldsymbol{y}_{j_0})$ 是 (VP) 的相对于锥 $V^*\times U^*$ 的非支配解, 即不存在 $(\boldsymbol{x},\boldsymbol{y})\in T_{\mathrm{C^2WH}}$, 使得

$$(\boldsymbol{x}_{j_0},\boldsymbol{y}_{j_0})\neq(\boldsymbol{x},\boldsymbol{y}),\quad (\boldsymbol{x},-\boldsymbol{y})\in(\boldsymbol{x}_{j_0},-\boldsymbol{y}_{j_0})+(V^*,U^*).$$

因此, 不存在 $(\boldsymbol{x},\boldsymbol{y})\in T_{\mathrm{C^2WH}}$, 使得

$$(\boldsymbol{x},\boldsymbol{y})\in(\boldsymbol{x}_{j_0},\boldsymbol{y}_{j_0})+(V^*,-U^*),$$

即不存在 $(\boldsymbol{x},\boldsymbol{y})\in T_{\mathrm{C^2WH}}$, 使得

$$(\boldsymbol{x}_{j_0},\boldsymbol{y}_{j_0})\ll_8(\boldsymbol{x},\boldsymbol{y}),\quad(\boldsymbol{x}_{j_0},\boldsymbol{y}_{j_0})\neq(\boldsymbol{x},\boldsymbol{y}),$$

故 $(\boldsymbol{x}_{j_0},\boldsymbol{y}_{j_0})$ 是 $(T_{\mathrm{C^2WH}},\ll_8)$ 的极大元.

反之, 显然成立. 证毕.

7.1.5 C²WY 模型刻画的 DEA 有效性的特征

假设决策单元的特征可由 m 种输入和 s 种输出指标表示, 对某个决策单元 $\tau\in C$, 它的输入指标值为

$$\boldsymbol{X}(\tau)=(X_1(\tau),X_2(\tau),\cdots,X_m(\tau))^{\mathrm{T}},$$

输出指标值为

$$\boldsymbol{Y}(\tau)=(Y_1(\tau),Y_2(\tau),\cdots,Y_s(\tau))^{\mathrm{T}},$$

其中 C 为决策单元的集合, 是一个有界闭集, 则 C²WY 模型[11] 可以表示如下:

$$(\mathrm{C^2WY})\begin{cases}\max\ (\boldsymbol{\mu}^{\mathrm{T}}\boldsymbol{Y}(\tau_0)+\delta\mu_0)=V(d),\\ \text{s.t.}\quad \boldsymbol{\omega}^{\mathrm{T}}\boldsymbol{X}(\tau)-\boldsymbol{\mu}^{\mathrm{T}}\boldsymbol{Y}(\tau)-\delta\mu_0\geqq 0,\quad \tau\in C,\\ \qquad \boldsymbol{\omega}^{\mathrm{T}}\boldsymbol{X}(\tau_0)=1,\\ \qquad \boldsymbol{\omega}\in V,\quad \boldsymbol{\mu}\in U.\end{cases}$$

其中 $V\subseteq E_+^m$, $U\subseteq E_+^s$ 均为闭凸锥, 并且

$$\mathrm{Int}V\neq\varnothing,\quad \mathrm{Int}U\neq\varnothing,$$

$(\boldsymbol{X}(\tau),\boldsymbol{Y}(\tau)),\quad \tau\in C$ 为连续的向量函数.

$$\boldsymbol{X}(\tau)\in\mathrm{Int}(-V^*),\quad \boldsymbol{Y}(\tau)\in\mathrm{Int}(-U^*),$$

V^*, U^* 分别为 V, U 的负极锥,

$$V^*=\{\boldsymbol{x}|\boldsymbol{x}^{\mathrm{T}}\boldsymbol{v}\leqq 0,\forall\boldsymbol{v}\in V\},$$

$$U^*=\{\boldsymbol{x}|\boldsymbol{x}^{\mathrm{T}}\boldsymbol{u}\leqq 0,\forall\boldsymbol{u}\in U\}.$$

由决策单元确定的生产可能集 $T_{\mathrm{C^2WY}}$ 可表示如下:

$$T_{\mathrm{C^2WY}}=\left\{(\boldsymbol{X},\boldsymbol{Y})\left|\sum_{\tau\in C}\boldsymbol{X}(\tau)\lambda(\tau)-\boldsymbol{X}\in V^*,\boldsymbol{Y}-\sum_{\tau\in C}\boldsymbol{Y}(\tau)\lambda(\tau)\in U^*\right.,\right.$$
$$\left.\delta\sum_{\tau\in C}\lambda(\tau)=\delta\ ,\lambda(\tau)\geqq 0,\forall\tau\in C\right\},$$

其中

$$\lambda(\tau) \in E^1, \quad \boldsymbol{\lambda} = [\lambda(\tau) : \tau \in C] \in S,$$

S 为广义有限序列空间, 其中向量 $\boldsymbol{\lambda}$ 只有有限多个不为零的分量. 并且 δ 是取值为 0, 1 的参数.

根据文献 [12] 可给出如下定义.

定义 7.6　如果不存在 $(\boldsymbol{X}, \boldsymbol{Y}) \in T_{\mathrm{C^2WY}}$, 使得

$$(\boldsymbol{X}(\tau_0), \boldsymbol{Y}(\tau_0)) \neq (\boldsymbol{X}, \boldsymbol{Y}), \quad (\boldsymbol{X}, -\boldsymbol{Y}) \in (\boldsymbol{X}(\tau_0), -\boldsymbol{Y}(\tau_0)) + (V^*, U^*),$$

则称 $(\boldsymbol{X}(\tau_0), \boldsymbol{Y}(\tau_0))$ 为 DEA 有效 ($\mathrm{C^2WY}$). 反之, 称为 DEA 无效.

定义 $T_{\mathrm{C^2WY}}$ 上的二元关系 $\ll_9$ 为

$$(\boldsymbol{x}, \boldsymbol{y}) \ll_9 (\bar{\boldsymbol{x}}, \bar{\boldsymbol{y}})$$

当且仅当

$$(\bar{\boldsymbol{x}}, \bar{\boldsymbol{y}}) \in (\boldsymbol{x}, \boldsymbol{y}) + (V^*, -U^*),$$

则有以下结论成立.

定理 7.13　决策单元 τ_0 为 DEA 有效 ($\mathrm{C^2WY}$) 当且仅当 $(\boldsymbol{X}(\tau_0), \boldsymbol{Y}(\tau_0))$ 为 $(T_{\mathrm{C^2WY}}, \ll_9)$ 的极大元.

证明　首先证明 $(T_{\mathrm{C^2WY}}, \ll_9)$ 是一个偏序集.

(1) 易验证

$$(\boldsymbol{0}, \boldsymbol{0}) \in (V^*, -U^*),$$

因此, 对任意 $(\boldsymbol{x}, \boldsymbol{y}) \in T_{\mathrm{C^2WY}}$, 有

$$(\boldsymbol{x}, \boldsymbol{y}) \in (\boldsymbol{x}, \boldsymbol{y}) + (V^*, -U^*),$$

因此

$$(\boldsymbol{x}, \boldsymbol{y}) \ll_9 (\boldsymbol{x}, \boldsymbol{y}),$$

即 $\ll_9$ 具有自反性.

(2) 若

$$(\boldsymbol{x}, \boldsymbol{y}) \ll_9 (\bar{\boldsymbol{x}}, \bar{\boldsymbol{y}}), \quad (\bar{\boldsymbol{x}}, \bar{\boldsymbol{y}}) \ll_9 (\boldsymbol{x}, \boldsymbol{y}),$$

则

$$(\bar{\boldsymbol{x}}, \bar{\boldsymbol{y}}) \in (\boldsymbol{x}, \boldsymbol{y}) + (V^*, -U^*),$$

$$(\boldsymbol{x}, \boldsymbol{y}) \in (\bar{\boldsymbol{x}}, \bar{\boldsymbol{y}}) + (V^*, -U^*).$$

易证

$$((\boldsymbol{x}-\bar{\boldsymbol{x}}),(\boldsymbol{y}-\bar{\boldsymbol{y}}))\in(-V^*,U^*),$$

$$((\boldsymbol{x}-\bar{\boldsymbol{x}}),(\boldsymbol{y}-\bar{\boldsymbol{y}}))\in(V^*,-U^*),$$

故

$$(\boldsymbol{x}-\bar{\boldsymbol{x}})\in V^*\cap(-V^*),$$

$$(\boldsymbol{y}-\bar{\boldsymbol{y}})\in U^*\cap(-U^*).$$

由引理 6.2 知

$$\boldsymbol{x}=\bar{\boldsymbol{x}},\quad \boldsymbol{y}=\bar{\boldsymbol{y}},$$

即 $\ll_9$ 具有反对称性.

(3) 若

$$(\boldsymbol{x},\boldsymbol{y})\ll_9(\bar{\boldsymbol{x}},\bar{\boldsymbol{y}}),\quad (\bar{\boldsymbol{x}},\bar{\boldsymbol{y}})\ll_9(\tilde{\boldsymbol{x}},\tilde{\boldsymbol{y}}),$$

则

$$(\bar{\boldsymbol{x}},\bar{\boldsymbol{y}})\in(\boldsymbol{x},\boldsymbol{y})+(V^*,-U^*),$$

$$(\tilde{\boldsymbol{x}},\tilde{\boldsymbol{y}})\in(\bar{\boldsymbol{x}},\bar{\boldsymbol{y}})+(V^*,-U^*).$$

因此, 对于任意 $\hat{\boldsymbol{v}}\in V$, 有

$$\hat{\boldsymbol{v}}^{\mathrm{T}}(\tilde{\boldsymbol{x}}-\boldsymbol{x})=\hat{\boldsymbol{v}}^{\mathrm{T}}(\tilde{\boldsymbol{x}}-\bar{\boldsymbol{x}})+\hat{\boldsymbol{v}}^{\mathrm{T}}(\bar{\boldsymbol{x}}-\boldsymbol{x})\leqq 0,$$

故

$$\tilde{\boldsymbol{x}}-\boldsymbol{x}\in V^*.$$

同理可得

$$\boldsymbol{y}-\tilde{\boldsymbol{y}}\in U^*.$$

由此可知

$$(\tilde{\boldsymbol{x}},\tilde{\boldsymbol{y}})\in(\boldsymbol{x},\boldsymbol{y})+(V^*,-U^*),$$

即

$$(\boldsymbol{x},\boldsymbol{y})\ll_9(\tilde{\boldsymbol{x}},\tilde{\boldsymbol{y}}),$$

因此, $\ll_9$ 具有传递性.

由上述证明可知 $(T_{\mathrm{C^2WY}},\ll_9)$ 构成了一个偏序集.

由定义 7.6 可知, 决策单元 τ_0 为 DEA 有效 (C²WY) 当且仅当不存在

$$(\boldsymbol{X},\boldsymbol{Y})\in T_{\mathrm{C^2WY}},\quad (\boldsymbol{X}(\tau_0),\boldsymbol{Y}(\tau_0))\neq(\boldsymbol{X},\boldsymbol{Y}),$$

使得

$$(\boldsymbol{X},-\boldsymbol{Y}) \in (\boldsymbol{X}(\tau_0),-\boldsymbol{Y}(\tau_0))+(V^*,U^*),$$

即不存在

$$(\boldsymbol{X},\boldsymbol{Y}) \in T_{\mathrm{C^2WY}}, \quad (\boldsymbol{X}(\tau_0),\boldsymbol{Y}(\tau_0)) \neq (\boldsymbol{X},\boldsymbol{Y}),$$

使得

$$(\boldsymbol{X},\boldsymbol{Y}) \in (\boldsymbol{X}(\tau_0),\boldsymbol{Y}(\tau_0))+(V^*,-U^*).$$

即

$$(\boldsymbol{X}(\tau_0),\boldsymbol{Y}(\tau_0)) \ll_9 (\boldsymbol{X},\boldsymbol{Y})$$

当且仅当 $(\boldsymbol{X}(\tau_0),\boldsymbol{Y}(\tau_0))$ 是 $(T_{\mathrm{C^2WY}},\ll_9)$ 的极大元. 证毕.

通过上述讨论可见, 运用偏序集理论不仅可以完整地刻画 DEA 有效性的本质特征, 而且还可以对这些概念给出新的解释, 为运用偏序集理论深入研究 DEA 方法奠定理论基础.

7.2 DEA 有效性的理论基础和含义

7.2.1 基于工程效率概念的 DEA 有效性分析

第一个 DEA 模型 ——$\mathrm{C^2R}$ 模型是以分式规划的理论为基础给出的, 其原始模型可表示如下:

$$(\overline{\mathrm{P}}_{\mathrm{C^2R}})\begin{cases} \max \dfrac{\boldsymbol{u}^{\mathrm{T}}\boldsymbol{y}_{j_0}}{\boldsymbol{v}^{\mathrm{T}}\boldsymbol{x}_{j_0}} = V_{\overline{\mathrm{P}}}, \\ \text{s.t.} \quad \dfrac{\boldsymbol{u}^{\mathrm{T}}\boldsymbol{y}_j}{\boldsymbol{v}^{\mathrm{T}}\boldsymbol{x}_j} \leqq 1, \quad j=1,2,\cdots,n, \\ \qquad \boldsymbol{v} \geqslant \boldsymbol{0}, \\ \qquad \boldsymbol{u} \geqslant \boldsymbol{0}. \end{cases}$$

$\mathrm{C^2R}$ 模型最初描述的 DEA 有效性是对单输入单输出工程效率概念的推广, 在实际应用中的许多案例也是基于该层含义的.

例如, 在评价燃烧装置的效率时, 通常用燃烧比

$$E_r = \frac{y_r}{y_R}$$

来表示, 其中 y_r 为燃烧给定数量的煤 (x) 产生的热量 (实测值), y_R 为燃烧相同数量的煤 (x) 能产生的最大热量 (理想值), 则对上述数据应用 $\mathrm{C^2R}$ 模型可得燃烧装置的最优评价指数 $V_{\overline{\mathrm{P}}}$ 就是燃烧比 E_r.

7.2.2 基于生产函数理论的 DEA 有效性分析

1984 年, Banker 等从公理化的模式出发给出了另一个刻画生产技术有效的 DEA 模型——BC^2 模型, C^2R 模型和 BC^2 模型可以用统一的形式描述如下:

$$(\mathrm{P})\begin{cases}\max(\boldsymbol{\mu}^{\mathrm{T}}\boldsymbol{y}_{j_0}+\delta u_0)=V_{\mathrm{p}},\\ \text{s.t.}\quad \boldsymbol{\omega}^{\mathrm{T}}\boldsymbol{x}_j-\boldsymbol{\mu}^{\mathrm{T}}\boldsymbol{y}_j-\delta u_0\geqq 0,\quad j=1,2,\cdots,n,\\ \qquad \boldsymbol{\omega}^{\mathrm{T}}\boldsymbol{x}_{j_0}=1,\\ \qquad \boldsymbol{\omega}\geqq\boldsymbol{0},\quad \boldsymbol{\mu}\geqq\boldsymbol{0}.\end{cases}$$

当 δ=0 时, (P) 为 C^2R 模型; 当 δ=1 时, (P) 为 BC^2 模型.

这两个模型的产生不仅扩大了人们对生产理论的认识, 而且也为评价多目标问题提供了有效的途径, 使得研究生产函数理论的主要技术手段由参数方法发展成为参数与非参数方法并重.

对于多准则决策的 DEA 方法, 它是用观察到的有限多个决策单元的活动信息所得到的经验 "生产前沿面" 来考察决策单元的有效性. 当决策单元为 DEA 有效 (C^2R) 时, 表明它处于 "技术有效" 和 "规模有效" 的最佳状态. 而 BC^2 模型, 可以用来检验决策单元的 "技术有效性". 上述结论将 DEA 方法从评价相对效率推广到更为一般的 "生产前沿面" 有效性分析中. 模型 (P) 的重要意义在于通过 "生产前沿面" 的构造为决策者提供许多有用的管理信息.

这些方法主要建立在线性规划、多目标规划以及生产函数的理论基础之上.

7.2.3 基于偏序集理论的 DEA 有效性分析

目前, 对 DEA 有效性含义的解释基本上都基于上述两种含义. 而对 DEA 的理论、方法的研究也是多以规划论为基础开展的. 事实上, DEA 方法与偏序集理论之间也有紧密的联系, 对 DEA 有效性的含义也可以给出基于偏序集理论的解释. 由 7.1 节的结论可知: 对于 C^2R 模型、BC^2 模型、C^2WH 模型、C^2W 模型、C^2WY 模型, DEA 有效单元本质上就是某个偏序集的极大元, 而判断某个决策单元是否为 DEA 有效实际上就是判断该决策单元的各项评价指标是否在偏序集中达到极大, 通过在有效前沿面上投影为无效单元提供改进信息本质上就是给出一种如何使非极大元达到极大元的途径, 对 C^2R, BC^2 模型可以证明生产可能集中相对有效点与偏序集的极大元之间存在一一对应关系, 因此, DEA 有效的含义可解释为在某一参照集中决策单元的偏好达到了极大.

从偏序集理论出发来研究 DEA 方法, 具有许多特点和优势, 这主要表现在以下 5 个方面.

(1) 从偏序集的理论出发不仅可以刻画 DEA 有效的特征、分析 DEA 有效生产前沿面的构成、对 DEA 有效赋予更广泛的含义, 还可以深入到 DEA 研究的许多方面. 同时, 它还为 DEA 方法的进一步推广奠定了理论基础.

例如, 在分析有效生产前沿面的构成、研究数据变换性质、讨论模型关系、分析决策单元变更或指标增减对 DEA 有效性影响等方面都可以得到许多结论.

(2) 从偏序集的角度研究 DEA 方法使许多问题的研究避开了对优化模型的讨论, 只需考虑可能集的结构或简单的序关系就可以使问题得到解决, 并且抛开了 DEA 模型本身的许多具体特性. 例如, 决策单元的个数、输入或输出单元的个数等, 这不仅在一定程度上使问题得到了简化, 而且对 DEA 理论研究提供了新的思路和视角.

(3) DEA 模型本身要求输入、输出指标必须能够反映该部门对 "资源" 的消耗以及消耗 "资源" 后的 "成效", 但在实际评价过程中, 有时输入、输出指标之间的投入产出之间的函数关系并不明显. 况且由于统计数据的收集困难、指标体系建立的不够全面等原因, 在许多应用案例中选取的都是其中一部分主要指标作为分析的对象, 这些情况在一定程度上背离了 DEA 模型本身的含义. 而从偏序集的理论出发来解释 DEA 有效性就不要求输入输出指标间存在这种 "投入" 和 "产出" 关系, 从而不仅可以很好地解决这一问题, 同时, 也使得指标的选取更为自由.

(4) 在人文、社会等许多领域中存在着大量的指标是以定性形式描述的, 这常常给定量分析带来困难, 而信息化时代的到来又迫切地需要对这类问题进行定量化分析, 从偏序集的理论出发来解释 DEA 有效性有利于对欧氏空间难于处理的评价问题的定量化研究. 在应用基于偏序集理论 DEA 方法评价这类问题时, 可能集的构造必须满足一个基本原则, 即可能集中的点必须是决策单元的可能状态, 其中可能集的构造至关重要, 可能集构造的成败直接关系到 DEA 方法评价结果的正确与否.

(5) 传统 DEA 方法依托的理论工具是数学规划理论, 而偏序集理论在数据包络分析方法中的广泛应用, 有可能为偏序集理论在管理决策、评价技术等领域中的应用找到一个新途径.

7.3 基于偏序集理论的 DEA 方法及应用

通过 7.1 节的讨论可以看出 DEA 有效单元实际上就是偏序集的极大元, 而 DEA 有效实际上就是决策单元的偏好在生产可能集上达到极大. 从这个角度对 DEA 相关概念和方法进行解释, 不仅可以将 DEA 方法拓展到更为广泛的空间, 而且也拓展了 DEA 有效的意义, 这有可能使得 DEA 方法不再局限于投入产出系统、不再局限于效率评价.

7.3.1 基于偏序集理论的 DEA 方法

定义 7.7 假设 $Dset$ 表示某类决策单元可能存在的全体状态构成的集合, $\ll$

是 $Dset$ 上的一个偏好关系, 表示决策者的偏好, 则称 $(Dset, \ll)$ 为决策单元的状态可能集.

定义 7.8 如果决策单元 j_0 的指标值是状态可能集 $(Dset, \ll)$ 中的极大元, 则称决策单元 j_0 为 P-DEA 有效.

由 7.1 节可知, P-DEA 有效与传统 DEA 有效有以下 4 种关系.

(1) 当取

$$Dset = T_{\mathrm{C^2R}} = \left\{ (\boldsymbol{x}, \boldsymbol{y}) \middle| \sum_{j=1}^{n} \boldsymbol{x}_j \lambda_j \leqq \boldsymbol{x}, \sum_{j=1}^{n} \boldsymbol{y}_j \lambda_j \geqq \boldsymbol{y}, \lambda_j \geqq 0, j = 1, \cdots, n \right\},$$

$Dset$ 上的偏序关系为 $\ll_2$ 时, P-DEA 有效即为 DEA 有效 ($\mathrm{C^2R}$).

(2) 当取

$$Dset = T_{\mathrm{BC^2}} = \left\{ (\boldsymbol{x}, \boldsymbol{y}) \middle| \sum_{j=1}^{n} \boldsymbol{x}_j \lambda_j \leqq \boldsymbol{x}, \sum_{j=1}^{n} \boldsymbol{y}_j \lambda_j \geqq \boldsymbol{y}, \sum_{j=1}^{n} \lambda_j = 1, \lambda_j \geqq 0, j = 1, \cdots, n \right\},$$

$Dset$ 上的偏序关系为 $\ll_4$ 时, P-DEA 有效即为 DEA 有效 ($\mathrm{BC^2}$).

(3) 当取

$$Dset = T_{\mathrm{C^2W}} = \left\{ (\boldsymbol{X}, \boldsymbol{Y}) \middle| \sum_{\tau \in C} \boldsymbol{X}(\tau) \lambda(\tau) \leqq \boldsymbol{X}, \sum_{\tau \in C} \boldsymbol{Y}(\tau) \lambda(\tau) \geqq \boldsymbol{Y}, \boldsymbol{\lambda} \geqq \boldsymbol{0}, \boldsymbol{\lambda} \in S \right\},$$

$Dset$ 上的偏序关系为 $\ll_6$ 时, P-DEA 有效即为 DEA 有效 ($\mathrm{C^2W}$).

(4) 当取

$$Dset = T_{\mathrm{C^2WH}} = \{ (\boldsymbol{x}, \boldsymbol{y}) | (\boldsymbol{x}, \boldsymbol{y}) \in (\boldsymbol{X\lambda}, \boldsymbol{Y\lambda}) + (-V^*, U^*), \boldsymbol{\lambda} \in -K^* \},$$

$Dset$ 上的偏序关系为 $\ll_8$ 时, P-DEA 有效即为 DEA 有效 ($\mathrm{C^2WH}$).

由上述讨论可知, 当取决策单元的状态可能集 $Dset$ 为 DEA 生产可能集时, P-DEA 有效就是 DEA 有效, 可见 P-DEA 有效性是对传统 DEA 有效性的推广.

为了进一步拓展 DEA 方法, 对于决策单元 j_0, 以下给出一个基于偏序集理论的 DEA 概念模型.

$$(\text{P-DEA}) \begin{cases} P - \max \boldsymbol{z}, \\ \text{s.t.} \quad \boldsymbol{z} \gg \boldsymbol{z}_{j_0}, \\ \qquad\ \ \boldsymbol{z} \in Dset. \end{cases}$$

其中 $P - \max \boldsymbol{z}$ 表示求变量 $\boldsymbol{z}$ 的极大值, $\boldsymbol{z}_{j_0}$ 表示决策单元 j_0 的指标值.

定理 7.14 决策单元 j_0 为 P-DEA 有效当且仅当 $\boldsymbol{z}_{j_0}$ 是 (P-DEA) 的极大值.

基于偏序集理论的 DEA 方法的基本思路是：首先在决策单元的状态可能集上定义一个偏好关系 (反映决策者的偏好)，其次用它的极大点集来确定前沿评价函数，前沿评价函数正是决策单元可能存在的最佳状态集. 若决策单元在这一集合中则表示它的偏好达到极大，这时称它为 P-DEA 有效，否则，可以通过无效单元与某些极大元的比较来获得决策单元的投影.

7.3.2　基于偏序集理论 DEA 方法在一类评价问题中的应用

假设有 n 个决策单元，给定的评价指标集为

$$X=[X_1,X_2,\cdots,X_m],$$

设第 i 个指标的评语集 Y_i 为正实数集或有限集，Y_i 上的偏好关系为 $\ll_i$，且 $(Y_i,\ll_i)$ 是一个全序集，第 j 个决策单元的第 i 个指标在评语集 Y_i 中的取值为 r_{ij}，记

$$\boldsymbol{r}_j=(r_{1j},r_{2j},\cdots,r_{mj})^{\mathrm{T}}.$$

如果决策单元的状态可能集为 $Dset$，显然 $\boldsymbol{r}_j\in Dset$，定义 $Dset$ 上的偏序关系 $\ll$ 为

$$\boldsymbol{a},\boldsymbol{b}\in Dset,\quad \boldsymbol{a}\ll\boldsymbol{b}$$

当且仅当

$$a_i\ll_i b_i,\quad i=1,2,\cdots,m.$$

根据基于偏序集理论 DEA 有效的概念可以给出如下定义.

定义 7.9　若决策单元 j_0 的指标值 $\boldsymbol{r}_{j_0}$ 为偏序集 $(Dset,\ll)$ 的极大元，则称决策单元 j_0 为 P-DEA 有效.

为了进一步利用已有 DEA 模型来分析决策单元的 DEA 有效性，首先要对定性指标进行定量化表示. 定义映射 $f{:}Dset\to E_+^m$ 为

$$f(r_{ij})=\begin{cases}r_{ij},r_{ij}\in E_+^1,\\ \left|\{r_p|r_p\ll_i r_{ij},r_p\in Y_i\}\right|,r_{ij}\notin E_+^1.\end{cases}\tag{7.1}$$

定义 $f(Dset)$ 上的偏序关系 $\ll_f$ 为

$$f(\boldsymbol{x})\ll_f f(\boldsymbol{y})\Leftrightarrow \boldsymbol{x}\ll\boldsymbol{y},$$

则容易证明以下结论成立.

定理 7.15　偏序集 $(Dset,\ll)$ 与偏序集 $(f(Dset),\ll_f)$ 之间存在序同构，并且决策单元 j_0 为 P-DEA 有效当且仅当它的指标值

$$f(\boldsymbol{r}_j)=(f(r_{1j}),f(r_{2j}),\cdots,f(r_{mj}))^{\mathrm{T}}$$

为 $(f(Dset),\ll_f)$ 的极大元.

由于偏序集 $(Dset,\ll)$ 与 $(f(Dset),\ll_f)$ 之间存在序同构, 并且决策单元 j_0 的 P-DEA 有效性是由指标数量值 $f(\boldsymbol{r}_{j_0})$ 的极大性唯一确定的, 因此可应用相应 DEA 模型并借助分析决策单元在偏序集 $(f(Dset),\ll_f)$ 中的性质来考察其 P-DEA 有效性.

下面以只有输出的 DEA 模型为例加以论述.

如果决策者对所有指标的偏好都是越大越好, 决策单元的状态可能集满足平凡性、凸性、无效性和最小性假设, 则由观察到的样本所确定的集合 $f(Dset)$ 为

$$f(Dset)=\left\{\boldsymbol{y}\left|\boldsymbol{y}\leqq\sum_{j=1}^{n}f(\boldsymbol{r}_j)\lambda_j,\sum_{j=1}^{n}\lambda_j=1,\lambda_j\geqq 0,j=1,2,\cdots,n\right.\right\},$$

其中 $\boldsymbol{y}=(y_1,y_2,\cdots,y_m)^{\mathrm{T}},\boldsymbol{\lambda}=(\lambda_1,\lambda_2,\cdots,\lambda_n)^{\mathrm{T}}$, 则有以下结论成立.

定理 7.16 决策单元 j_0 为 P-DEA 有效当且仅当线性规划 (DPset) 的最优值 $V_{\mathrm{D}}=0$.

$$(\text{DPset})\begin{cases}\min(-\boldsymbol{e}^{\mathrm{T}}\boldsymbol{s})=V_{\mathrm{D}},\\ \text{s.t.}\quad \displaystyle\sum_{j=1}^{n}f(\boldsymbol{r}_j)\lambda_j-\boldsymbol{s}=f(\boldsymbol{r}_{j_0}),\\ \qquad\ \displaystyle\sum_{j=1}^{n}\lambda_j=1,\\ \qquad\ \boldsymbol{\lambda}\geqq\boldsymbol{0},\quad \boldsymbol{s}\geqq\boldsymbol{0}.\end{cases}$$

定理 7.17 若模型 (DPset) 的最优解为 $\boldsymbol{\lambda}^0=(\lambda_1^0,\cdots,\lambda_n^0)^{\mathrm{T}},\boldsymbol{s}^0=(s_1^0,\cdots,s_m^0)^{\mathrm{T}}$ 且最优值不为 0, 则

$$f(\boldsymbol{r}_{j_0})+\boldsymbol{s}^0=\sum_{j=1}^{n}f(\boldsymbol{r}_j)\lambda_j^0$$

为 P-DEA 有效.

应用模型 (DPset) 进行计算时, 若决策单元 j_0 为 P-DEA 无效, 则由 P-DEA 有效定义可知

$$(f(r_{1j_0}),f(r_{2j_0}),\cdots,f(r_{mj_0}))^{\mathrm{T}}$$

不是 $(f(Dset),\ll_f)$ 的极大元, 这表明决策单元 j_0 的整体状况还没有达到决策者期望的极大状态, 由定理 7.17 知与一组可能的状态 $f(\boldsymbol{r}_{j_0})+\boldsymbol{s}^0$ 相比, 它的差距可以由以下公式得到反映:

$$\boldsymbol{s}^0=\sum_{j=1}^{n}f(\boldsymbol{r}_j)\lambda_j^0-f(\boldsymbol{r}_{j_0}),$$

决策单元 j_0 达到有效的一个可行的途径就是把评价值由

$$(f(r_{1j_0}), f(r_{2j_0}), \cdots, f(r_{mj_0}))^{\mathrm{T}}$$

提高为

$$(f(r_{1j_0}) + s_1^0, f(r_{2j_0}) + s_2^0, \cdots, f(r_{mj_0}) + s_m^0)^{\mathrm{T}},$$

在满足前面公理化假设的前提下, 这种调整是可行的. 并且从目前观察到的决策单元来看, 通过这种调整后, 各项指标的性能不可能再提高, 除非降低某些指标的性能.

例 7.1 假设在对某学校基本情况相似的 8 名学生分别采用不同方法进行基本素质训练的过程中, 主要考察了想象能力、观察能力和记忆能力三项指标, 培训结束后的测试结果如表 7.1 所示, 其中前两项指标的评语为优、良、好、中、差, 后一项指标的评语为 0~100 的整数.

表 7.1 被培训学生的测试指标值

学生序号	1	2	3	4	5	6	7	8
想象能力 (级别)	优	良	良	优	良	好	好	好
观察能力 (级别)	好	优	好	好	优	良	好	良
记忆能力 (分数)	100	80	70	80	90	80	80	70

由于上述指标是定性和定量混合形式的指标, 并且所有指标的定义域都是离散型的, 因此, 由决策单元确定的生产可能集也是离散型的. 决策单元之间的关系如图 7.1 表示.

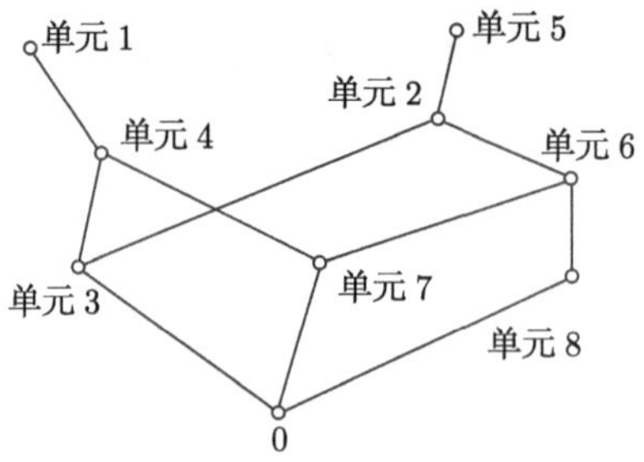

图 7.1 决策单元的偏序关系

根据数据变换公式 (7.1) 可算得各指标的数量 $f(\boldsymbol{r}_j)$ 如表 7.2 所示.

表 7.2 基本指标的测试值

学生序号	1	2	3	4	5	6	7	8
想象能力 (x_1)	5	4	4	5	4	3	3	3
观察能力 (x_2)	3	5	3	3	5	4	3	4
记忆能力 (x_3)	100	80	70	80	90	80	80	70

表 7.2 的数据确定的状态可能集 $f(Dset)$ 如图 7.2 所示.

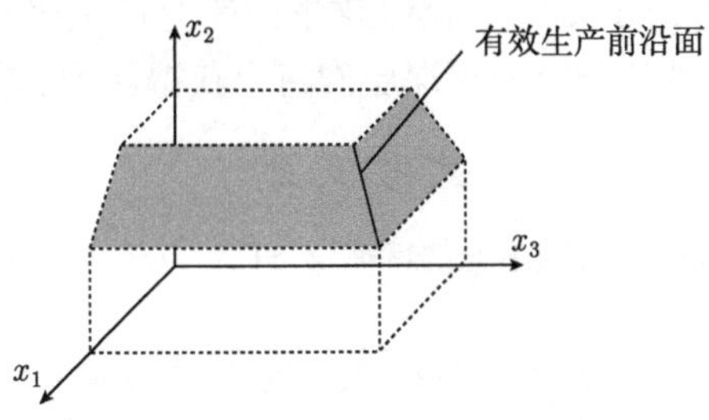

图 7.2 生产可能集及有效生产前沿面

应用 (DPset) 模型进行计算时, 可知第 1 名和第 5 名学生的培训效果达到了 P-DEA 有效, 而其他学生的成绩没有达到 P-DEA 有效状态.

根据计算结果可以得到成绩无效学生的相对差距和努力方向.

例如, 第 2 名学生对应的计算结果为

$$\lambda_1^0 = 0, \quad \lambda_2^0 = 0, \quad \lambda_3^0 = 0, \quad \lambda_4^0 = 0, \quad \lambda_5^0 = 1, \quad \lambda_6^0 = 0,$$
$$\lambda_7^0 = 0, \quad \lambda_8^0 = 0, \quad s_1 = 0, \quad s_2 = 0, \quad s_3 = 10,$$

表明第 2 名学生在记忆能力的培训方面还没有达到比较理想的程度. 根据计算结果

$$f(r_{12}) + s_1 = 4, \quad f(r_{22}) + s_2 = 5, \quad f(r_{32}) + s_3 = 90,$$

可知第 2 名学生的想象能力、观察能力和记忆能力如果能分别达到良好、优秀和 90 分则培训的结果就比较理想, 为了达到这一目标该学生应向第 5 名学生学习.

又如对于第 8 名学生, 对应的计算结果为

$$\lambda_1^0 = 0.5, \quad \lambda_2^0 = 0, \quad \lambda_3^0 = 0, \quad \lambda_4^0 = 0, \quad \lambda_5^0 = 0.5, \quad \lambda_6^0 = 0,$$
$$\lambda_7^0 = 0, \quad \lambda_8^0 = 0, \quad s_1 = 1.5, \quad s_2 = 0, \quad s_3 = 25,$$

表明第 8 名学生如果能够在想象能力和记忆能力方面综合吸收第 1 名和第 5 名学生的成功经验, 则第 1 项指标有可能接近优秀、后两项指标为良好和 95 分的好成绩.

7.4 结 束 语

从偏序集理论出发, 不仅能较好地刻画 DEA 有效性的本质, 给出这些概念的直观解释, 而且还可以深入到 DEA 理论研究的许多方面, 具有十分广泛的应用前景. 特别是对于定性问题的定量化研究是很有意义的. 从目前的研究看, 基于偏序

集理论的 DEA 方法在拓展 DEA 理论、研究 DEA 模型以及扩大 DEA 模型应用范围等方面都可以得到进一步发展. 当然, 这里的研究还是比较初步和基础性的, 若能进一步深入到 DEA 理论研究的更深层次将会获得新的、更大的进展.

参 考 文 献

[1] 马占新, 唐焕文. DEA 有效单元的特征及 SEA 方法 [J]. 大连理工大学学报, 1999, 39(4): 577-582

[2] 马占新, 唐焕文, 戴仰山. 偏序集理论在数据包络分析中的应用研究 [J]. 系统工程学报, 2002, 17(1):19-25

[3] 马占新. 偏序集理论在 DEA 相关理论中的应用研究 [J]. 系统工程学报, 2002, 17(3): 193-198

[4] 马占新. 基于偏序集理论的数据包络分析方法研究 [J]. 系统工程理论与实践, 2003, 23(4): 11-17

[5] 马占新. 关于弱 DEA 有效性的本质特征 [J]. 数学的认识与实践, 2005, 35(9):140-148

[6] Charnes A, Cooper W W, Rhodes E. Measuring the efficiency of decision making units[J]. European Journal of Operational Research, 1978, 6(2):429-444

[7] Gratzer G. General Lattice Theory[M]. New York：Academic Press, 1978

[8] Banker R D, Charnes A, Cooper W W. Some models for estimating technical and scale inefficiencies in data envelopment analysis[J]. Management Science, 1984, 30(9): 1078-1092

[9] Charnes A, Cooper W W, Wei Q L. A semi-infinite multi-criteria programming approach to data envelopment analysis with infinitely many decision making units[R]. The University of Texas at Austin, Center for Cybernetic Studies Report, CCS 551, September, 1986

[10] Charnes A, Cooper W W, Wei Q L, Huang Z M. Cone ratio data envelopment analysis and multi-objective programming[J]. International Journal of Systems Science, 1989, 20(7): 1099-1118

[11] Charnes A, Cooper W W, Wei Q L, Yue M. Compositive data envelopment analysis and multi-objective programming[R]. The University of Texas at Austin, Center for Cybernetic Studies Report, CCS, June, 1988

[12] 马占新, 马生昀. 基于 C^2WY 模型的广义数据包络分析方法 [J]. 系统工程学报, 2011, 26(2)：251-261

第 8 章　应用偏序集理论研究 DEA 相关性质

DEA 生产前沿面在 DEA 理论中具有重要作用, 以下应用偏序集理论, 证明 DEA 生产前沿面就是某个偏序集的极大元的集合, 进而, 对 DEA 生产前沿面给出新的解释. 同时, 对数据变换下 DEA 有效性问题进行探讨, 给出 DEA 有效性在一类严格保序函数变换下的一些不变性质, 证明生产可能集在同构映射下保持有效生产前沿面的等价性, 给出变换不变性的一个充要条件. 最后, 研究生产可能集结构变化对弱 DEA 有效和 DEA 有效的影响, 进而讨论决策单元变更、指标增减对 DEA 有效性影响等方面的问题. 本章内容主要取材于文献 [1]~[5].

从偏序集的理论出发不仅可以刻画 DEA 有效的特征, 对 DEA 有效性等概念给出不同于 Charnes 和 Cooper[3] 等的原始解释, 而且还可以深入到 DEA 理论研究的许多方面, 不论对 DEA 的理论研究, 还是对 DEA 方法的推广都具有较重要的意义. 以下进一步探讨偏序集理论在分析有效生产前沿面的构成、研究数据变换性质、讨论模型关系、分析决策单元变更或指标增减对 DEA 有效性影响等方面的应用. 从研究中可以发现, 从偏序集的角度研究 DEA 方法使许多问题的研究避开了对优化模型的讨论 (只需考虑可能集的结构或简单的序关系就可以使问题得到解决), 抛开了 DEA 模型的许多具体特性 (如决策单元的个数、输入或输出指标的个数等), 这不仅在一定程度上使问题得到了简化, 而且更重要的是它为 DEA 有效性赋予了更加广泛的含义, 对 DEA 理论研究提供了新的思路和视角, 也为 DEA 方法的进一步推广奠定了理论基础.

8.1　应用偏序集理论研究 DEA 生产前沿面

在 DEA 方法中无论决策单元的有效性度量, 还是 DEA 投影信息的获取都是通过 DEA 生产前沿面实现的[6,7], 因此, DEA 生产前沿面在 DEA 理论中具有重要作用. 文献 [8] 指出从多目标规划的角度看, $\mathrm{C^2R}$ 模型、$\mathrm{BC^2}$ 模型刻画的 DEA 生产前沿面就是 Pareto 有效点构成的面. 同样地, 从偏序集的角度看, 有效生产前沿面也有新的解释. 以下就对这一问题给出详细的讨论.

$\mathrm{C^2R}$ 模型对应的生产可能集为

$$T_{\mathrm{C^2R}}=\left\{(\boldsymbol{x},\boldsymbol{y})\left|\sum_{j=1}^{n}\boldsymbol{x}_j\lambda_j\leqq\boldsymbol{x},\sum_{j=1}^{n}\boldsymbol{y}_j\lambda_j\geqq\boldsymbol{y},\lambda_j\geqq 0,j=1,\cdots,n\right.\right\}.$$

BC^2 模型对应的生产可能集为

$$T_{\mathrm{BC^2}}=\left\{(\boldsymbol{x},\boldsymbol{y})\left|\sum_{j=1}^{n}\boldsymbol{x}_j\lambda_j\leqq\boldsymbol{x},\sum_{j=1}^{n}\boldsymbol{y}_j\lambda_j\geqq\boldsymbol{y},\sum_{j=1}^{n}\lambda_j=1,\lambda_j\geqq 0,j=1,\cdots,n\right.\right\}.$$

它们可以用统一的形式表示如下

$$T_{\delta}=\left\{(\boldsymbol{x},\boldsymbol{y})\left|\sum_{j=1}^{n}\boldsymbol{x}_j\lambda_j\leqq\boldsymbol{x},\sum_{j=1}^{n}\boldsymbol{y}_j\lambda_j\geqq\boldsymbol{y},\delta\sum_{j=1}^{n}\lambda_j=\delta,\lambda_j\geqq 0,j=1,\cdots,n\right.\right\}.$$

当 $\delta=0$ 时, T_δ 为 $T_{\mathrm{C^2R}}$; 当 $\delta=1$ 时, T_δ 为 $T_{\mathrm{BC^2}}$.

定义 T_δ 上的偏序关系 $\ll_\delta$ 为

$$(\boldsymbol{x},\boldsymbol{y}),(\hat{\boldsymbol{x}},\hat{\boldsymbol{y}})\in T_\delta,(\boldsymbol{x},\boldsymbol{y})\ll_\delta(\hat{\boldsymbol{x}},\hat{\boldsymbol{y}})$$

当且仅当

$$\boldsymbol{x}\geqq\hat{\boldsymbol{x}},\quad \boldsymbol{y}\leqq\hat{\boldsymbol{y}},$$

其中 $\leqq$ 即为通常的小于等于关系, 则 $(T_\delta,\ll_\delta)$ 构成一个偏序集.

定义 8.1[8]　设 $\hat{\boldsymbol{\omega}},\hat{\boldsymbol{\mu}},\hat{\mu}_0$ 满足

$$\hat{\boldsymbol{\omega}}>\mathbf{0},\quad \hat{\boldsymbol{\mu}}>\mathbf{0},$$

以及超平面

$$L=\left\{(\boldsymbol{x},\boldsymbol{y})\left|\hat{\boldsymbol{\omega}}^{\mathrm{T}}\boldsymbol{x}-\hat{\boldsymbol{\mu}}^{\mathrm{T}}\boldsymbol{y}-\delta\hat{\mu}_0=0\right.\right\},$$

满足

$$T_\delta\subseteq\left\{(\boldsymbol{x},\boldsymbol{y})\left|\hat{\boldsymbol{\omega}}^{\mathrm{T}}\boldsymbol{x}-\hat{\boldsymbol{\mu}}^{\mathrm{T}}\boldsymbol{y}-\delta\hat{\mu}_0\geqq 0\right.\right\},$$

$$L\cap T_\delta\neq\varnothing,$$

则称 L 为生产可能集 T_δ 的有效面, $L\cap T_\delta$ 为生产可能集 T_δ 的生产前沿面.

定理 8.1　对于 $\mathrm{C^2R}$, $\mathrm{BC^2}$ 模型, DEA 生产前沿面就是 $(T_\delta,\ll_\delta)$ 的极大元集合.

证明　必要性. 由于 $\mathrm{C^2R}$, $\mathrm{BC^2}$ 模型要求输入输出指标均为正数, 因此以下假设

$$(\boldsymbol{x}_j,\boldsymbol{y}_j)>\mathbf{0},\quad j=1,2,\cdots,n.$$

对 C^2R 模型, $\mathbf{0}$ 在 DEA 有效前沿面上, 同时也是极大元. 对 BC^2 模型, $\mathbf{0} \notin T_\delta$. 因此, 以下仅讨论 T_δ 中的非零点.

若 $(\bar{\boldsymbol{x}}, \bar{\boldsymbol{y}})$ 在某个有效生产前沿面上, 则必有存在

$$\hat{\boldsymbol{\omega}} > \mathbf{0}, \quad \hat{\boldsymbol{\mu}} > \mathbf{0},$$

以及超平面

$$L = \left\{ (\boldsymbol{x}, \boldsymbol{y}) \,\middle|\, \hat{\boldsymbol{\omega}}^{\mathrm{T}} \boldsymbol{x} - \hat{\boldsymbol{\mu}}^{\mathrm{T}} \boldsymbol{y} - \delta \hat{\mu}_0 = 0 \right\},$$

满足

$$T_\delta \subseteq \left\{ (\boldsymbol{x}, \boldsymbol{y}) \,\middle|\, \hat{\boldsymbol{\omega}}^{\mathrm{T}} \boldsymbol{x} - \hat{\boldsymbol{\mu}}^{\mathrm{T}} \boldsymbol{y} - \delta \hat{\mu}_0 \geqq 0 \right\},$$

$$(\bar{\boldsymbol{x}}, \bar{\boldsymbol{y}}) \in L \cap T_\delta,$$

即得

$$\hat{\boldsymbol{\omega}}^{\mathrm{T}} \bar{\boldsymbol{x}} - \hat{\boldsymbol{\mu}}^{\mathrm{T}} \bar{\boldsymbol{y}} - \delta \hat{\mu}_0 = 0,$$

且对任意 $(\boldsymbol{x}, \boldsymbol{y}) \in T_\delta$, 有

$$\hat{\boldsymbol{\omega}}^{\mathrm{T}} \boldsymbol{x} - \hat{\boldsymbol{\mu}}^{\mathrm{T}} \boldsymbol{y} - \delta \hat{\mu}_0 \geqq 0.$$

假设 $(\bar{\boldsymbol{x}}, \bar{\boldsymbol{y}})$ 不是 $(T_\delta, \ll_\delta)$ 的极大元, 则存在 $(\tilde{\boldsymbol{x}}, \tilde{\boldsymbol{y}}) \in T_\delta$, 使得

$$(\tilde{\boldsymbol{x}}, \tilde{\boldsymbol{y}}) \neq (\bar{\boldsymbol{x}}, \bar{\boldsymbol{y}}), \quad (\bar{\boldsymbol{x}}, \bar{\boldsymbol{y}}) \ll_\delta (\tilde{\boldsymbol{x}}, \tilde{\boldsymbol{y}}),$$

即

$$\tilde{\boldsymbol{x}} \leqq \bar{\boldsymbol{x}}, \quad \bar{\boldsymbol{y}} \leqq \tilde{\boldsymbol{y}}.$$

由于

$$\hat{\boldsymbol{\omega}} > \mathbf{0}, \quad \hat{\boldsymbol{\mu}} > \mathbf{0},$$

因此,

$$\hat{\boldsymbol{\omega}}^{\mathrm{T}} \tilde{\boldsymbol{x}} - \hat{\boldsymbol{\mu}}^{\mathrm{T}} \tilde{\boldsymbol{y}} - \delta \hat{\mu}_0 < \hat{\boldsymbol{\omega}}^{\mathrm{T}} \bar{\boldsymbol{x}} - \hat{\boldsymbol{\mu}}^{\mathrm{T}} \bar{\boldsymbol{y}} - \delta \hat{\mu}_0 = 0,$$

这与任意 $(\boldsymbol{x}, \boldsymbol{y}) \in T_\delta$, 有

$$\hat{\boldsymbol{\omega}}^{\mathrm{T}} \boldsymbol{x} - \hat{\boldsymbol{\mu}}^{\mathrm{T}} \boldsymbol{y} - \delta \hat{\mu}_0 \geqq 0,$$

矛盾, 故假设不成立. 从而 $(\bar{\boldsymbol{x}}, \bar{\boldsymbol{y}})$ 是 $(T_\delta, \ll_\delta)$ 的极大元.

充分性. 假设 $(\bar{\boldsymbol{x}}, \bar{\boldsymbol{y}})$ 是 $(T_\delta, \ll_\delta)$ 的极大元, 则必有

$$(\bar{\boldsymbol{x}}, \bar{\boldsymbol{y}}) \in T_\delta,$$

因此, 存在

$$\lambda_j \geqq 0, \quad j = 1, \cdots, n,$$

使得

$$\sum_{j=1}^{n} \boldsymbol{x}_j\lambda_j \leqq \bar{\boldsymbol{x}}, \quad \sum_{j=1}^{n} \boldsymbol{y}_j\lambda_j \geqq \bar{\boldsymbol{y}}, \quad \delta\sum_{j=1}^{n} \lambda_j = \delta.$$

以下分两种情况讨论.

(1) 若存在 $j_k \in \{1, \cdots, n\}$, 使得

$$\lambda_{j_k} \neq 0,$$

则

$$\bar{\boldsymbol{x}} \geqq \sum_{j=1}^{n} \boldsymbol{x}_j\lambda_j \geqq \boldsymbol{x}_{j_k}\lambda_{j_k} > \mathbf{0}.$$

由于 $(\bar{\boldsymbol{x}}, \bar{\boldsymbol{y}})$ 是 $(T_\delta, \ll_\delta)$ 的极大元, 则有

$$\bar{\boldsymbol{y}} \neq \mathbf{0},$$

否则,

$$\sum_{j=1}^{n} \boldsymbol{y}_j\lambda_j > \mathbf{0} = \bar{\boldsymbol{y}},$$

这与 $(\bar{\boldsymbol{x}}, \bar{\boldsymbol{y}})$ 是 $(T_\delta, \ll_\delta)$ 的极大元矛盾! 因此

$$(\bar{\boldsymbol{x}}, \bar{\boldsymbol{y}}) > \mathbf{0}.$$

(2) 若

$$\lambda_j = 0, \quad j = 1, \cdots, n,$$

因为 $(\bar{\boldsymbol{x}}, \bar{\boldsymbol{y}})$ 是 $(T_{\mathrm{C^2R}}, \ll_\delta)$ 的极大元 (因为这种情况只有在 $\mathrm{C^2R}$ 模型中才存在), 则必有

$$(\bar{\boldsymbol{x}}, \bar{\boldsymbol{y}}) = \mathbf{0}.$$

以上结论表明: 对于 $\mathrm{C^2R}$ 模型, $(\bar{\boldsymbol{x}}, \bar{\boldsymbol{y}})$ 只存在以下两种情况:

$$(\bar{\boldsymbol{x}}, \bar{\boldsymbol{y}}) = \mathbf{0} \text{ 或者 } (\bar{\boldsymbol{x}}, \bar{\boldsymbol{y}}) > \mathbf{0}.$$

对于 $\mathrm{BC^2}$ 模型必有

$$(\bar{\boldsymbol{x}}, \bar{\boldsymbol{y}}) > \mathbf{0},$$

因此, 可分以下两种情况讨论.

(1) 若

$$(\bar{\boldsymbol{x}}, \bar{\boldsymbol{y}}) = \mathbf{0},$$

则对生产可能集 $T_{\mathrm{C^2R}}$ 的任意有效面

$$L=\left\{(\boldsymbol{x},\boldsymbol{y})\,\middle|\,\hat{\boldsymbol{\omega}}^{\mathrm{T}}\boldsymbol{x}-\hat{\boldsymbol{\mu}}^{\mathrm{T}}\boldsymbol{y}=0\right\},$$

显然

$$(\bar{\boldsymbol{x}},\bar{\boldsymbol{y}})\in L\cap T_{\mathrm{C^2R}}.$$

(2) 若

$$(\bar{\boldsymbol{x}},\bar{\boldsymbol{y}})>\boldsymbol{0},$$

由于

$$(\bar{\boldsymbol{x}},\bar{\boldsymbol{y}})\in T_\delta,$$

因此, 存在

$$\lambda_j\geqq 0,\quad j=1,\cdots,n,$$

使得

$$\sum_{j=1}^{n}\boldsymbol{x}_j\lambda_j\leqq\bar{\boldsymbol{x}},\quad \sum_{j=1}^{n}\boldsymbol{y}_j\lambda_j\geqq\bar{\boldsymbol{y}},\quad \delta\sum_{j=1}^{n}\lambda_j=\delta.$$

令

$$\begin{aligned}\tilde{T}_\delta=\Bigg\{(\boldsymbol{x},\boldsymbol{y})\,\Bigg|\,&\bar{\boldsymbol{x}}\lambda_{n+1}+\sum_{j=1}^{n}\boldsymbol{x}_j\lambda_j\leqq\boldsymbol{x},\bar{\boldsymbol{y}}\lambda_{n+1}+\sum_{j=1}^{n}\boldsymbol{y}_j\lambda_j\geqq\boldsymbol{y},\\ &\delta\sum_{j=1}^{n+1}\lambda_j=\delta,\lambda_j\geqq 0,j=1,\cdots,n+1\Bigg\}.\end{aligned}$$

假设 $(\bar{\boldsymbol{x}},\bar{\boldsymbol{y}})$ 不是 $(\tilde{T}_\delta,\ll_\delta)$ 的极大元, 则存在

$$\tilde{\lambda}_j\geqq 0,\quad j=1,\cdots,n+1,\quad \delta\sum_{j=1}^{n+1}\tilde{\lambda}_j=\delta,$$

使得

$$\bar{\boldsymbol{x}}\tilde{\lambda}_{n+1}+\sum_{j=1}^{n}\boldsymbol{x}_j\tilde{\lambda}_j\leqq\bar{\boldsymbol{x}},\quad \bar{\boldsymbol{y}}\tilde{\lambda}_{n+1}+\sum_{j=1}^{n}\boldsymbol{y}_j\tilde{\lambda}_j\geqq\bar{\boldsymbol{y}},$$

且至少有一个不等式严格成立. 由于

$$\boldsymbol{0}\leqq\sum_{j=1}^{n}\boldsymbol{x}_j\tilde{\lambda}_j\leqq\bar{\boldsymbol{x}}(1-\tilde{\lambda}_{n+1}),\quad \sum_{j=1}^{n}\boldsymbol{y}_j\tilde{\lambda}_j\geqq\bar{\boldsymbol{y}}(1-\tilde{\lambda}_{n+1}),$$

可知

$$1-\tilde{\lambda}_{n+1}>0.$$

因此,

$$\sum_{j=1}^{n}\boldsymbol{x}_j\frac{\tilde{\lambda}_j}{1-\tilde{\lambda}_{n+1}}\leqq\bar{\boldsymbol{x}},\quad\sum_{j=1}^{n}\boldsymbol{y}_j\frac{\tilde{\lambda}_j}{1-\tilde{\lambda}_{n+1}}\geqq\bar{\boldsymbol{y}},\quad\delta\sum_{j=1}^{n}\frac{\tilde{\lambda}_j}{1-\tilde{\lambda}_{n+1}}=\delta,$$

且至少有一个不等式严格成立, 这与 $(\bar{\boldsymbol{x}},\bar{\boldsymbol{y}})$ 是 $(T_\delta,\ll_\delta)$ 的极大元矛盾! 因此, $(\bar{\boldsymbol{x}},\bar{\boldsymbol{y}})$ 是 $(\tilde{T}_\delta,\ll_\delta)$ 的极大元. 由定理 7.3 和定理 7.7 可知 $(\bar{\boldsymbol{x}},\bar{\boldsymbol{y}})$ 相对于 $(\bar{\boldsymbol{x}},\bar{\boldsymbol{y}}),(\boldsymbol{x}_1,\boldsymbol{y}_1),\cdots,(\boldsymbol{x}_n,\boldsymbol{y}_n)$ 为 DEA 有效. 由定义 7.1 和定义 7.3 可知存在

$$\tilde{\boldsymbol{\omega}}>\boldsymbol{0},\quad\tilde{\boldsymbol{\mu}}>\boldsymbol{0},\quad\tilde{\mu}_0,$$

使得

$$\begin{aligned}&\tilde{\boldsymbol{\omega}}^{\mathrm{T}}\boldsymbol{x}_j-\tilde{\boldsymbol{\mu}}^{\mathrm{T}}\boldsymbol{y}_j-\delta\tilde{\mu}_0\geqq0,\quad j=1,2,\cdots,n,\\&\tilde{\boldsymbol{\omega}}^{\mathrm{T}}\bar{\boldsymbol{x}}-\tilde{\boldsymbol{\mu}}^{\mathrm{T}}\bar{\boldsymbol{y}}-\delta\tilde{\mu}_0=0.\end{aligned}$$

显然, 对任意 $(\boldsymbol{x},\boldsymbol{y})\in T_\delta$, 有

$$\begin{aligned}\tilde{\boldsymbol{\omega}}^{\mathrm{T}}\boldsymbol{x}-\tilde{\boldsymbol{\mu}}^{\mathrm{T}}\boldsymbol{y}-\delta\tilde{\mu}_0&\geqq\tilde{\boldsymbol{\omega}}^{\mathrm{T}}\left(\sum_{j=1}^{n}\boldsymbol{x}_j\lambda_j\right)-\tilde{\boldsymbol{\mu}}^{\mathrm{T}}\left(\sum_{j=1}^{n}\boldsymbol{y}_j\lambda_j\right)-\delta\tilde{\mu}_0\\&\geqq\sum_{j=1}^{n}(\tilde{\boldsymbol{\omega}}^{\mathrm{T}}\boldsymbol{x}_j-\tilde{\boldsymbol{\mu}}^{\mathrm{T}}\boldsymbol{y}_j-\delta\tilde{\mu}_0)\lambda_j\geqq0.\end{aligned}$$

因此,

$$T_\delta\subseteq\left\{(\boldsymbol{x},\boldsymbol{y})\,\middle|\,\tilde{\boldsymbol{\omega}}^{\mathrm{T}}\boldsymbol{x}-\tilde{\boldsymbol{\mu}}^{\mathrm{T}}\boldsymbol{y}-\delta\tilde{\mu}_0\geqq0\right\},$$

令

$$L_1=\left\{(\boldsymbol{x},\boldsymbol{y})\,\middle|\,\tilde{\boldsymbol{\omega}}^{\mathrm{T}}\boldsymbol{x}-\tilde{\boldsymbol{\mu}}^{\mathrm{T}}\boldsymbol{y}-\delta\tilde{\mu}_0=0\right\},$$

则

$$(\bar{\boldsymbol{x}},\bar{\boldsymbol{y}})\in L_1\cap T_\delta\neq\varnothing,$$

因此, $L_1\cap T_\delta$ 为生产可能集 T_δ 的生产前沿面, 并且 $(\bar{\boldsymbol{x}},\bar{\boldsymbol{y}})$ 在这个生产前沿面上. 证毕.

8.2　应用偏序集理论研究 DEA 数据变换性质

研究 DEA 模型的数据变换性质非常重要, 通过研究数据变换性质有助于回答以下几方面的问题:

(1) 当外界条件发生变化后, 决策单元的有效性如何变化.

(2) 当数据测量存在误差时, 决策单元有效性测算的准确度如何.

(3) 当指标数据存在 0 和负数时, 是否可以通过有效的数据变换将原始数据转换成正数再分析.

(4) 是否可以通过数据变换来更好地描述实际问题, 如把实际前沿生产函数的局部线性逼近改为 Cobb-Douglas 生产函数的局部逼近将对 DEA 有效性产生什么影响等.

以下主要探讨当决策单元的数据发生变化时, 决策单元 DEA 有效性的变化情况.

8.2.1 一类严格保序映射变换下的 DEA 有效性分析

应用严格保序映射对决策单元的输入输出数据进行变换时, 决策单元的 DEA 有效性并不一定保持, 这可以通过以下例子得到证明.

例 8.1 将 3 个决策单元的输入输出指标数据利用函数

$$y = lg(x)$$

进行变换, 变换前后的指标数据值如表 8.1 所示.

表 8.1 决策单元变换前后的输入输出数据

变换前的输入输出数据				变换后的输入输出数据			
决策单元	DMU_1	DMU_2	DMU_3	决策单元	DMU_1	DMU_2	DMU_3
输入	10	100	1000	输入	1	2	3
输出	10	1000	100000	输出	1	3	5

决策单元 2 对应的 BC^2 模型的对偶模型为

$$(\mathrm{D_{org}})\begin{cases}\min\theta = V_{\mathrm{D}},\\ \text{s.t.}\quad 10\lambda_1 + 100\lambda_2 + 1000\lambda_3 \leqq 100\theta,\\ \qquad 10\lambda_1 + 1000\lambda_2 + 100000\lambda_3 \geqq 1000,\\ \qquad \lambda_1 + \lambda_2 + \lambda_3 = 1,\\ \qquad \lambda_1, \lambda_2, \lambda_3 \geqq 0.\end{cases}$$

由于

$$\lambda_1 = 0.99, \quad \lambda_2 = 0, \quad \lambda_3 = 0.01, \quad \theta = 0.5$$

是 $(\mathrm{D_{org}})$ 的一个可行解, 故决策单元 2 无效.

决策单元 2 通过数据变换后对应的 BC^2 模型为

$$(\mathrm{P_{chan}})\begin{cases}\max(3\mu + \mu_0) = V_{\mathrm{P}},\\ \text{s.t.}\quad \omega - \mu - \mu_0 \geqq 0\\ \qquad 2\omega - 3\mu - \mu_0 \geqq 0,\\ \qquad 3\omega - 5\mu - \mu_0 \geqq 0,\\ \qquad 2\omega = 1,\\ \qquad \omega \geqq 0, \quad \mu \geqq 0.\end{cases}$$

当 $\mu=\dfrac{1}{4},\omega=\dfrac{1}{2},\mu_0=\dfrac{1}{4}$ 时, $V_{\mathrm{P}}=1$, 故决策单元 2 为 DEA 有效.

在例 8.1 中, 如果把数据变换反过来, 其实就是利用

$$y=10^x$$

进行的数据变换, 显然这个函数是严格保序函数, 但变换前后决策单元的 DEA 有效性发生了变化.

事实上, 决策单元的 DEA 有效性发生变化的原因为: 尽管保序变换可以保持决策单元输入输出数据原有的大小顺序, 但却不能保持数据间的凸性关系, 这有可能会使生产前沿面在变换前后失去等价性. 以下应用函数本身的一些性质对这一问题进行分析.

若 $f_i(a)(i=1,2,\cdots,m)$, $g_r(b)(r=1,2,\cdots,s)$ 是 E_+^1(正实数域) 上的函数. 各决策单元的数据经 $f_i(a)$, $g_r(b)$ 变换成如表 8.2 所示的数据.

表 8.2　决策单元变换后的输入输出数据

$$\begin{array}{ccc|ccc|}
\cline{4-6}
v_1 & 1 & \rightarrow & f_1(x_{11}) & \cdots & f_1(x_{1n}) \\
\vdots & \vdots & & \vdots & & \vdots \\
v_m & m & \rightarrow & f_m(x_{m1}) & \cdots & f_m(x_{mn}) \\
\cline{4-6}
\end{array}$$

$$\begin{array}{|ccc|ccc}
\hline
g_1(y_{11}) & \cdots & g_1(y_{1n}) & \rightarrow & 1 & u_1 \\
\vdots & & \vdots & & \vdots & \vdots \\
g_s(y_{s1}) & \cdots & g_s(y_{sn}) & \rightarrow & s & u_s \\
\hline
\end{array}$$

记

$$f(\boldsymbol{x}_j)=(f_1(x_{1j}),f_2(x_{2j}),\cdots,f_m(x_{mj}))^{\mathrm{T}},$$

$$g(\boldsymbol{y}_j)=(g_1(y_{1j}),g_2(y_{2j}),\cdots,g_s(y_{sj}))^{\mathrm{T}}.$$

定义 8.2[9]　凸函数.

设 $h(\boldsymbol{x})$ 是定义在非空凸集 $S\subset E^n$ 上的函数, 若对任意 $\boldsymbol{x},\boldsymbol{y}\in S$, 不等式

$$h(\lambda\boldsymbol{x}+(1-\lambda)\boldsymbol{y})\leqq\lambda h(\boldsymbol{x})+(1-\lambda)h(\boldsymbol{y}),$$

对于任意 $\lambda\in[0,1]$ 都成立, 则称 $h(\boldsymbol{x})$ 为 S 上的凸函数.

如果将定义 8.2 中的不等号反向, 就可以类似得到凹函数的定义.

定理 8.2　若 $f_i(a)(i=1,2,\cdots,m)$, $g_r(b)(r=1,2,\cdots,s)$ 是 E_+^1 上的严格单调上升函数, 且它们的函数值大于等于 0, 则

(1) 若 $f_i(a)$ 是凸函数, $g_r(b)$ 是凹函数, 则在上述变换下将 DEA 有效 (BC^2) 单元变成有效单元.

(2) 若 $f_i(a)$ 是凹函数, $g_r(b)$ 是凸函数, 则在上述变换下将 DEA 无效 (BC^2) 单元变成无效单元.

(3) 若 $f_i(a)$, $g_r(b)$ 是线性函数, 则在上述变换下将保持各决策单元变换前的 DEA 有效性 (BC^2).

证明 (1) 若 $(\boldsymbol{x}_{j_0}, \boldsymbol{y}_{j_0})$ 相对数据 $(\boldsymbol{x}_j, \boldsymbol{y}_j)$, $j = 1, 2, \cdots, n$ 为 DEA 有效, 假设 $(f(\boldsymbol{x}_{j_0}), g(\boldsymbol{y}_{j_0}))$ 相对变换后的数据 $(f(\boldsymbol{x}_j), g(\boldsymbol{y}_j))$, $j = 1, 2, \cdots, n$ 为 DEA 无效, 由定理 7.7 知存在 $(\boldsymbol{x}, \boldsymbol{y}) \in L_{\mathrm{BC}^2}$, 使得

$$(\boldsymbol{x}, -\boldsymbol{y}) \leq (f(\boldsymbol{x}_{j_0}), -g(\boldsymbol{y}_{j_0})),$$

其中

$$L_{\mathrm{BC}^2} = \left\{ (\boldsymbol{x}, \boldsymbol{y}) \,\middle|\, \sum_{j=1}^{n} f(\boldsymbol{x}_j)\lambda_j \leqq \boldsymbol{x}, \sum_{j=1}^{n} g(\boldsymbol{y}_j)\lambda_j \geqq \boldsymbol{y}, \sum_{j=1}^{n} \lambda_j = 1, \lambda_j \geqq 0, j = 1, 2, \cdots, n \right\}.$$

因此, 存在 λ_j, $j = 1, 2, \cdots, n$ 使得

$$\sum_{j=1}^{n} f(\boldsymbol{x}_j)\lambda_j \leqq \boldsymbol{x} \leqq f(\boldsymbol{x}_{j_0}),$$

$$\sum_{j=1}^{n} g(\boldsymbol{y}_j)\lambda_j \geqq \boldsymbol{y} \geqq g(\boldsymbol{y}_{j_0}),$$

且至少有一个不等式严格成立.

由于 $f_i(a)$ 是凸函数, $g_r(b)$ 是凹函数, 当

$$\sum_{j=1}^{n} \lambda_j = 1, \quad \lambda_j \geqq 0, \quad j = 1, \cdots, n$$

时, 有以下不等式成立, 即

$$f\left(\sum_{j=1}^{n} \boldsymbol{x}_j\lambda_j\right) \leqq \sum_{j=1}^{n} f(\boldsymbol{x}_j)\lambda_j,$$

$$g\left(\sum_{j=1}^{n} \boldsymbol{y}_j\lambda_j\right) \geqq \sum_{j=1}^{n} g(\boldsymbol{y}_j)\lambda_j,$$

所以

$$f\left(\sum_{j=1}^{n}\boldsymbol{x}_j\lambda_j\right) \leqq f(\boldsymbol{x}_{j_0}),$$

$$g\left(\sum_{j=1}^{n}\boldsymbol{y}_j\lambda_j\right) \geqq g(\boldsymbol{y}_{j_0}),$$

且至少有一个不等式严格成立.

由于 $f_i(a)$, $g_r(b)$ 是严格单调函数, 故得

$$\sum_{j=1}^{n}\boldsymbol{x}_j\lambda_j \leqq \boldsymbol{x}_{j_0},$$

$$\sum_{j=1}^{n}\boldsymbol{y}_j\lambda_j \geqq \boldsymbol{y}_{j_0},$$

且至少有一个不等式严格成立.

由于

$$\left(\sum_{j=1}^{n}\boldsymbol{x}_j\lambda_j, \sum_{j=1}^{n}\boldsymbol{y}_j\lambda_j\right) \in T_{\mathrm{BC}^2},$$

由定理 7.7 知 $(\boldsymbol{x}_{j_0}, \boldsymbol{y}_{j_0})$ 为 DEA 无效 (BC^2), 矛盾!

(2) 类似 (1) 的证明, 可知结论 (2) 成立.

(3) 由 (1) 和 (2) 可知 (3) 成立. 证毕.

定理 8.2 一方面给出了数据变换的一种方法, 另一方面给出了决策单元如何有效扩大规模、调整各指标比例关系的一种决策办法.

由定理 8.2 的结论 (3) 不难得出以下结论.

推论 8.1 (1) 各决策单元的同一指标数据同时扩大或缩小正的若干倍, 其 DEA 有效性 (BC^2) 不变.

(2) 各决策单元的同一指标数据同时加上相同的正数或适当减去相同的正数使得变换后的数据 $(\bar{\boldsymbol{x}}_j, \bar{\boldsymbol{y}}_j) > \mathbf{0}$ 时, 其 DEA 有效性 (BC^2) 不变.

证明 在定理 8.2 中令

$$\bar{x}_i = f_i(x_i) = k_i x_i + \delta_i,$$

$$\bar{y}_r = g_r(y_r) = l_r y_r + \rho_r,$$

其中

$$(k_1, k_2, \cdots, k_m) > \mathbf{0}, \quad (l_1, l_2, \cdots, l_s) > \mathbf{0}$$

均为常数,

$$(\delta_1,\delta_2,\cdots,\delta_m),\quad (\rho_1,\rho_2,\cdots,\rho_s)$$

均为常数, 并且变换后的数据满足

$$(\bar{\boldsymbol{x}}_j,\bar{\boldsymbol{y}}_j)>\mathbf{0},$$

根据定理 8.2 可知结论成立. 证毕.

另外, 应用 DEA 方法的变换性质还可以讨论输入、输出数据含有零或负数 DEA 模型的性质等.

8.2.2 一般数据变换条件下的 DEA 有效性分析

以下对一般数据变换条件下 DEA 有效性的变化情况进行分析, 给出数据变换保持 DEA 有效性不变的一些充要条件.

定义 8.3[10] 设 $(P,\ll_1)$ 与 $(Q,\ll_2)$ 是两个偏序集, f 是一个 P 到 Q 的映射,

(1) 如果对任意 $\boldsymbol{x},\boldsymbol{y}\in P$, 若

$$\boldsymbol{x}\ll_1\boldsymbol{y}\Rightarrow f(\boldsymbol{x})\ll_2 f(\boldsymbol{y}),$$

则称 f 为保序映射. 如果 f 还为一个单射, 则称 f 为单保序映射.

(2) 如果 f 为满射, 且对任意 $f(\boldsymbol{x}),f(\boldsymbol{y})\in Q$, 若

$$f(\boldsymbol{x})\ll_2 f(\boldsymbol{y})\Rightarrow \boldsymbol{x}\ll_1\boldsymbol{y},$$

则称 f 为满的可逆保序映射.

(3) 若 f 是双射, 且满足 (1) 与 (2), 则称 f 为同构映射.

若 n 个决策单元经过数据变换后, 将第 j 个决策单元的输入输出数据 $(\boldsymbol{x}_j,\boldsymbol{y}_j)$ 变换为 $(\bar{\boldsymbol{x}}_j,\bar{\boldsymbol{y}}_j)$, 并且 $(\bar{\boldsymbol{x}}_j,\bar{\boldsymbol{y}}_j)>\mathbf{0}$. 假设变换前后的生产可能集分别为 T_δ 和 $\bar{T}_\delta$,

$$\bar{T}_\delta=\left\{(\boldsymbol{x},\boldsymbol{y})\left|\sum_{j=1}^{n}\bar{\boldsymbol{x}}_j\lambda_j\leqq\boldsymbol{x},\sum_{j=1}^{n}\bar{\boldsymbol{y}}_j\lambda_j\geqq\boldsymbol{y},\delta\sum_{j=1}^{n}\lambda_j=\delta,\lambda_j\geqq 0,j=1,2,\cdots,n\right.\right\}.$$

定义 T_δ 上的二元关系 $\ll_1$ 为

$$(\boldsymbol{x},\boldsymbol{y}),(\hat{\boldsymbol{x}},\hat{\boldsymbol{y}})\in T_\delta,\quad (\boldsymbol{x},\boldsymbol{y})\ll_1(\hat{\boldsymbol{x}},\hat{\boldsymbol{y}})$$

当且仅当

$$\boldsymbol{x}\geqq\hat{\boldsymbol{x}},\quad \boldsymbol{y}\leqq\hat{\boldsymbol{y}}.$$

定义 $\bar{T}_\delta$ 上的二元关系 $\ll_2$ 为

$$(\boldsymbol{x},\boldsymbol{y}),(\hat{\boldsymbol{x}},\hat{\boldsymbol{y}})\in\bar{T}_\delta,\quad (\boldsymbol{x},\boldsymbol{y})\ll_2(\hat{\boldsymbol{x}},\hat{\boldsymbol{y}})$$

当且仅当

$$\boldsymbol{x}\geqq\hat{\boldsymbol{x}},\quad \hat{\boldsymbol{y}}\geqq\boldsymbol{y}.$$

其中 $\geqq$ 为通常的大于等于关系.

可进一步验证 $\ll_1$, $\ll_2$ 均是偏序关系. 因此 $(T_\delta,\ll_1)$ 和 $(\overline{T}_\delta,\ll_2)$ 构成了两个偏序集.

下面从偏序集的角度对数据变换的不变性问题进行探讨.

定理 8.3 若 $(T_\delta,\ll_1)$ 和 $(\bar{T}_\delta,\ll_2)$ 之间存在同构映射 f, 使得

$$f(\boldsymbol{x}_j,\boldsymbol{y}_j)=(\bar{\boldsymbol{x}}_j,\bar{\boldsymbol{y}}_j),$$

则

(1) $(\boldsymbol{x}_{j_0},\boldsymbol{y}_{j_0})$ 相对数据 $(\boldsymbol{x}_j,\boldsymbol{y}_j)$, $j=1,2,\cdots,n$ 为 DEA 有效 (C^2R) 当且仅当变换后的数据 $(\bar{\boldsymbol{x}}_{j_0},\bar{\boldsymbol{y}}_{j_0})$ 相对 $(\bar{\boldsymbol{x}}_j,\bar{\boldsymbol{y}}_j)$, $j=1,2,\cdots,n$ 为 DEA 有效 (C^2R).

(2) $(\boldsymbol{x}_{j_0},\boldsymbol{y}_{j_0})$ 相对数据 $(\boldsymbol{x}_j,\boldsymbol{y}_j)$, $j=1,2,\cdots,n$ 为 DEA 有效 (BC^2) 当且仅当变换后的数据 $(\bar{\boldsymbol{x}}_{j_0},\bar{\boldsymbol{y}}_{j_0})$ 相对 $(\bar{\boldsymbol{x}}_j,\bar{\boldsymbol{y}}_j)$, $j=1,2,\cdots,n$ 为 DEA 有效 (BC^2).

证明 必要性. 假设数据 $(\bar{\boldsymbol{x}}_{j_0},\bar{\boldsymbol{y}}_{j_0})$ 相对变换后的数据 $(\bar{\boldsymbol{x}}_j,\bar{\boldsymbol{y}}_j)$, $j=1,2,\cdots,n$ 为 DEA 无效 (C^2R, BC^2), 由定理 7.3 和定理 7.7 知 $(\bar{\boldsymbol{x}}_{j_0},\bar{\boldsymbol{y}}_{j_0})$ 不是 $(\bar{T}_\delta,\ll_2)$ 的极大元, 因此存在

$$(\hat{\boldsymbol{x}},\hat{\boldsymbol{y}})\in\bar{T}_\delta,\quad (\bar{\boldsymbol{x}}_{j_0},\bar{\boldsymbol{y}}_{j_0})\neq(\hat{\boldsymbol{x}},\hat{\boldsymbol{y}}),$$

使得

$$(\bar{\boldsymbol{x}}_{j_0},\bar{\boldsymbol{y}}_{j_0})\ll_2(\hat{\boldsymbol{x}},\hat{\boldsymbol{y}}).$$

已知

$$f(\boldsymbol{x}_{j_0},\boldsymbol{y}_{j_0})=(\bar{\boldsymbol{x}}_{j_0},\bar{\boldsymbol{y}}_{j_0}),$$

且由 f 是双射, 可知存在 $(\boldsymbol{x},\boldsymbol{y})\in T_\delta$, 使得

$$(\boldsymbol{x},\boldsymbol{y})\neq(\boldsymbol{x}_{j_0},\boldsymbol{y}_{j_0}),\quad f(\boldsymbol{x},\boldsymbol{y})=(\hat{\boldsymbol{x}},\hat{\boldsymbol{y}}).$$

由于 f 是 $(T_\delta,\ll_1)$ 和 $(\bar{T}_\delta,\ll_2)$ 之间的同构映射, 故

$$(\boldsymbol{x}_{j_0},\boldsymbol{y}_{j_0})\ll_1(\boldsymbol{x},\boldsymbol{y}),\quad (\boldsymbol{x}_{j_0},\boldsymbol{y}_{j_0})\neq(\boldsymbol{x},\boldsymbol{y}).$$

因此, $(\boldsymbol{x}_{j_0},\boldsymbol{y}_{j_0})$ 不是 $(T_\delta,\ll_1)$ 的极大元, 由定理 7.3 和定理 7.7 知 $(\boldsymbol{x}_{j_0},\boldsymbol{y}_{j_0})$ 相对数据 $(\boldsymbol{x}_j,\boldsymbol{y}_j)$, $j=1,2,\cdots,n$ 为 DEA 无效.

充分性. 类似可证. 证毕.

定理 8.3 表明如果生产可能集上的数据变换是一个同构变换, 则各决策单元在数据变换前后的有效性保持不变.

定理 8.4 若 $(T_\delta, \ll_1)$ 和 $(\bar{T}_\delta, \ll_2)$ 之间存在单的保序映射 f, 使得

$$f(\boldsymbol{x}_j, \boldsymbol{y}_j) = (\bar{\boldsymbol{x}}_j, \bar{\boldsymbol{y}}_j),$$

则有

(1) 如果 $(\boldsymbol{x}_{j_0}, \boldsymbol{y}_{j_0})$ 相对数据 $(\boldsymbol{x}_j, \boldsymbol{y}_j), j = 1, 2, \cdots, n$ 为 DEA 无效 (C^2R), 则变换后的数据 $(\bar{\boldsymbol{x}}_{j_0}, \bar{\boldsymbol{y}}_{j_0})$ 也相对 $(\bar{\boldsymbol{x}}_j, \bar{\boldsymbol{y}}_j), j = 1, 2, \cdots, n$ 为 DEA 无效 (C^2R).

(2) 如果 $(\boldsymbol{x}_{j_0}, \boldsymbol{y}_{j_0})$ 相对数据 $(\boldsymbol{x}_j, \boldsymbol{y}_j), j = 1, 2, \cdots, n$ 为 DEA 无效 (BC^2), 则变换后的数据 $(\bar{\boldsymbol{x}}_{j_0}, \bar{\boldsymbol{y}}_{j_0})$ 也相对 $(\bar{\boldsymbol{x}}_j, \bar{\boldsymbol{y}}_j), j = 1, 2, \cdots, n$ 为 DEA 无效 (BC^2).

证明 类似定理 8.3 可证. 证毕.

假设 K 为 $(T_\delta, \ll_1)$ 的极大元的集合, $\bar{K}$ 为 $(\bar{T}_\delta, \ll_2)$ 的极大元的集合. 令

$$L = \{(\boldsymbol{x}_j, \boldsymbol{y}_j) | j = 1, 2, \cdots, n\},$$

$$\bar{L} = \{(\bar{\boldsymbol{x}}_j, \bar{\boldsymbol{y}}_j) | j = 1, 2, \cdots, n\},$$

则有以下定理.

定理 8.5 对于 C^2R 模型和 BC^2 模型, 数据变换具有不变性当且仅当

$$\{j | (\boldsymbol{x}_j, \boldsymbol{y}_j) \in K \cap L\} = \{j | (\bar{\boldsymbol{x}}_j, \bar{\boldsymbol{y}}_j) \in \bar{K} \cap \bar{L}\}.$$

证明 必要性. 对任意的

$$j_0 \in \{j | (\boldsymbol{x}_j, \boldsymbol{y}_j) \in K \cap L\},$$

由于 $(\boldsymbol{x}_{j_0}, \boldsymbol{y}_{j_0}) \in K$, 故 $(\boldsymbol{x}_{j_0}, \boldsymbol{y}_{j_0})$ 是 $(T_\delta, \ll_1)$ 的极大元, 由定理 7.3 和定理 7.7 知 $(\boldsymbol{x}_{j_0}, \boldsymbol{y}_{j_0})$ 为 DEA 有效.

因为数据变换具有不变性, 所以数据 $(\bar{\boldsymbol{x}}_{j_0}, \bar{\boldsymbol{y}}_{j_0})$ 相对变换后的数据 $(\bar{\boldsymbol{x}}_j, \bar{\boldsymbol{y}}_j), j = 1, 2, \cdots, n$ 为 DEA 有效. 这样由定理 7.3、定理 7.7 知 $(\bar{\boldsymbol{x}}_{j_0}, \bar{\boldsymbol{y}}_{j_0}) \in \bar{K}$, 所以

$$j_0 \in \{j | (\bar{\boldsymbol{x}}_j, \bar{\boldsymbol{y}}_j) \in \bar{K} \cap \bar{L}\},$$

反之亦然. 由此可知

$$\{j | (\boldsymbol{x}_j, \boldsymbol{y}_j) \in K \cap L\} = \{j | (\bar{\boldsymbol{x}}_j, \bar{\boldsymbol{y}}_j) \in \bar{K} \cap \bar{L}\}.$$

充分性. 若 $(\boldsymbol{x}_{j_0}, \boldsymbol{y}_{j_0})$ 为 DEA 有效, 由定理 7.3、定理 7.7 知 $(\boldsymbol{x}_{j_0}, \boldsymbol{y}_{j_0})$ 是 $(T_\delta, \ll_1)$ 的极大元, 故

$$j_0 \in \{j | (\boldsymbol{x}_j, \boldsymbol{y}_j) \in K \cap L\} = \{j | (\bar{\boldsymbol{x}}_j, \bar{\boldsymbol{y}}_j) \in \bar{K} \cap \bar{L}\}.$$

所以可得 $(\bar{\boldsymbol{x}}_{j_0}, \bar{\boldsymbol{y}}_{j_0}) \in \bar{K}$.

由定理 7.3、定理 7.7 知 $(\bar{\boldsymbol{x}}_{j_0}, \bar{\boldsymbol{y}}_{j_0})$ 相对变换后的数据 $(\bar{\boldsymbol{x}}_j, \bar{\boldsymbol{y}}_j)$, $j = 1, 2, \cdots, n$ 为 DEA 有效.

若 $(\boldsymbol{x}_{j_0}, \boldsymbol{y}_{j_0})$ 为 DEA 无效, 假设 $(\bar{\boldsymbol{x}}_{j_0}, \bar{\boldsymbol{y}}_{j_0})$ 相对变换后的数据 $(\bar{\boldsymbol{x}}_j, \bar{\boldsymbol{y}}_j)$, $j = 1, 2, \cdots, n$ 为 DEA 有效, 可知 $(\bar{\boldsymbol{x}}_{j_0}, \bar{\boldsymbol{y}}_{j_0})$ 是 $\bar{K}$ 中的极大元, 这样,

$$j_0 \in \{j | (\bar{\boldsymbol{x}}_j, \bar{\boldsymbol{y}}_j) \in \bar{K} \cap \bar{L}\} = \{j | (\boldsymbol{x}_j, \boldsymbol{y}_j) \in K \cap L\}.$$

因而, $(\boldsymbol{x}_{j_0}, \boldsymbol{y}_{j_0}) \in K$, 可知 $(\boldsymbol{x}_{j_0}, \boldsymbol{y}_{j_0})$ 为 DEA 有效, 这与已知矛盾! 由上述可知数据变换具有不变性. 证毕.

上述结论不仅可以刻画 DEA 有效性特征、研究 DEA 模型的变换性质, 而且还可以探讨 DEA 模型的传统问题. 例如, 文献 [8] 中对推论 8.2 的证明是从分式规划的角度给出的, 这里从同构映射的角度给出一种新的证明方法.

推论 8.2[8]　DEA 有效性 (C^2R) 与输入输出数据的量纲选取无关.

证明　假设输入输出数据 $(\boldsymbol{x}_j, \boldsymbol{y}_j)$, $j = 1, \cdots, n$ 在新的量纲下变为

$$(\delta_1 x_{1j}, \delta_2 x_{2j}, \cdots, \delta_m x_{mj})^{\mathrm{T}}, \quad (\rho_1 y_{1j}, \rho_2 y_{2j}, \cdots, \rho_s y_{sj})^{\mathrm{T}}, \quad j = 1, \cdots, n,$$

其中

$$\delta_i > 0, \quad \rho_r > 0, \quad i = 1, 2, \cdots, m, \quad r = 1, 2, \cdots, s.$$

定义数据变换前后两个生产可能集之间的一个映射 f 如下:

$$f(\boldsymbol{x}, \boldsymbol{y}) = ((\delta_1 x_1, \delta_2 x_2, \cdots, \delta_m x_m), (\rho_1 y_1, \rho_2 y_2, \cdots, \rho_s y_s)),$$

可以验证 f 是数据变换前后两个生产可能集之间的一个同构映射, 根据定理 8.3 可知数据变换具有不变性. 因而, DEA 有效性 (C^2R) 与输入输出数据的量纲选取无关. 证毕.

8.2.3　数据变换对 DEA 生产前沿面的影响

为了便于计算或更好地反映生产实际常需要对数据进行处理, 这对 DEA 生产可能集的结构产生一定的影响. 对于 C^2R 和 BC^2 模型, DEA 生产前沿面的变化服从以下规律.

若 n 个决策单元经过数据变换后, 将第 j 个决策单元的输入输出数据 $(\boldsymbol{x}_j, \boldsymbol{y}_j)$ 变换为 $(\bar{\boldsymbol{x}}_j, \bar{\boldsymbol{y}}_j)$, 并且 $(\bar{\boldsymbol{x}}_j, \bar{\boldsymbol{y}}_j) > \mathbf{0}$, 数据变换前后的生产可能集分别为 T_δ 和 $\bar{T}_\delta$. 记 L_{es} 是 n 个决策单元形成的 DEA 生产前沿面, $\bar{L}_{\mathrm{es}}$ 是数据变换后 n 个决策单元形成的 DEA 生产前沿面, 则有以下结论.

定理 8.6 (1) 若 f 是 $(T_\delta, \ll_1)$ 与 $(\bar{T}_\delta, \ll_2)$ 之间的保序映射, 且 f 还是双射, 则

$$f(L_{\mathrm{es}}) \supseteq \bar{L}_{\mathrm{es}}.$$

(2) 若 f 是 $(T_\delta, \ll_1)$ 与 $(\bar{T}_\delta, \ll_2)$ 之间满的可逆保序映射, 则

$$f(L_{\mathrm{es}}) \subseteq \bar{L}_{\mathrm{es}}.$$

(3) 若 f 是 $(T_\delta, \ll_1)$ 与 $(\bar{T}_\delta, \ll_2)$ 之间的同构映射, 则

$$f(L_{\mathrm{es}}) = \bar{L}_{\mathrm{es}}.$$

证明 (1) 对任意 $(\hat{\boldsymbol{x}}, \hat{\boldsymbol{y}}) \in \bar{L}_{\mathrm{es}}$, 由于 f 是双射, 因此存在 $(\boldsymbol{x}, \boldsymbol{y}) \in T_\delta$, 使得

$$f((\boldsymbol{x}, \boldsymbol{y})) = (\hat{\boldsymbol{x}}, \hat{\boldsymbol{y}}).$$

假设 $(\boldsymbol{x}, \boldsymbol{y}) \notin L_{\mathrm{es}}$, 由定理 7.3、定理 7.7 和定理 8.1 知 $(\boldsymbol{x}, \boldsymbol{y})$ 不是 $(T_\delta, \ll_1)$ 的极大元, 因此, 存在

$$(\tilde{\boldsymbol{x}}, \tilde{\boldsymbol{y}}) \in T_\delta, \quad (\boldsymbol{x}, \boldsymbol{y}) \neq (\tilde{\boldsymbol{x}}, \tilde{\boldsymbol{y}}),$$

使得

$$(\boldsymbol{x}, \boldsymbol{y}) \ll_1 (\tilde{\boldsymbol{x}}, \tilde{\boldsymbol{y}}).$$

由于 f 也是单的保序映射, 因此

$$f((\boldsymbol{x}, \boldsymbol{y})) \neq f((\tilde{\boldsymbol{x}}, \tilde{\boldsymbol{y}})),$$

并且

$$f((\boldsymbol{x}, \boldsymbol{y})) \ll_2 f((\tilde{\boldsymbol{x}}, \tilde{\boldsymbol{y}})),$$

即 $f((\boldsymbol{x}, \boldsymbol{y}))$ 不是 $(\bar{T}_\delta, \ll_2)$ 的极大元, 由定理 7.3、定理 7.7 和定理 8.1 知

$$f((\boldsymbol{x}, \boldsymbol{y})) \notin \bar{L}_{\mathrm{es}}.$$

矛盾! 因此

$$f(L_{\mathrm{es}}) \supseteq \bar{L}_{\mathrm{es}}.$$

(2) 若

$$(\boldsymbol{x}, \boldsymbol{y}) \in L_{\mathrm{es}},$$

则由定理 7.3、定理 7.7 和定理 8.1 知 $(\boldsymbol{x}, \boldsymbol{y})$ 是 $(T_\delta, \ll_1)$ 的极大元. 若 $f((\boldsymbol{x}, \boldsymbol{y}))$ 不是 $(\bar{T}_\delta, \ll_2)$ 的极大元, 由 f 是满射知存在 $(\tilde{\boldsymbol{x}}, \tilde{\boldsymbol{y}}) \in T_\delta$, 使得

$$f((\boldsymbol{x}, \boldsymbol{y})) \neq f((\tilde{\boldsymbol{x}}, \tilde{\boldsymbol{y}})), \quad f((\boldsymbol{x}, \boldsymbol{y})) \ll_2 f((\tilde{\boldsymbol{x}}, \tilde{\boldsymbol{y}})).$$

由 f 为可逆保序映射, 知

$$(\boldsymbol{x},\boldsymbol{y}) \neq (\tilde{\boldsymbol{x}},\tilde{\boldsymbol{y}}), \quad (\boldsymbol{x},\boldsymbol{y}) \ll_1 (\tilde{\boldsymbol{x}},\tilde{\boldsymbol{y}}),$$

故 $(\boldsymbol{x},\boldsymbol{y})$ 不是 $(T_\delta, \ll_1)$ 的极大元. 矛盾! 因此

$$f(L_{\text{es}}) \subseteq \bar{L}_{\text{es}}.$$

(3) 由定理 8.6 的 (1) 和 (2) 即得. 证毕.

8.3 生产可能集结构变化对(弱)DEA 有效性的影响

探讨生产可能集结构变化对(弱)DEA 有效性的影响是 DEA 理论研究中的一项重要工作, 它和 DEA 中的许多重要问题的研究都具有紧密联系, 以下首先探讨生产可能集结构变化对(弱)DEA 有效性的影响, 其次, 应用获得的结果分析各 DEA 模型描述的(弱)DEA 有效性之间的关系, 探讨数据变换对决策单元的(弱)DEA 有效性的影响, 研究指标或决策单元的增减对(弱)DEA 有效性的影响等.

8.3.1 生产可能集结构变化对弱 DEA 有效性的影响

假设决策单元的集合为 Z_{G_1}, 每个决策单元有 m_1 个输入指标和 s_1 个输出指标, 对于某个决策单元 $\tau_1 \in Z_{\text{G}_1}$, 它的输入输出指标值 $\boldsymbol{V}(\tau_1)$ 为

$$\boldsymbol{V}(\tau_1) = \begin{cases} (\boldsymbol{x}_{\tau_1}, \boldsymbol{y}_{\tau_1}), & T_{\text{G}_1} \in \{T_{\text{C}^2\text{R}}, T_{\text{BC}^2}, T_{\text{C}^2\text{WH}}\}, \\ (\boldsymbol{X}(\tau_1), \boldsymbol{Y}(\tau_1)), & T_{\text{G}_1} = T_{\text{C}^2\text{W}}, \end{cases}$$

并设

$$T_{\text{G}_1} \in \{T_{\text{C}^2\text{R}}, T_{\text{BC}^2}, T_{\text{C}^2\text{W}}, T_{\text{C}^2\text{WH}}\}$$

是这些单元确定的某种 DEA 生产可能集, T_{G_1} 对应的 DEA 模型记为 (GP_1). 显然模型 (GP_1) 是 C^2R 模型、BC^2 模型、C^2W 模型[11] 和 C^2WH 模型[12] 中的一种.

假设生产可能集结构变化之后, 决策单元的集合变为 Z_{G_2}, 决策单元的指标变为 m_2 个输入和 s_2 个输出, 对某个决策单元 $\tau_2 \in Z_{\text{G}_2}$, 它的输入输出指标值 $\overline{\boldsymbol{V}}(\tau_2)$ 为

$$\overline{\boldsymbol{V}}(\tau_2) = \begin{cases} (\bar{\boldsymbol{x}}_{\tau_2}, \bar{\boldsymbol{y}}_{\tau_2}), & T_{\text{G}_2} \in \left\{\overline{T}_{\text{C}^2\text{R}}, \overline{T}_{\text{BC}^2}, \overline{T}_{\text{C}^2\text{WH}}\right\}, \\ \left(\overline{\boldsymbol{X}}(\tau_2), \overline{\boldsymbol{Y}}(\tau_2)\right), & T_{\text{G}_2} = \bar{T}_{\text{C}^2\text{W}}. \end{cases}$$

在生产可能集结构变化之后, 这些单元确定的 DEA 生产可能集

$$T_{\text{G}_2} \in \{\overline{T}_{\text{C}^2\text{R}}, \overline{T}_{\text{BC}^2}, \overline{T}_{\text{C}^2\text{W}}, \overline{T}_{\text{C}^2\text{WH}}\},$$

T_{G_2} 对应的 DEA 模型记为 (GP_2). 同样地, 模型 (GP_2) 也是 C^2R 模型、BC^2 模型、C^2W 模型和 C^2WH 模型中的一种.

生产可能集 $T_{G_1}(T_{G_2})$ 上的二元关系 $\ll_{G_1}$ $(\ll_{G_2})$ 分别与定理 7.2、定理 7.5、定理 7.9 和定理 7.11 中的情况对应, 并假设定理 7.11 中的假设条件成立, 则有以下结论.

定理 8.7　对于决策单元 $\tau_1 \in Z_{G_1}$ 和决策单元 $\tau_2 \in Z_{G_2}$, 有以下结论:

(1) 若决策单元 τ_1 不为弱 DEA 有效, $(T_{G_1},\ll_{G_1})$ 与 $(T_{G_2},\ll_{G_2})$ 之间存在单的保序映射 f, 使得

$$f(\boldsymbol{V}(\tau_1)) = \overline{\boldsymbol{V}}(\tau_2),$$

则决策单元 τ_2 也不为弱 DEA 有效.

(2) 若决策单元 τ_1 为弱 DEA 有效, $(T_{G_1},\ll_{G_1})$ 与 $(T_{G_2},\ll_{G_2})$ 之间存在满的可逆保序映射 f, 使得

$$f(\boldsymbol{V}(\tau_1)) = \overline{\boldsymbol{V}}(\tau_2),$$

则决策单元 τ_2 也为弱 DEA 有效.

(3) 若 $(T_{G_1},\ll_{G_1})$ 与 $(T_{G_2},\ll_{G_2})$ 之间存在序同构 f, 使得

$$f(\boldsymbol{V}(\tau_1)) = \overline{\boldsymbol{V}}(\tau_2),$$

则决策单元 τ_1 与决策单元 τ_2 具有相同的弱 DEA 有效性.

注: 定理 8.7 中的无效和有效、偏序关系等分别与 T_{G_1} 和 T_{G_2} 选取的模型对应.

证明　(1) 若决策单元 τ_1 不为弱 DEA 有效, 由定理 7.2、定理 7.5、定理 7.9 和定理 7.11 可知 $\boldsymbol{V}(\tau_1)$ 不是 $(T_{G_1},\ll_{G_1})$ 的极大元, 因此存在 $\boldsymbol{V} \in T_{G_1}$, 满足

$$\boldsymbol{V}(\tau_1) \neq \boldsymbol{V}, \quad \boldsymbol{V}(\tau_1) \ll_{G_1} \boldsymbol{V}.$$

由于 f 是单的保序映射, 因此

$$f(\boldsymbol{V}) \in T_{G_2},$$

并且

$$f(\boldsymbol{V}(\tau_1)) \neq f(\boldsymbol{V}), \quad f(\boldsymbol{V}(\tau_1)) \ll_{G_2} f(\boldsymbol{V}).$$

由于

$$f(\boldsymbol{V}(\tau_1)) = \overline{\boldsymbol{V}}(\tau_2),$$

因此, $\overline{\boldsymbol{V}}(\tau_2)$ 不是 $(T_{G_2},\ll_{G_2})$ 中的极大元. 因此, 决策单元 τ_2 也不为弱 DEA 有效.

(2) 反证法. 若决策单元 τ_2 不为弱 DEA 有效, 由定理 7.2、定理 7.5、定理 7.9 和定理 7.11 可知 $\overline{\boldsymbol{V}}(\tau_2)$ 不是 $(T_{\mathrm{G}_2},\ll_{\mathrm{G}_2})$ 的极大元. 又由 f 是满映射, 因此存在

$$\boldsymbol{V} \in T_{\mathrm{G}_1}, \quad f(\boldsymbol{V}) \in T_{\mathrm{G}_2},$$

满足

$$f(\boldsymbol{V}) \neq \overline{\boldsymbol{V}}(\tau_2), \quad \overline{\boldsymbol{V}}(\tau_2) \ll_{\mathrm{G}_2} f(\boldsymbol{V}),$$

即有

$$f(\boldsymbol{V}) \neq f(\boldsymbol{V}(\tau_1)), \quad f(\boldsymbol{V}(\tau_1)) \ll_{\mathrm{G}_2} f(\boldsymbol{V}).$$

由于 f 是可逆保序映射, 因此

$$\boldsymbol{V}(\tau_1) \neq \boldsymbol{V}, \quad \boldsymbol{V}(\tau_1) \ll_{\mathrm{G}_1} \boldsymbol{V}.$$

故 $\boldsymbol{V}(\tau_1)$ 不是 $(T_{\mathrm{G}_1}, \ll_{\mathrm{G}_1})$ 中的极大元, 可知决策单元 τ_1 不为弱 DEA 有效. 这与已知矛盾.

(3) 如果 f 是 $(T_{\mathrm{G}_1},\ll_{\mathrm{G}_1})$ 与 $(T_{\mathrm{G}_2},\ll_{\mathrm{G}_2})$ 之间的序同构, 则它既是单的保序映射, 也是满的可逆保序映射, 由定理 8.7 的 (1) 可知: 若决策单元 τ_1 不为弱 DEA 有效, 则有决策单元 τ_2 也不为弱 DEA 有效. 由定理 8.7 的 (2) 可知: 若决策单元 τ_1 相对其他决策单元为弱 DEA 有效, 则决策单元 τ_2 也为弱 DEA 有效. 证毕.

8.3.2 生产可能集结构变化对 DEA 有效性的影响

如果生产可能集 $T_{\mathrm{G}_1}(T_{\mathrm{G}_2})$ 上的二元关系 $\ll_{\mathrm{G}_3}$ $(\ll_{\mathrm{G}_4})$ 分别与定理 7.3、定理 7.7、定理 7.10 和定理 7.12 中的情况对应, 并假设定理 7.12 中的假设条件成立, 则有以下结论.

定理 8.8　对于决策单元 $\tau_1 \in Z_{\mathrm{G}_1}$ 和决策单元 $\tau_2 \in Z_{\mathrm{G}_2}$, 有以下结论:

(1) 若决策单元 τ_1 为 DEA 无效, $(T_{\mathrm{G}_1},\ll_{\mathrm{G}_3})$ 与 $(T_{\mathrm{G}_2}, \ll_{\mathrm{G}_4})$ 之间存在单的保序映射 φ, 使得

$$\varphi(\boldsymbol{V}(\tau_1)) = \overline{\boldsymbol{V}}(\tau_2),$$

则决策单元 τ_2 也为 DEA 无效.

(2) 若决策单元 τ_1 为 DEA 有效, $(T_{\mathrm{G}_1},\ll_{\mathrm{G}_3})$ 与 $(T_{\mathrm{G}_2},\ll_{\mathrm{G}_4})$ 之间存在满的可逆保序映射 φ, 使得

$$\varphi(\boldsymbol{V}(\tau_1)) = \overline{\boldsymbol{V}}(\tau_2),$$

则决策单元 τ_2 也为 DEA 有效.

(3) 若 $(T_{\mathrm{G}_1},\ll_{\mathrm{G}_3})$ 与 $(T_{\mathrm{G}_2},\ll_{\mathrm{G}_4})$ 之间存在序同构 φ, 使得

$$\varphi(\boldsymbol{V}(\tau_1)) = \overline{\boldsymbol{V}}(\tau_2),$$

则决策单元 τ_1 与决策单元 τ_2 具有相同的 DEA 有效性.

注：定理 8.8 中的无效和有效、偏序关系等分别与 T_{G_1} 和 T_{G_2} 选取的模型对应.

证明 (1) 若决策单元 τ_1 为 DEA 无效, 由定理 7.3、定理 7.7、定理 7.10 和定理 7.12 可知 $\boldsymbol{V}(\tau_1)$ 不是 $(T_{\mathrm{G}_1},\ll_{\mathrm{G}_3})$ 的极大元, 因此存在 $\boldsymbol{V} \in T_{\mathrm{G}_1}$, 满足

$$\boldsymbol{V}(\tau_1) \neq \boldsymbol{V}, \quad \boldsymbol{V}(\tau_1) \ll_{\mathrm{G}_3} \boldsymbol{V}.$$

由于 φ 是单的保序映射, 因此

$$\varphi(\boldsymbol{V}) \in T_{\mathrm{G}_2},$$

并且

$$\varphi(\boldsymbol{V}(\tau_1)) \neq \varphi(\boldsymbol{V}), \quad \varphi(\boldsymbol{V}(\tau_1)) \ll_{\mathrm{G}_4} \varphi(\boldsymbol{V}).$$

由于

$$\varphi(\boldsymbol{V}(\tau_1)) = \overline{\boldsymbol{V}}(\tau_2),$$

因此, $\overline{\boldsymbol{V}}(\tau_2)$ 不是 $(T_{\mathrm{G}_2},\ll_{\mathrm{G}_4})$ 中的极大元. 因此, 决策单元 τ_2 也为 DEA 无效.

(2) 反证法. 若决策单元 τ_2 为 DEA 无效, 由定理 7.3、定理 7.7、定理 7.10 和定理 7.12 可知 $\overline{\boldsymbol{V}}(\tau_2)$ 不是 $(T_{\mathrm{G}_2},\ll_{\mathrm{G}_4})$ 的极大元. 又由 φ 是满映射, 因此存在

$$\boldsymbol{V} \in T_{\mathrm{G}_1}, \quad \varphi(\boldsymbol{V}) \in T_{\mathrm{G}_2},$$

满足

$$\varphi(\boldsymbol{V}) \neq \overline{\boldsymbol{V}}(\tau_2), \quad \overline{\boldsymbol{V}}(\tau_2) \ll_{\mathrm{G}_4} \varphi(\boldsymbol{V}),$$

即有

$$\varphi(\boldsymbol{V}) \neq \varphi(\boldsymbol{V}(\tau_1)), \quad \varphi(\boldsymbol{V}(\tau_1)) \ll_{\mathrm{G}_4} \varphi(\boldsymbol{V}).$$

由于 f 是可逆保序映射, 因此

$$\boldsymbol{V}(\tau_1) \neq \boldsymbol{V}, \quad \boldsymbol{V}(\tau_1) \ll_{\mathrm{G}_3} \boldsymbol{V}.$$

故 $\boldsymbol{V}(\tau_1)$ 不是 $(T_{\mathrm{G}_1},\ll_{\mathrm{G}_3})$ 中的极大元, 可知决策单元 τ_1 为 DEA 无效. 这与已知矛盾.

(3) 如果 f 是 $(T_{\mathrm{G}_1},\ll_{\mathrm{G}_3})$ 与 $(T_{\mathrm{G}_2},\ll_{\mathrm{G}_4})$ 之间的序同构, 则它既是单的保序映射, 也是满的可逆保序映射, 由定理 8.8 的 (1) 可知：若决策单元 τ_1 为 DEA 无效, 则决策单元 τ_2 也无效. 由定理 8.8 的 (2) 可知：若决策单元 τ_1 相对其他决策单元为 DEA 有效, 则决策单元 τ_2 也为 DEA 有效. 证毕.

8.4 应用偏序集理论研究 DEA 模型的其他性质

以下主要以定理 8.7 和定理 8.8 的结论为基础, 探讨偏序集理论在研究指标增减、决策单元数量增减以及决策单元数据变化对 DEA 有效性的影响等.

1. 决策单元增减对 DEA 有效性的影响分析

以往开展决策单元增减对 DEA 有效性影响的研究较多, 但一般都是以规划论为基础进行研究的[13]. 以下从偏序集角度探讨决策单元变更对 DEA 有效性影响.

定理 8.9 对于 C^2R 模型、BC^2 模型, 如果决策单元增加 p 个, 对于 C^2W 模型, 决策单元增加 $|C_1|$ 个, 且所有决策单元的指标值均大于 0, 则有:

(1) 如果某一个决策单元不为弱 DEA 有效, 则在增加决策单元后该决策单元也不为弱 DEA 有效.

(2) 如果某一决策单元为 DEA 无效, 则在增加决策单元后也为 DEA 无效.

证明 假设某 n 个决策单元构成的生产可能集为

$$T_\delta=\left\{(\boldsymbol{x},\boldsymbol{y})\left|\sum_{j=1}^{n}\boldsymbol{x}_j\lambda_j\leqq\boldsymbol{x},\sum_{j=1}^{n}\boldsymbol{y}_j\lambda_j\geqq\boldsymbol{y},\delta\sum_{j=1}^{n}\lambda_j=\delta,\lambda_j\geqq 0,j=1,\cdots,n\right.\right\}.$$

当 $\delta=0$ 时, T_δ 为 $T_{\mathrm{C^2R}}$; 当 $\delta=1$ 时, T_δ 为 $T_{\mathrm{BC^2}}$.

$$T_{\mathrm{C^2W}}=\left\{(\boldsymbol{X},\boldsymbol{Y})\left|\sum_{\tau\in C}\boldsymbol{X}(\tau)\lambda(\tau)\leqq\boldsymbol{X},\sum_{\tau\in C}\boldsymbol{Y}(\tau)\lambda(\tau)\geqq\boldsymbol{Y},\boldsymbol{\lambda}\geqq\boldsymbol{0},\boldsymbol{\lambda}=[\lambda(\tau):\tau\in C]\in S\right.\right\},$$

其中 S 是广义有限序列空间, 有关符号详见第 7 章.

当增加决策单元后, 生产可能集 T_δ,$T_{\mathrm{C^2W}}$ 分别变为 T_δ^+,$T_{\mathrm{C^2W}}^+$,

$$T_\delta^+=\left\{(\boldsymbol{x},\boldsymbol{y})\left|\sum_{j=1}^{n+p}\boldsymbol{x}_j\bar{\lambda}_j\leqq\boldsymbol{x},\sum_{j=1}^{n+p}\boldsymbol{y}_j\bar{\lambda}_j\geqq\boldsymbol{y},\delta\sum_{j=1}^{n+p}\bar{\lambda}_j=\delta,\bar{\lambda}_j\geqq 0,j=1,\cdots,n+p\right.\right\},$$

$$T_{\mathrm{C^2W}}^+=\left\{(\boldsymbol{X},\boldsymbol{Y})\left|\sum_{\tau\in C\cup C_1}\boldsymbol{X}(\tau)\bar{\lambda}(\tau)\leqq\boldsymbol{X},\sum_{\tau\in C\cup C_1}\boldsymbol{Y}(\tau)\bar{\lambda}(\tau)\geqq\boldsymbol{Y},\bar{\boldsymbol{\lambda}}\geqq\boldsymbol{0},\right.\right.$$

$$\left.\bar{\boldsymbol{\lambda}}=[\bar{\lambda}(\tau):\tau\in C\cup C_1]\in S\right\}.$$

容易验证

$$T_\delta\subseteq T_\delta^+,\quad T_{\mathrm{C^2W}}\subseteq T_{\mathrm{C^2W}}^+.$$

(1) 类似于定理 7.2 和定理 7.5 分别定义 T_δ 上的偏序关系为 $\ll_\delta$, T_δ^+ 上的偏序关系为 $\ll_\delta^+$, 生产可能集 T_δ 到 T_δ^+ 的映射 f 为

$$f((\boldsymbol{x},\boldsymbol{y}))=(\boldsymbol{x},\boldsymbol{y}),$$

可验证 f 是 $(T_\delta,\ll_\delta)$ 与 $(T_\delta^+,\ll_\delta^+)$ 之间单的保序映射, 由定理 8.7 可知, 若决策单元 τ_1 不为弱 DEA 有效, 则决策单元 τ_2 也不为弱 DEA 有效.

对于 $\mathrm{C^2W}$ 模型类似可证.

(2) 对于 DEA 无效的情况类似可证. 证毕.

定理 8.10 对于 $\mathrm{C^2R}$ 模型、$\mathrm{BC^2}$ 模型, 如果决策单元减少 $q(q<n)$ 个, 对于 C^2W 模型决策单元减少 $|C_1|(|C_1|<|C|)$ 个, 并且所有决策单元指标值均大于 0, 则有:

(1) 如果某个决策单元在决策单元减少前为弱 DEA 有效, 则在决策单元被减少后它仍为弱 DEA 有效.

(2) 如果某个决策单元在决策单元减少前为 DEA 有效, 则在决策单元被减少后它仍为 DEA 有效.

证明 假设某 n 个决策单元构成的生产可能集为

$$T_\delta=\left\{(\boldsymbol{x},\boldsymbol{y})\left|\sum_{j=1}^{n}\boldsymbol{x}_j\lambda_j\leqq\boldsymbol{x},\sum_{j=1}^{n}\boldsymbol{y}_j\lambda_j\geqq\boldsymbol{y},\delta\sum_{j=1}^{n}\lambda_j=\delta,\lambda_j\geqq 0,j=1,\cdots,n\right.\right\}.$$

当 $\delta=0$ 时, T_δ 为 $T_{\mathrm{C^2R}}$; 当 $\delta=1$ 时, T_δ 为 $T_{\mathrm{BC^2}}$.

$$T_{\mathrm{C^2W}}=\left\{(\boldsymbol{X},\boldsymbol{Y})\left|\sum_{\tau\in C}\boldsymbol{X}(\tau)\lambda(\tau)\leqq\boldsymbol{X},\sum_{\tau\in C}\boldsymbol{Y}(\tau)\lambda(\tau)\geqq\boldsymbol{Y},\boldsymbol{\lambda}\geqq\boldsymbol{0},\boldsymbol{\lambda}=[\lambda(\tau):\tau\in C]\in S\right.\right\}.$$

假设当减少决策单元后, 生产可能集 T_δ, $T_{\mathrm{C^2W}}$ 分别变为 T_δ^-, $T_{\mathrm{C^2W}}^-$,

$$T_\delta^-=\left\{(\boldsymbol{x},\boldsymbol{y})\left|\sum_{j=1}^{n-q}\boldsymbol{x}_j\bar{\lambda}_j\leqq\boldsymbol{x},\sum_{j=1}^{n-q}\boldsymbol{y}_j\bar{\lambda}_j\geqq\boldsymbol{y},\delta\sum_{j=1}^{n-q}\bar{\lambda}_j=\delta,\bar{\lambda}_j\geqq 0,j=1,\cdots,n-q\right.\right\},$$

$$T_{\mathrm{C^2W}}^-=\left\{(\boldsymbol{X},\boldsymbol{Y})\left|\sum_{\tau\in C\backslash C_1}\boldsymbol{X}(\tau)\bar{\lambda}(\tau)\leqq\boldsymbol{X},\sum_{\tau\in C\backslash C_1}\boldsymbol{Y}(\tau)\bar{\lambda}(\tau)\geqq\boldsymbol{Y},\bar{\boldsymbol{\lambda}}\geqq\boldsymbol{0},\right.\right.$$

$$\left.\bar{\boldsymbol{\lambda}}=[\bar{\lambda}(\tau):\tau\in C\backslash C_1]\in S\right\}.$$

则容易验证

$$T_\delta^-\subseteq T_\delta,\quad T_{\mathrm{C^2W}}^-\subseteq T_{\mathrm{C^2W}}.$$

类似于定理 7.2 和定理 7.5 分别定义 T_δ 上的偏序关系 $\ll_\delta$, T_δ^- 上的偏序关系 $\ll_\delta^-$. 显然, 如果第 j_0 个决策单元为弱 DEA 有效 (C^2R, BC^2), 则它是 (T_δ,$\ll_\delta$) 的极大元, 显然, 它也是 (T_δ^-, $\ll_\delta^-$) 上的极大元.

对于 DEA 有效 (C^2R, BC^2), 以及 C^2W 模型类似可证. 证毕.

对于 C^2R 模型和 BC^2 模型, 决策单元减少前后的 DEA 有效前沿面 ES 和 ES_1 具有以下关系.

定理 8.11 $ES \cap T_\delta^- \subseteq ES_1$.

证明 由定理 8.1 可知, 对于 C^2R 模型和 BC^2 模型, DEA 生产前沿面就是 (T_δ,$\ll_\delta$) 的极大元集合. 若

$$(\boldsymbol{x},\boldsymbol{y}) \in ES \cap T_\delta^-,$$

则可知 $(\boldsymbol{x},\boldsymbol{y})$ 是 (T_δ,$\ll_\delta$) 的极大元. 由于

$$(\boldsymbol{x},\boldsymbol{y}) \in T_\delta^- \subseteq T_\delta,$$

因此, $(\boldsymbol{x},\boldsymbol{y})$ 也是 (T_δ^-,$\ll_\delta^-$) 的极大元. 由定理 8.1 可知

$$(\boldsymbol{x},\boldsymbol{y}) \in ES_1.$$

证毕.

2. 输入输出指标增减对 DEA 有效性的影响分析

当分析指标增减对决策单元有效性的影响时, 应用偏序集理论可以得到一些关于指标增减对决策单元 DEA 有效性影响的结论. 有关讨论方法与定理 8.7 和定理 8.8 类似, 下面仅举一个例子加以说明.

定理 8.12 假设共有 n 个决策单元, 每个决策单元有 m 个输入指标和 s 个输出指标, 其中第 j 个决策单元的输入输出指标值为 $(\boldsymbol{x}_j,\boldsymbol{y}_j)$, 则如果决策单元 j_0 为弱 DEA 有效 (C^2R 或 BC^2), 当增加一个输入或输出指标后, 决策单元 j_0 仍为弱 DEA 有效 (C^2R 或 BC^2).

证明 反证法. 假设第 j_0 个决策单元增加一个输入指标或输出指标后, 输入输出指标值变为 $(\bar{\boldsymbol{x}}_{j_0},\bar{\boldsymbol{y}}_{j_0})$, 则增加指标后的生产可能集变为

$$T_\delta^z=\left\{(\bar{\boldsymbol{x}},\bar{\boldsymbol{y}})\left|\sum_{j=1}^n\bar{\boldsymbol{x}}_j\lambda_j \leqq \bar{\boldsymbol{x}}, \sum_{j=1}^n\bar{\boldsymbol{y}}_j\lambda_j \geqq \bar{\boldsymbol{y}}, \delta\sum_{j=1}^n\lambda_j=\delta, \lambda_j \geqq 0, j=1,\cdots,n\right.\right\}.$$

(1) 如果决策单元 j_0 在指标增加后不为弱 DEA 有效 (C^2R), 由定理 7.2 可知存在 $(\bar{\boldsymbol{x}},\bar{\boldsymbol{y}}) \in T_\delta^z$, 使得

$$(-\bar{\boldsymbol{x}}_{j_0},\bar{\boldsymbol{y}}_{j_0}) < (-\bar{\boldsymbol{x}},\bar{\boldsymbol{y}}).$$

假设去掉被增加的指标后, $(\bar{\boldsymbol{x}}_{j_0},\bar{\boldsymbol{y}}_{j_0}),(\bar{\boldsymbol{x}},\bar{\boldsymbol{y}})$ 分别变为 $(\boldsymbol{x}_{j_0},\boldsymbol{y}_{j_0}),(\boldsymbol{x},\boldsymbol{y})$, 则有

$$(-\boldsymbol{x}_{j_0},\boldsymbol{y}_{j_0})<(-\boldsymbol{x},\boldsymbol{y}),$$

则由定理 7.2 可知决策单元 j_0 不为弱 DEA 有效 ($\mathrm{C^2R}$), 矛盾!

(2) 如果决策单元 j_0 在指标增加后不为弱 DEA 有效 ($\mathrm{BC^2}$), 由定理 7.5 可知存在 $(\bar{\boldsymbol{x}},\bar{\boldsymbol{y}})\in T_{\delta}^{z}$, 使得

$$\bar{\boldsymbol{x}}_{j_0}>\bar{\boldsymbol{x}},\quad \bar{\boldsymbol{y}}_{j_0}\leqq\bar{\boldsymbol{y}}.$$

显然,

$$\boldsymbol{x}_{j_0}>\boldsymbol{x},\quad \boldsymbol{y}_{j_0}\leqq\boldsymbol{y},$$

因此, 由定理 7.5 可知决策单元 j_0 不为弱 DEA 有效 ($\mathrm{BC^2}$), 矛盾! 证毕.

3. 不同 DEA 模型之间的 DEA 有效性关系

从偏序集的角度研究某些 DEA 模型间的关系, 实际上是研究一些特殊的偏序集间的关系.

在定理 8.7 和定理 8.8 中取

$$T_{\mathrm{G}_1}\in\{T_{\mathrm{C^2R}},T_{\mathrm{BC^2}},T_{\mathrm{C^2W}},T_{\mathrm{C^2WH}}\},$$

$$T_{\mathrm{G}_2}\in\{\overline{T}_{\mathrm{C^2R}},\overline{T}_{\mathrm{BC^2}},\overline{T}_{\mathrm{C^2W}},\overline{T}_{\mathrm{C^2WH}}\},$$

就可以得到一些关于模型间关系的结论.

例如, 令

$$f:T_{\mathrm{BC^2}}\to T_{\mathrm{C^2R}}$$

为

$$f((\boldsymbol{x},\boldsymbol{y}))=(\boldsymbol{x},\boldsymbol{y}),$$

显然, 它是一个单的保序映射. 因此, 若决策单元 j_0 为 DEA 无效 ($\mathrm{BC^2}$), 则决策单元 j_0 也为 DEA 无效 ($\mathrm{C^2R}$).

8.5 结 束 语

由上述讨论可见, 从偏序集角度研究 DEA 方法不仅大大拓展了传统 DEA 有效性含义, 突破了传统 DEA 方法中投入产出关系的限制, 而且还给相关问题的研究带来了新的工具和视角. 从偏序集理论出发可以深入到 DEA 理论研究的许多领域, 具有十分广泛的应用. 在这一方面若能更多地开展工作, 并深入到 DEA 理论研究的更深层次将会获得新的、更大的进展.

参 考 文 献

[1] 马占新, 唐焕文. DEA 有效单元的特征及 SEA 方法 [J]. 大连理工大学学报, 1999, 39(4): 577-582

[2] 马占新, 唐焕文, 戴仰山. 偏序集理论在数据包络分析中的应用研究 [J]. 系统工程学报, 2002, 17(1): 19-25.

[3] 马占新. 偏序集理论在 DEA 相关理论中的应用研究 [J]. 系统工程学报, 2002, 17(3): 193-198

[4] 马占新. 基于偏序集理论的数据包络分析方法研究 [J]. 系统工程理论与实践, 2003, 23(4): 11-17

[5] 马占新. 关于弱 DEA 有效性的本质特征 [J]. 数学的认识与实践, 2005, 35(9):140-148

[6] Charnes A, Cooper W W, Rhodes E. Measuring the efficiency of decision making units[J]. European Journal of Operational Research, 1978, 6(2): 429-444

[7] Banker R D, Charnes A, Cooper W W. Some models for estimating technical and scale inefficiencies in data envelopment analysis[J]. Management Science, 1984, 30(9): 1078-1092

[8] 魏权龄. 评价相对有效的 DEA 方法 [M]. 北京：中国人民大学出版社, 1988

[9] 唐焕文, 秦学志. 最优化方法 [M]. 大连：大连理工大学出版社, 1994

[10] Gratzer G. General Lattice Theory[M]. New York：Academic Press, 1978

[11] Charnes A, Cooper W W, Wei Q L. A semi-infinite multi-criteria programming approach to data envelopment analysis with infinitely many decision making units[R]. The University of Texas at Austin, Center for Cybernetic Studies Report, CCS 551, September, 1986

[12] Charnes A, Cooper W W, Wei Q L, Huang Z M. Cone ratio data envelopment analysis and multi-objective programming[J]. International Journal of Systems Science, 1989, 20(7): 1099- 1118

[13] 魏权龄, 李宏余. 决策单元的变更对 DEA 有效性的影响 [J]. 北京航空航天大学学报, 1991, (1): 85-97

第 9 章 基于工程效率概念的 DEA 有效性刻画及投影

本章应用偏序集理论, 从 C^2R 模型定义的 DEA 有效概念出发, 研究 DEA 方法中有效决策单元、弱有效决策单元及无效决策单元之间的关系, 并从偏序集角度刻画 DEA 有效决策单元的本质特征. 最后, 给出确定决策单元之间偏序关系的算法以及绘制决策单元之间偏序关系 Hasse 图的方法. 本章内容主要取材于文献 [1].

DEA 方法[2] 是管理科学、决策分析以及评价技术等领域中一种重要的系统分析方法. 以往对 DEA 方法的研究多以规划论为基础开展的, 事实上, DEA 方法与偏序集理论[3] 之间也存在紧密的联系. 从 DEA 有效这一基本概念出发, 可以刻画 C^2R 模型所描述的 DEA 有效单元的本质特征[4], 并深入到 DEA 研究的许多方面, 但从目前 DEA 的研究成果看[5−21], 基于偏序集理论研究 DEA 方法的文献还较少. 本章从 C^2R 模型中的权重出发引进不同的偏序关系, 揭示 DEA 有效决策单元、弱有效决策单元及无效决策单元之间的关系. 同时, 从极大元的含义出发, 引进不同类型的决策单元投影方法, 并提出面向输入、面向输出以及面向输入输出的决策单元投影方式. 最后, 进行举例说明和图形演示.

9.1 基于工程效率概念的 DEA 有效性分析

在日常生活中人们经常要把多个同类事物进行比较. 对于那些有全序关系的问题可以直接比较大小, 但对于那些不具有全序关系的问题, 则必须通过计算才可能比较他们的大小. 例如, 学生的语文成绩的高低可以直接通过比较考试分数即可, 而对于老年人的健康水平, 由于健康指标较多, 因而必须通过计算才能进行比较. DEA 方法是用来评价具有多输入多输出问题的有效方法, 但当决策单元指标值为离散型数据时, 本章提出的方法对这类问题可能会有所帮助.

9.1.1 C^2R 模型中偏序关系的引入

基于工程效率概念的 C^2R 模型可以表示如下:

$$\begin{cases} \max \dfrac{\boldsymbol{u}^{\mathrm{T}}\boldsymbol{y}_{j_0}}{\boldsymbol{v}^{\mathrm{T}}\boldsymbol{x}_{j_0}}, \\ \text{s.t.} \quad \dfrac{\boldsymbol{u}^{\mathrm{T}}\boldsymbol{y}_j}{\boldsymbol{v}^{\mathrm{T}}\boldsymbol{x}_j} \leqq 1, \quad j=1,2,\cdots,n, \\ \qquad \boldsymbol{u} \geqslant \mathbf{0}, \quad \boldsymbol{v} \geqslant \mathbf{0}. \end{cases}$$

有关符号详见第 5 章.

C^2R 模型满足规模收益不变, 即决策单元的所有指标值同时放大或缩小若干倍后其效率值不变, 从而可在 C^2R 模型中引进如下几个定义.

定义 9.1 如果对任意的 $\boldsymbol{u},\boldsymbol{v} \geqslant \mathbf{0}$, $c=\boldsymbol{v}^{\mathrm{T}}\boldsymbol{x}_k/\boldsymbol{v}^{\mathrm{T}}\boldsymbol{x}_j$, 总有

$$\boldsymbol{u}^{\mathrm{T}}\boldsymbol{y}_k=\boldsymbol{u}^{\mathrm{T}}c\boldsymbol{y}_j$$

成立, 则称两个决策单元 DMU_k 和 DMU_j **相等**, 并将其记为

$$\mathrm{DMU}_k=\mathrm{DMU}_j.$$

定义 9.2 如果对任意的 $\boldsymbol{u},\boldsymbol{v} \geqq \mathbf{0}$, 下述两种情况至少有一个成立:

(1) 当 $\boldsymbol{v}^{\mathrm{T}}\boldsymbol{x}_k=\boldsymbol{v}^{\mathrm{T}}c\boldsymbol{x}_j$ 时, 总有

$$\boldsymbol{u}^{\mathrm{T}}\boldsymbol{y}_k \leqq \boldsymbol{u}^{\mathrm{T}}c\boldsymbol{y}_j,$$

(2) 当 $\boldsymbol{u}^{\mathrm{T}}\boldsymbol{y}_k=\boldsymbol{u}^{\mathrm{T}}c\boldsymbol{y}_j$ 时, 总有

$$\boldsymbol{v}^{\mathrm{T}}\boldsymbol{x}_k \geqq \boldsymbol{v}^{\mathrm{T}}c\boldsymbol{x}_j,$$

则称决策单元 DMU_j **大于等于**决策单元 DMU_k, 并将其记为

$$\mathrm{DMU}_k \ll \mathrm{DMU}_j.$$

由 $\boldsymbol{u}$ 的任意性得知, 若

$$\boldsymbol{u}^{\mathrm{T}}\boldsymbol{y}_k \leqq \boldsymbol{u}^{\mathrm{T}}c\boldsymbol{y}_j,$$

可知对任意的 $r=1,2,\cdots,s$, 总有

$$y_{rk} \leqq cy_{rj}.$$

同样地, 由 $\boldsymbol{v}$ 的任意性得知, 若

$$\boldsymbol{v}^{\mathrm{T}}\boldsymbol{x}_k \geqq \boldsymbol{v}^{\mathrm{T}}c\boldsymbol{x}_j,$$

可知对任意的 $i=1,2,\cdots,m$, 总有

$$x_{ik} \geqq cx_{ij}.$$

定义 9.3 如果对任意的 $\boldsymbol{u}, \boldsymbol{v} \geqq \boldsymbol{0}$, 下述两种情况至少有一个成立:

(1) 当 $\boldsymbol{v}^{\mathrm{T}}\boldsymbol{x}_k = \boldsymbol{v}^{\mathrm{T}}c\boldsymbol{x}_j$ 时, 总有

$$\boldsymbol{u}^{\mathrm{T}}\boldsymbol{y}_k < \boldsymbol{u}^{\mathrm{T}}c\boldsymbol{y}_j,$$

(2) 当 $\boldsymbol{u}^{\mathrm{T}}\boldsymbol{y}_k = \boldsymbol{u}^{\mathrm{T}}c\boldsymbol{y}_j$ 时, 总有

$$\boldsymbol{v}^{\mathrm{T}}\boldsymbol{x}_k > \boldsymbol{v}^{\mathrm{T}}c\boldsymbol{x}_j,$$

则称决策单元 DMU_j**大于**决策单元 DMU_k, 并将其记为

$$\mathrm{DMU}_k < \mathrm{DMU}_j.$$

容易证明: 当 $\mathrm{DMU}_k < \mathrm{DMU}_j$ 时, 必有 $\mathrm{DMU}_k \ll \mathrm{DMU}_j$ 成立. 反之, 则未必成立. 显然 $\mathrm{DMU}_k < \mathrm{DMU}_j$ 与 $\mathrm{DMU}_k > \mathrm{DMU}_j$ 不可能同时成立.

设

$$T = \{\mathrm{DMU}_j | j = 1, 2, \cdots, n\},$$

则有以下结论.

定理 9.1 $(T, \ll)$ 构成一个偏序集.

证明 以下首先证明对于 $\ll$ 自反性、反对称性及传递性成立.

对任意 $\mathrm{DMU}_i, \mathrm{DMU}_j, \mathrm{DMU}_l$ $(i, j, l \in \{1, 2, \cdots, n\})$, 有

(1) 自反性: 根据序关系 $\ll$ 的定义可知

$$\mathrm{DMU}_j \ll \mathrm{DMU}_j.$$

(2) 反对称性: 如果

$$\mathrm{DMU}_i \ll \mathrm{DMU}_j \text{且} \mathrm{DMU}_j \ll \mathrm{DMU}_i,$$

则对任意的 $\boldsymbol{u}, \boldsymbol{v} \geqq \boldsymbol{0}$, 条件 (a) 和条件 (b) 至少有一个成立, 条件 (c) 和条件 (d) 至少有一个成立.

(a) 当 $\boldsymbol{v}^{\mathrm{T}}\boldsymbol{x}_i = \boldsymbol{v}^{\mathrm{T}}c_1\boldsymbol{x}_j$ 时, 总有

$$\boldsymbol{u}^{\mathrm{T}}\boldsymbol{y}_i \geqq \boldsymbol{u}^{\mathrm{T}}c_1\boldsymbol{y}_j;$$

(b) 当 $\boldsymbol{u}^{\mathrm{T}}\boldsymbol{y}_i = \boldsymbol{u}^{\mathrm{T}}c_1\boldsymbol{y}_j$ 时, 总有

$$\boldsymbol{v}^{\mathrm{T}}\boldsymbol{x}_i \leqq \boldsymbol{v}^{\mathrm{T}}c_1\boldsymbol{x}_j;$$

(c) 当 $\boldsymbol{v}^{\mathrm{T}}\boldsymbol{x}_j=\boldsymbol{v}^{\mathrm{T}}c_2\boldsymbol{x}_i$ 时, 总有

$$\boldsymbol{u}^{\mathrm{T}}\boldsymbol{y}_j \geqq \boldsymbol{u}^{\mathrm{T}}c_2\boldsymbol{y}_i;$$

(d) 当 $\boldsymbol{u}^{\mathrm{T}}\boldsymbol{y}_j=\boldsymbol{u}^{\mathrm{T}}c_2\boldsymbol{y}_i$ 时, 总有

$$\boldsymbol{v}^{\mathrm{T}}\boldsymbol{x}_j \leqq \boldsymbol{v}^{\mathrm{T}}c_2\boldsymbol{x}_i.$$

首先, 假定条件 (a), 条件 (c) 成立. 则易知

$$\boldsymbol{v}^{\mathrm{T}}\boldsymbol{x}_i=\boldsymbol{v}^{\mathrm{T}}c_1\boldsymbol{x}_j=c_1\boldsymbol{v}^{\mathrm{T}}\boldsymbol{x}_j=c_1c_2\boldsymbol{v}^{\mathrm{T}}\boldsymbol{x}_i.$$

由 $\boldsymbol{v}\geqq\boldsymbol{0}$ 的任意性得知 $c_1c_2=1$, 从而

$$\boldsymbol{u}^{\mathrm{T}}\boldsymbol{y}_i \geqq \boldsymbol{u}^{\mathrm{T}}c_1\boldsymbol{y}_j \geqq \boldsymbol{u}^{\mathrm{T}}c_1c_2\boldsymbol{y}_i \geqq \boldsymbol{u}^{\mathrm{T}}\boldsymbol{y}_i,$$

故有

$$\boldsymbol{u}^{\mathrm{T}}\boldsymbol{y}_i=\boldsymbol{u}^{\mathrm{T}}c_1\boldsymbol{y}_j,$$

因此,

$$\mathrm{DMU}_i=\mathrm{DMU}_j.$$

同理可证当条件 (b), 条件 (d) 成立时的情形.

其次, 假定条件 (b), 条件 (c) 成立, 当

$$\boldsymbol{u}^{\mathrm{T}}\boldsymbol{y}_i=\boldsymbol{u}^{\mathrm{T}}c_1\boldsymbol{y}_j, \quad \boldsymbol{v}^{\mathrm{T}}\boldsymbol{x}_j=\boldsymbol{v}^{\mathrm{T}}c_2\boldsymbol{x}_i$$

时, 总有

$$\boldsymbol{u}^{\mathrm{T}}\boldsymbol{y}_i=\boldsymbol{u}^{\mathrm{T}}c_1\boldsymbol{y}_j \geqq \boldsymbol{u}^{\mathrm{T}}c_1c_2\boldsymbol{y}_i,$$

因此, $c_1c_2\leqq 1$.

同理, 有

$$\boldsymbol{v}^{\mathrm{T}}\boldsymbol{x}_j=\boldsymbol{v}^{\mathrm{T}}c_2\boldsymbol{x}_i \leqq \boldsymbol{v}^{\mathrm{T}}c_1c_2\boldsymbol{x}_j,$$

因此, $c_1c_2\geqq 1$. 所以, $c_1c_2=1$.

由于

$$\boldsymbol{u}^{\mathrm{T}}\boldsymbol{y}_i=\boldsymbol{u}^{\mathrm{T}}c_1\boldsymbol{y}_j,$$

所以

$$\boldsymbol{u}^{\mathrm{T}}c_2\boldsymbol{y}_i=c_2\boldsymbol{u}^{\mathrm{T}}c_1\boldsymbol{y}_j=\boldsymbol{u}^{\mathrm{T}}\boldsymbol{y}_j,$$

即有

$$\boldsymbol{u}^{\mathrm{T}}\boldsymbol{y}_j=\boldsymbol{u}^{\mathrm{T}}c_2\boldsymbol{y}_i,$$

所以, $\mathrm{DMU}_i=\mathrm{DMU}_j$.

同理可证条件 (a), 条件 (d) 成立时的情形.

(3) 传递性: 如果

$$\mathrm{DMU}_i \ll \mathrm{DMU}_j \quad 且 \quad \mathrm{DMU}_j \ll \mathrm{DMU}_l,$$

则对任意的 $\boldsymbol{u},\boldsymbol{v}\geqq \mathbf{0}$, 条件 (e) 和条件 (f) 至少有一个成立, 条件 (g) 和条件 (h) 至少有一个成立.

(e) 当 $\boldsymbol{v}^{\mathrm{T}}\boldsymbol{x}_i=\boldsymbol{v}^{\mathrm{T}}c_1\boldsymbol{x}_j$ 时, 总有

$$\boldsymbol{u}^{\mathrm{T}}\boldsymbol{y}_i \leqq \boldsymbol{u}^{\mathrm{T}}c_1\boldsymbol{y}_j;$$

(f) 当 $\boldsymbol{u}^{\mathrm{T}}\boldsymbol{y}_i=\boldsymbol{u}^{\mathrm{T}}c_1\boldsymbol{y}_j$ 时, 总有

$$\boldsymbol{v}^{\mathrm{T}}\boldsymbol{x}_i \geqq \boldsymbol{v}^{\mathrm{T}}c_1\boldsymbol{x}_j;$$

(g) 当 $\boldsymbol{v}^{\mathrm{T}}\boldsymbol{x}_j=\boldsymbol{v}^{\mathrm{T}}c_2\boldsymbol{x}_l$ 时, 总有

$$\boldsymbol{u}^{\mathrm{T}}\boldsymbol{y}_j \leqq \boldsymbol{u}^{\mathrm{T}}c_2\boldsymbol{y}_l;$$

(h) 当 $\boldsymbol{u}^{\mathrm{T}}\boldsymbol{y}_j=\boldsymbol{u}^{\mathrm{T}}c_2\boldsymbol{y}_l$ 时, 总有

$$\boldsymbol{v}^{\mathrm{T}}\boldsymbol{x}_j \geqq \boldsymbol{v}^{\mathrm{T}}c_2\boldsymbol{x}_l.$$

假设条件 (e), 条件 (g) 成立, 则对任意的 $\boldsymbol{u},\boldsymbol{v}\geqq \mathbf{0}$, 总有

$$\boldsymbol{v}^{\mathrm{T}}\boldsymbol{x}_i=\boldsymbol{v}^{\mathrm{T}}c_1\boldsymbol{x}_j=c_1\boldsymbol{v}^{\mathrm{T}}\boldsymbol{x}_j=c_1\boldsymbol{v}^{\mathrm{T}}c_2\boldsymbol{x}_l=\boldsymbol{v}^{\mathrm{T}}c_1c_2\boldsymbol{x}_l,$$

$$\boldsymbol{u}^{\mathrm{T}}\boldsymbol{y}_i \leqq \boldsymbol{u}^{\mathrm{T}}c_1\boldsymbol{y}_j=c_1\boldsymbol{u}^{\mathrm{T}}\boldsymbol{y}_j \leqq c_1\boldsymbol{u}^{\mathrm{T}}c_2\boldsymbol{y}_l=\boldsymbol{u}^{\mathrm{T}}c_1c_2\boldsymbol{y}_l,$$

即 $\mathrm{DMU}_i \ll \mathrm{DMU}_l$.

假设条件 (f), 条件 (g) 成立, 则对任意的 $\boldsymbol{u},\boldsymbol{v}\geqq \mathbf{0}$, 如果

$$\boldsymbol{v}^{\mathrm{T}}\boldsymbol{x}_i=\boldsymbol{v}^{\mathrm{T}}c\boldsymbol{x}_l,$$

则

$$\boldsymbol{u}^{\mathrm{T}}\boldsymbol{y}_i=\boldsymbol{u}^{\mathrm{T}}c_1\boldsymbol{y}_j \leqq \boldsymbol{u}^{\mathrm{T}}c_1c_2\boldsymbol{y}_l.$$

因为

$$\boldsymbol{v}^{\mathrm{T}}\boldsymbol{x}_i \geqq \boldsymbol{v}^{\mathrm{T}}c_1\boldsymbol{x}_j=\boldsymbol{v}^{\mathrm{T}}c_1c_2\boldsymbol{x}_l,$$

所以

$$c \geqq c_1c_2,$$

由此可知

$$\boldsymbol{u}^{\mathrm{T}}\boldsymbol{y}_i \leqq \boldsymbol{u}^{\mathrm{T}}c\boldsymbol{y}_l,$$

即 $\mathrm{DMU}_i \ll \mathrm{DMU}_l$.

对于其他情形类似可以证明. 证毕.

定理 9.2 在 $\mathrm{C^2R}$ 模型中如果 $\mathrm{DMU}_i \gg \mathrm{DMU}_j$, 但 $\mathrm{DMU}_i \neq \mathrm{DMU}_j$, 则下述两个条件中至少有一个成立.

(1) 对任意的 $\boldsymbol{u},\boldsymbol{v} \geqq \boldsymbol{0}$, 如果 $\boldsymbol{v}^{\mathrm{T}}\boldsymbol{x}_i = \boldsymbol{v}^{\mathrm{T}}c\boldsymbol{x}_j$, 则总有

$$\boldsymbol{u}^{\mathrm{T}}\boldsymbol{y}_i \geqq \boldsymbol{u}^{\mathrm{T}}c\boldsymbol{y}_j$$

成立, 且至少存在一个 y_{ki} 使得 $y_{ki} > cy_{kj}$.

(2) 对任意的 $\boldsymbol{u},\boldsymbol{v} \geqq \boldsymbol{0}$, 如果 $\boldsymbol{u}^{\mathrm{T}}\boldsymbol{y}_i = \boldsymbol{u}^{\mathrm{T}}c\boldsymbol{y}_j$, 则总有

$$\boldsymbol{v}^{\mathrm{T}}\boldsymbol{x}_i \leqq \boldsymbol{v}^{\mathrm{T}}c\boldsymbol{x}_j$$

成立, 且至少存在一个 x_{ki} 使得 $x_{ki} < cx_{kj}$.

证明 (1) 对任意的 $\boldsymbol{u},\boldsymbol{v} \geqq \boldsymbol{0}$, 如果 $\boldsymbol{v}^{\mathrm{T}}\boldsymbol{x}_i = \boldsymbol{v}^{\mathrm{T}}c\boldsymbol{x}_j$, 则有

$$\boldsymbol{u}^{\mathrm{T}}\boldsymbol{y}_i \geqq \boldsymbol{u}^{\mathrm{T}}c\boldsymbol{y}_j.$$

根据 $\boldsymbol{u},\boldsymbol{v} \geqq \boldsymbol{0}$ 的任意性可知, 对任意的 y_{ki} 均有 $y_{ki} \geqq cy_{kj}$ 成立, 假设不存在任何 y_{ki}, 使得 $y_{ki} > cy_{kj}$, 则必有 $y_{ki} = cy_{kj}$. 这表明

$$\boldsymbol{u}^{\mathrm{T}}\boldsymbol{y}_i = \boldsymbol{u}^{\mathrm{T}}c\boldsymbol{y}_j,$$

即 $\mathrm{DMU}_i = \mathrm{DMU}_j$, 矛盾!

(2) 对任意的 $\boldsymbol{u},\boldsymbol{v} \geqq \boldsymbol{0}$, 如果 $\boldsymbol{u}^{\mathrm{T}}\boldsymbol{y}_i = \boldsymbol{u}^{\mathrm{T}}c\boldsymbol{y}_j$, 则有

$$\boldsymbol{v}^{\mathrm{T}}\boldsymbol{x}_i \leqq \boldsymbol{v}^{\mathrm{T}}c\boldsymbol{x}_j$$

成立, 假设不存在任何 x_{ki} 使得 $x_{ki} < cx_{kj}$, 则同理可知,

$$\boldsymbol{v}^{\mathrm{T}}\boldsymbol{x}_i = \boldsymbol{v}^{\mathrm{T}}c\boldsymbol{x}_j,$$

即 $\mathrm{DMU}_i = \mathrm{DMU}_j$, 矛盾! 证毕.

9.1.2 偏序集极大元与 DEA 有效单元的关系

定义 9.4 DMU_i 称为 $(T,\ll)$ 的**极大元**, 如果不存在 $\mathrm{DMU}_j \in T$, 使得

$$\mathrm{DMU}_i \ll \mathrm{DMU}_j, \quad \mathrm{DMU}_i \neq \mathrm{DMU}_j.$$

定理 9.3 若 DMU_i 为 DEA 有效 ($\mathrm{C^2R}$), 则 DMU_i 必是 $(T,\ll)$ 的一个极大元.

证明 假设 DMU_i 为 DEA 有效 ($\mathrm{C^2R}$), 则必存在 $(\boldsymbol{u}^0,\boldsymbol{v}^0)>\boldsymbol{0}$, 使得

$$\frac{\boldsymbol{u}^{0\mathrm{T}}\boldsymbol{y}_j}{\boldsymbol{v}^{0\mathrm{T}}\boldsymbol{x}_j}\leqq\frac{\boldsymbol{u}^{0\mathrm{T}}\boldsymbol{y}_i}{\boldsymbol{v}^{0\mathrm{T}}\boldsymbol{x}_i}=1,\quad j=1,2,\cdots,n.$$

假设 DMU_i 不是极大元, 则存在 $\mathrm{DMU}_i\neq\mathrm{DMU}_j$, 使得 $\mathrm{DMU}_i\ll\mathrm{DMU}_j$, 从而根据定理 9.2 有以下结论.

(1) 对任意的 $\boldsymbol{u},\boldsymbol{v}\geqq\boldsymbol{0}$, 如果 $\boldsymbol{v}^{\mathrm{T}}\boldsymbol{x}_i=\boldsymbol{v}^{\mathrm{T}}c\boldsymbol{x}_j$, 则有

$$\boldsymbol{u}^{\mathrm{T}}\boldsymbol{y}_i\leqq\boldsymbol{u}^{\mathrm{T}}c\boldsymbol{y}_j\quad\text{且}\quad\boldsymbol{y}_i\leqslant c\boldsymbol{y}_j.$$

令

$$c_1=\frac{\boldsymbol{v}^{0\mathrm{T}}\boldsymbol{x}_i}{\boldsymbol{v}^{0\mathrm{T}}\boldsymbol{x}_j},$$

则有

$$\boldsymbol{u}^{0\mathrm{T}}\boldsymbol{y}_i<\boldsymbol{u}^{0\mathrm{T}}c_1\boldsymbol{y}_j,$$

因此,

$$\frac{\boldsymbol{u}^{0\mathrm{T}}\boldsymbol{y}_i}{\boldsymbol{v}^{0\mathrm{T}}\boldsymbol{x}_i}<\frac{\boldsymbol{u}^{0\mathrm{T}}\boldsymbol{y}_j}{\boldsymbol{v}^{0\mathrm{T}}\boldsymbol{x}_j},$$

矛盾!

(2) 对任意的 $\boldsymbol{u},\boldsymbol{v}\geqq\boldsymbol{0}$, 如果 $\boldsymbol{u}^{\mathrm{T}}\boldsymbol{y}_i=\boldsymbol{u}^{\mathrm{T}}c\boldsymbol{y}_j$, 有

$$\boldsymbol{v}^{\mathrm{T}}\boldsymbol{x}_i\geqq\boldsymbol{v}^{\mathrm{T}}c\boldsymbol{x}_j,\quad\boldsymbol{x}_i\geqslant c\boldsymbol{x}_j.$$

令

$$c_2=\frac{\boldsymbol{u}^{0\mathrm{T}}\boldsymbol{y}_i}{\boldsymbol{u}^{0\mathrm{T}}\boldsymbol{y}_j},$$

则有

$$\frac{\boldsymbol{u}^{0\mathrm{T}}\boldsymbol{y}_j}{\boldsymbol{v}^{0\mathrm{T}}\boldsymbol{x}_j}>\frac{\boldsymbol{u}^{0\mathrm{T}}\boldsymbol{y}_i}{\boldsymbol{v}^{0\mathrm{T}}\boldsymbol{x}_i},$$

矛盾! 证毕.

定理 9.4 若 DMU_i 为弱 DEA 有效 ($\mathrm{C^2R}$), 则 DMU_i 可能不是 $(T,\ll)$ 的极大元.

这可以通过以下反例得到说明. 假设 $\mathrm{DMU}_1,\mathrm{DMU}_2,\mathrm{DMU}_3,\mathrm{DMU}_4$ 的输入输出数据如表 9.1 所示.

表 9.1 决策单元的输入输出数据

决策单元	DMU_1	DMU_2	DMU_3	DMU_4
输入 1	1	1	3	2
输入 2	2	3	1	1
输出 1	1	1	1	1
输出 2	2	2	2	2

通过 Matlab 软件计算可知 DMU_1, DMU_4 是有效的, DMU_2, DMU_3 是弱有效的, 而根据 C^2R 模型中偏序集的定义知

$$DMU_1 \gg DMU_2, \quad DMU_1 \neq DMU_2,$$

$$DMU_4 \gg DMU_3, \quad DMU_4 \neq DMU_3,$$

因此, DMU_2 和 DMU_3 均不是极大元.

定理 9.5 如果存在 DMU_j 满足

$$DMU_j \gg DMU_i \quad \text{且} \quad DMU_j \neq DMU_i,$$

则 DMU_i 不为 DEA 有效 (C^2R).

证明 根据定理 9.3 的逆否命题可知, 若 DMU_i 不是 $(T, \ll)$ 的一个极大元, 则 DMU_i 不为 DEA 有效 (C^2R). 证毕.

定理 9.6 如果存在一个 DMU_j, 使得 $DMU_j > DMU_i$, 则 DMU_i 必是 DEA 无效的.

证明 根据定理 9.5, 定理 9.6 显然成立. 证毕.

9.1.3 基于偏序关系的决策单元投影分析

决策单元在 DEA 生产前沿面上的投影实际上是将一个无效或弱有效的决策单元投影到一个有效的决策单元. 基于偏序集理论的决策单元投影本质上是将一个无效或弱有效的决策单元投影到某个极大元. 而决策单元在 DEA 生产前沿面上的投影又可分为面向输入的、面向输出的和面向输入输出的投影. 因此, 以下定义面向输入的极大元、面向输出的极大元及面向输入输出的极大元投影.

定义 9.5 假设 DMU_i 是一个极大元, 且 $DMU_i \gg DMU_j$, 如果存在 $c > 0$, 使得

$$\boldsymbol{y}_i = c\boldsymbol{y}_j \quad \text{且} \quad \boldsymbol{x}_i \leqq c\boldsymbol{x}_j,$$

则称 DMU_i 为 DMU_j 面向输入的极大元投影.

定义 9.6 假设 DMU_i 是一个极大元, 且 $DMU_i \gg DMU_j$, 如果存在 $c > 0$, 使得

$$\boldsymbol{x}_i = c\boldsymbol{x}_j \quad \text{且} \quad \boldsymbol{y}_i \geqq c\boldsymbol{y}_j,$$

则称 DMU_i 为 DMU_j 面向输出的极大元投影.

定义 9.7 假设 DMU_i 是一个极大元, 且 $\mathrm{DMU}_i \gg \mathrm{DMU}_j$, 如果 DMU_i 既不是面向输入的极大元投影也不是面向输出的极大元投影, 则称 DMU_i 为 DMU_j 面向输入输出的极大元投影.

不难发现, 对于与 DEA 有效的极大元存在偏序关系的无效或弱有效的决策单元, 根据该偏序关系可直接将决策单元投影为有效的决策单元. 通过偏序集理论容易得知上述投影方法可能有多个. 在某些情况下可能存在面向输入的极大元投影、面向输出的极大元投影及面向输入输出的极大元投影.

9.1.4 确定决策单元偏序关系的计算方法

通过前面引进的序关系 $\ll$ 对各个决策单元进行比较并不容易. 同时, 极大元的判定也比较困难. 为了克服这些问题, 以下给出一种比较简单的算法.

首先, 对数据进行无量纲化处理. 假定决策单元 j 的输入输出向量分别为

$$\boldsymbol{x}_j=(x_{1j},x_{2j},\cdots,x_{mj})^{\mathrm{T}},\quad \boldsymbol{y}_j=(y_{1j},y_{2j},\cdots,y_{sj})^{\mathrm{T}}.$$

由于 $\mathrm{C^2R}$ 模型中决策单元的 DEA 有效性与量纲选取无关, 因此可对决策单元的各个输入输出数据进行等比率的放大或缩小. 假设

$$I_i=\max\{x_{i1},x_{i2},\cdots,x_{in}\},\quad i=1,2,\cdots,m,$$

$$O_r=\max\{y_{r1},y_{r2},\cdots,y_{rn}\},\quad r=1,2,\cdots,s,$$

则经无量纲化处理后的输入输出向量为

$$\bar{\boldsymbol{x}}_j=\left(\frac{x_{1j}}{I_1},\frac{x_{2j}}{I_2},\cdots,\frac{x_{mj}}{I_m}\right)^{\mathrm{T}},$$

$$\bar{\boldsymbol{y}}_j=\left(\frac{y_{1j}}{O_1},\frac{y_{2j}}{O_2},\cdots,\frac{y_{sj}}{O_s}\right)^{\mathrm{T}}.$$

任意一个决策单元通过上述无量纲化处理都能够保证所有输入输出分量小于等于 1, 假设各决策单元经无量纲化处理后的输入输出数据为

$$\bar{\boldsymbol{x}}_j=(\bar{x}_{1j},\bar{x}_{2j},\cdots,\bar{x}_{mj})^{\mathrm{T}},\quad \bar{\boldsymbol{y}}_j=(\bar{y}_{1j},\bar{y}_{2j},\cdots,\bar{y}_{sj})^{\mathrm{T}},\quad j=1,2,\cdots,n.$$

对于某一决策单元 $(\bar{\boldsymbol{x}}_{j_0},\bar{\boldsymbol{y}}_{j_0})$, 取

$$c=\sum_{i=1}^{m}\bar{x}_{ij_0}\Big/\sum_{i=1}^{m}\bar{x}_{ij},$$

则各决策单元相对于 $(\bar{\boldsymbol{x}}_{j_0}, \bar{\boldsymbol{y}}_{j_0})$ 的面向输入的数据为

$$\tilde{\boldsymbol{x}}_j = c(\bar{x}_{1j}, \bar{x}_{2j}, \cdots, \bar{x}_{mj})^{\mathrm{T}}, \quad \tilde{\boldsymbol{y}}_j = c(\bar{y}_{1j}, \bar{y}_{2j}, \cdots, \bar{y}_{sj})^{\mathrm{T}}, \quad j = 1, 2, \cdots, n.$$

对于某一决策单元 $(\bar{\boldsymbol{x}}_{j_0}, \bar{\boldsymbol{y}}_{j_0})$, 取

$$c_1 = \sum_{r=1}^{s} \bar{y}_{rj_0} \Big/ \sum_{r=1}^{s} \bar{y}_{rj},$$

则各决策单元相对于 $(\bar{\boldsymbol{x}}_{j_0}, \bar{\boldsymbol{y}}_{j_0})$ 的面向输出的数据为

$$\hat{\boldsymbol{x}}_j = c_1(\bar{x}_{1j}, \bar{x}_{2j}, \cdots, \bar{x}_{mj})^{\mathrm{T}}, \quad \hat{\boldsymbol{y}}_j = c_1(\bar{y}_{1j}, \bar{y}_{2j}, \cdots, \bar{y}_{sj})^{\mathrm{T}}, \quad j = 1, 2, \cdots, n.$$

通过上述数据处理, 使得各个决策单元的输入指标或输出指标总和相同. 这使得对于各个决策单元的比对变得更加简单, 也使得偏序关系的确定变得更为方便. 对于决策单元中的所有输入数据之和相同的情况下, 只需比较输出值就基本上能够确立序关系. 同样对于决策单元中的所有输出数据之和相同的情况下, 只需比较输入值就能基本上确立序关系.

9.1.5 实例分析

例 9.1 分别用 $\mathrm{C^2R}$ 模型和本章给出的偏序集理论研究表 9.2 中决策单元的投影问题.

表 9.2 某四个决策单元的指标数据

决策单元	DMU_1	DMU_2	DMU_3	DMU_4
输入	1	2	3	4
输出	3	1	4	2

图 9.1 中给出四个决策单元的相关信息.

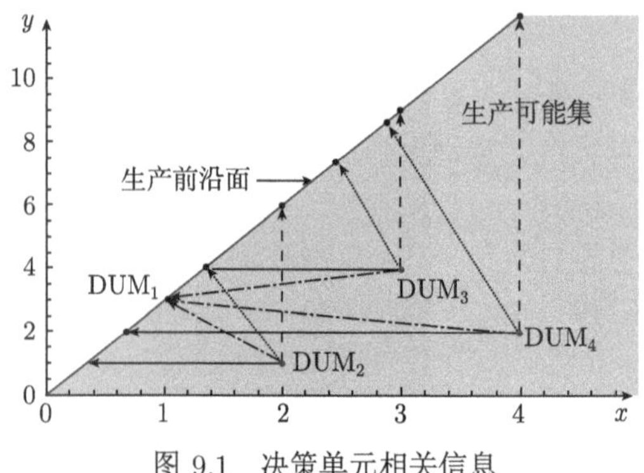

图 9.1 决策单元相关信息

根据 C^2R 模型的投影方式, 在图 9.1 中向左的实线即为决策单元面向输入的投影方向, 向上的虚线即为决策单元面向输出的投影方向, 斜线为决策单元面向输入输出的投影方向.

由于 4=2×2, 2=1×2, 故根据本章中引进的偏序关系, 可知 $DMU_2=DMU_4$. 图 9.2 给出了四个决策单元之间的偏序关系图. 根据基于极大元的投影方式, DMU_2, DMU_3, DMU_4 的参照点均是 DMU_1.

表 9.3 分别给出基于 C^2R 模型的投影和基于极大元的投影.

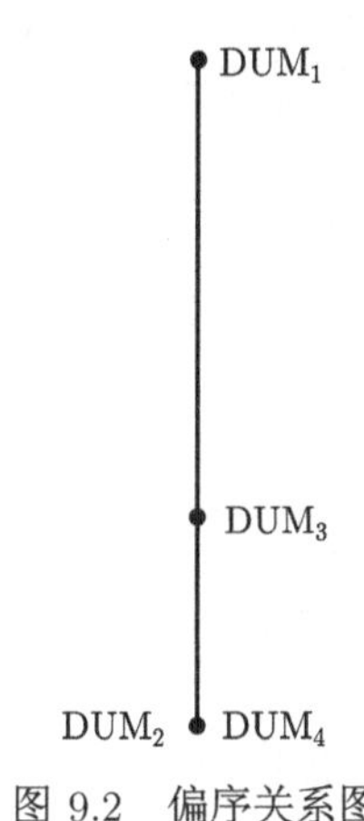

图 9.2 偏序关系图

从图 9.2 中可以看出, 表 9.2 中的四个决策单元构成了一个链. 事实上, 容易证明对于所有具有单输入单输出数据的决策单元在本章引进的偏序关系下构成一个链, 即任意两个决策单元之间均存在序关系. 此时决策单元之间存在全序关系.

表 9.3 四个决策单元在生产前沿面上的投影

决策单元	DMU_1	DMU_2	DMU_3	DMU_4
面向输入的 DEA 投影	(1, 3)	(1/3, 1)	(4/3, 4)	(2/3, 2)
面向输出的 DEA 投影	(1, 3)	(2, 6)	(3, 9)	(4, 12)
面向极大元的投影	(1, 3)	(1, 3)	(1, 3)	(1, 3)

例 9.2 运用偏序集理论研究表 9.4 中决策单元的关系及投影.

表 9.4 某六个决策单元的指标数据

决策单元	DMU_1	DMU_2	DMU_3	DMU_4	DMU_5	DMU_6
输入 1	3	1	3	1	3	4
输入 2	3	3	3	2	3	3
输出 1	6	3	3	3	6	6
输出 2	3	3	3	3	6	8

利用 Matlab 软件容易算得 DMU_4, DMU_5, DMU_6 为 DEA 有效 (C^2R), DMU_1, DMU_2 为弱有效 (C^2R), DMU_3 为 DEA 无效 (C^2R).

应用本章引入的偏序关系定义容易得知 DMU_4, DMU_5, DMU_6 均为极大元. 同时, 各决策单元具有如下关系: $DMU_6 \gg DMU_3$; $DMU_5 \gg DMU_1 \gg DMU_3$; $DMU_4 \gg DMU_2 \gg DMU_3$, 决策单元之间的关系如图 9.3 所示.

从图 9.3 可以看出, 具有多输入多输出的决策单元之间并不一定总可比, 因此, 它们不一定构成全序集. DMU_3 面向输出的投影为极大元 DMU_5, 面向输入的投影为 DMU_4.

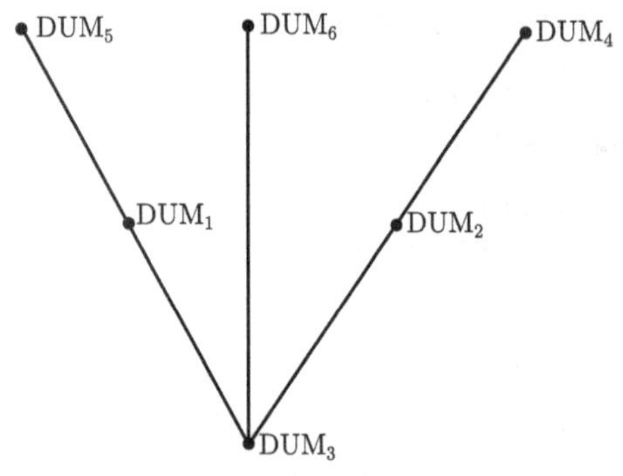

图 9.3 决策单元偏序关系图

例 9.3 运用偏序集理论研究表 9.5 中决策单元的 DEA 有效性 (C^2R).

表 9.5 某十个决策单元的指标数据

决策单元	DMU_1	DMU_2	DMU_3	DMU_4	DMU_5	DMU_6	DMU_7	DMU_8	DMU_9	DMU_{10}
输入 1	3	6	4	7	4	9	6	9	3	4
输入 2	1	9	2	4	7	8	7	6	5	6
输入 3	7	5	6	1	8	4	2	6	9	4
输出 1	6	4	4	6	7	7	7	6	6	9
输出 2	7	6	4	7	5	9	5	4	8	9
输出 3	4	8	6	5	2	8	2	2	7	1

通过计算得知, $DMU_4 > DMU_8$, 故DMU_8 不是极大元, 除DMU_8 外, 其余所有决策单元都是极大元. 其中极大元DMU_7 是弱 DEA 有效, 极大元DMU_5 和DMU_6 为 DEA 无效, 其余极大元都为 DEA 有效. 因此, C^2R 模型中的极大元并不一定都是有效的.

9.2 应用指标关系研究决策单元的偏序性

在 9.1 节中引进的偏序关系是基于输入输出数据的加权和来定义的, 由于权重的取值范围较大, 难以直接确定决策单元之间的偏序关系. 在本节中将通过考虑两个决策单元各指标之间的倍数大小来定义偏序关系, 不仅可以简化相关算法, 同时为直观的展示决策单元之间的偏序关系, 并给出绘制偏序关系图的相应方法提供了思路. 通过该偏序关系图可以清楚地展示有效决策单元、弱有效决策单元及无效决策单元的分布情况.

9.2.1 基于指标大小偏序关系的定义及性质

通过 C^2 变换, 可将分式规划的 C^2R 模型转化成如下形式:

$$\begin{cases} \max & \boldsymbol{\mu}^{\mathrm{T}}\boldsymbol{y}_{j_0}, \\ \text{s.t.} & \boldsymbol{\omega}^{\mathrm{T}}\boldsymbol{x}_j - \boldsymbol{\mu}^{\mathrm{T}}\boldsymbol{y}_j \geqq 0, \quad j=1,2,\cdots,n, \\ & \boldsymbol{\omega}^{\mathrm{T}}\boldsymbol{x}_{j_0} = 1, \\ & \boldsymbol{\omega} \geqq \boldsymbol{0}, \quad \boldsymbol{u} \geqq \boldsymbol{0}. \end{cases}$$

假设 DMU_k 和 DMU_j 的输入输出数据分别为

$$\boldsymbol{x}_k = (x_{1k}, x_{2k}, \cdots, x_{mk})^{\mathrm{T}}, \quad \boldsymbol{y}_k = (y_{1k}, y_{2k}, \cdots, y_{sk})^{\mathrm{T}},$$

$$\boldsymbol{x}_j = (x_{1j}, x_{2j}, \cdots, x_{mj})^{\mathrm{T}}, \quad \boldsymbol{y}_j = (y_{1j}, y_{2j}, \cdots, y_{sj})^{\mathrm{T}},$$

则必存在 $a_i, b_r\ (i=1,2,\cdots,m, r=1,2,\cdots,s)$, 使得

$$x_{ik} = a_i x_{ij}, \quad y_{rk} = b_r y_{rj}.$$

定义 9.8 如果

$$a_1 = a_2 = \cdots = a_m = b_1 = b_2 = \cdots = b_s,$$

则称 DMU_k 和 DMU_j 是**相等的**, 记为 $\mathrm{DMU}_k = \mathrm{DMU}_j$.

如果令

$$a = \min\{a_1, a_2, \cdots, a_m\}, \quad b = \max\{b_1, b_2, \cdots, b_s\},$$

则有

$$x_{ik} \geqq a x_{ij}, \quad y_{rk} \leqq b y_{rj}.$$

定义 9.9 如果 $a \geqq b$, 则称 DMU_k 和 DMU_j 存在**序关系**$\ll_1$, 将其记为 $\mathrm{DMU}_k \ll_1 \mathrm{DMU}_j$.

定义 9.10 如果 $a > b$, 则称 $\mathrm{C^2R}$ 模型中的 DMU_k 和 DMU_j 存在**严格序关系**$<$, 将其记为 $\mathrm{DMU}_k < \mathrm{DMU}_j$.

定义 9.11 如果 $a < b$, 则称 $\mathrm{C^2R}$ 模型中的 DMU_k 和 DMU_j 不存在序关系.

定理 9.7 定义 9.9 中引入的序关系 $\ll_1$ 是一偏序关系.

证明 对任意的 $\mathrm{DMU}_j, \mathrm{DMU}_k, \mathrm{DMU}_l\ (j,k,l \in \{1,2,\cdots,n\})$, 有以下性质.

(1) 自反性: 根据序关系 $\ll_1$ 的定义可知, $\mathrm{DMU}_j \ll_1 \mathrm{DMU}_j$.

(2) 反对称性: 假设

$$\mathrm{DMU}_j \ll_1 \mathrm{DMU}_k \text{且} \mathrm{DMU}_k \ll_1 \mathrm{DMU}_j,$$

则必存在 $a_i, b_r, \bar{a}_i, \bar{b}_r\ (i=1,2,\cdots,m, r=1,2,\cdots,s)$, 使得

$$x_{ij} = a_i x_{ik}, \quad y_{rj} = b_r y_{rk}, \quad x_{ik} = \bar{a}_i x_{ij}, \quad y_{rk} = \bar{b}_r y_{rj},$$

因此,

$$a_i = 1/\bar{a}_i, \quad b_r = 1/\bar{b}_r.$$

令

$$\begin{aligned}
&a = \min\{a_1, a_2, \cdots, a_m\}, \quad b = \max\{b_1, b_2, \cdots, b_s\}, \\
&\bar{a} = \min\{\bar{a}_1, \bar{a}_2, \cdots, \bar{a}_m\} = \min\{1/a_1, 1/a_2, \cdots, 1/a_m\} = 1/\max\{a_1, a_2, \cdots, a_m\}, \\
&\bar{b} = \max\{\bar{b}_1, \bar{b}_2, \cdots, \bar{b}_s\} = \max\{1/b_1, 1/b_2, \cdots, 1/b_s\} = 1/\min\{b_1, b_2, \cdots, b_s\}.
\end{aligned}$$

由于

$$a \geqq b, \quad \bar{a} \geqq \bar{b},$$

所以,

$$\min\{a_1, a_2, \cdots, a_m\} \geqq \max\{b_1, b_2, \cdots, b_s\},$$

$$\min\{b_1, b_2, \cdots, b_s\} \geqq \max\{a_1, a_2, \cdots, a_m\},$$

从而

$$\min\{a_1, a_2, \cdots, a_m\} \geqq \max\{a_1, a_2, \cdots, a_m\},$$

即

$$a_1 = a_2 = \cdots = a_m.$$

由此可知

$$a \geqq \max\{b_1, b_2, \cdots, b_s\} \geqq \min\{b_1, b_2, \cdots, b_s\} \geqq a,$$

即

$$b_1 = b_2 = \cdots = b_s,$$

这就证明了 $\mathrm{DMU}_k = \mathrm{DMU}_j$.

(3) 传递性: 假定 $\mathrm{DMU}_j \ll_1 \mathrm{DMU}_k$ 且 $\mathrm{DMU}_k \ll_1 \mathrm{DMU}_l$, 则必存在 $a_i, b_r, \bar{a}_i, \bar{b}_r$ $(i = 1, 2, \cdots, m, r = 1, 2, \cdots, s)$, 使得

$$x_{ij} = a_i x_{ik}, \quad y_{rj} = b_r y_{rk}, \quad x_{ik} = \bar{a}_i x_{il}, \quad y_{rk} = \bar{b}_r y_{rl},$$

显然,

$$x_{ij} = a_i x_{ik} = a_i \bar{a}_i x_{il}, \quad y_{rj} = b_r y_{rk} = b_r \bar{b}_r y_{rl}.$$

令

$$\begin{aligned}
&a = \min\{a_1, a_2, \cdots, a_m\}, \quad b = \max\{b_1, b_2, \cdots, b_s\}, \\
&\bar{a} = \min\{\bar{a}_1, \bar{a}_2, \cdots, \bar{a}_m\}, \quad \bar{b} = \max\{\bar{b}_1, \bar{b}_2, \cdots, \bar{b}_s\},
\end{aligned}$$

由于

$$a \geqq b, \quad \bar{a} \geqq \bar{b},$$

因此,

$$a_i \geqq \min\{a_1, a_2, \cdots, a_m\} = a \geqq b = \max\{b_1, b_2, \cdots, b_s\} \geqq b_r,$$
$$\bar{a}_i \geqq \min\{\bar{a}_1, \bar{a}_2, \cdots, \bar{a}_m\} = \bar{a} \geqq \bar{b} = \max\{\bar{b}_1, \bar{b}_2, \cdots, \bar{b}_s\} \geqq \bar{b}_r,$$

所以

$$a_i\bar{a}_i \geqq b_r\bar{b}_r, \quad i = 1, 2, \cdots, m, \quad r = 1, 2, \cdots, s.$$

若

$$\tilde{a} = \min\{a_1\bar{a}_1, a_2\bar{a}_2, \cdots, a_m\bar{a}_m\}, \quad \tilde{b} = \max\{b\bar{b}_1, b\bar{b}_2, \cdots, b_s\bar{b}_s\},$$

则 $\tilde{a} \geqq \tilde{b}$, 从而 $\mathrm{DMU}_j \ll_1 \mathrm{DMU}_l$. 证毕.

定理 9.8 DMU_j 为 DEA 有效 ($\mathrm{C^2R}$), 则 DMU_j 必是 $(T, \ll_1)$ 的极大元. 反之未必成立.

证明 若 DMU_j 为 DEA 有效 ($\mathrm{C^2R}$), 则存在 $\bar{\boldsymbol{u}}, \bar{\boldsymbol{v}} > \boldsymbol{0}$, 满足

$$\frac{\boldsymbol{u}^{\mathrm{T}}\boldsymbol{y}_k}{\boldsymbol{v}^{\mathrm{T}}\boldsymbol{x}_k} \leqq \frac{\boldsymbol{u}^{\mathrm{T}}\boldsymbol{y}_j}{\boldsymbol{v}^{\mathrm{T}}\boldsymbol{x}_j}, \quad k = 1, 2, \cdots, n.$$

假设 DMU_j 不是 $(T, \ll_1)$ 的极大元, 则存在 $\mathrm{DMU}_l \in T$, 使得

$$\mathrm{DMU}_j \ll_1 \mathrm{DMU}_l, \quad \mathrm{DMU}_j \neq \mathrm{DMU}_l.$$

令

$$a = \min\{a_1, a_2, \cdots, a_m\}, \quad b = \max\{b_1, b_2, \cdots, b_s\},$$

则有

$$a \geqq b, \quad x_{ij} \geqq a x_{il}, \quad y_{rj} \leqq b y_{rl}, \quad i = 1, 2, \cdots, m, \quad r = 1, 2, \cdots, s,$$

且至少有一个不等式严格成立. 因此, 对于任意 $\boldsymbol{u}, \boldsymbol{v} > \boldsymbol{0}$, 均有

$$\frac{\boldsymbol{u}^{\mathrm{T}}\boldsymbol{y}_j}{\boldsymbol{v}^{\mathrm{T}}\boldsymbol{x}_j} < \frac{\boldsymbol{u}^{\mathrm{T}}\boldsymbol{y}_l}{\boldsymbol{v}^{\mathrm{T}}\boldsymbol{x}_l},$$

矛盾!

定理 9.8 的逆命题未必成立, 详见例 9.5. 证毕.

由定理 9.8 的逆否命题可知有以下结论成立.

定理 9.9 (1) 若 DMU_j 不是 $(T, \ll_1)$ 的极大元, 则 DMU_j 为 DEA 无效 ($\mathrm{C^2R}$).

(2) 对于 DMU_j, 如果存在 DMU_k, 使得

$$\mathrm{DMU}_j \ll_1 \mathrm{DMU}_k \quad 且 \quad \mathrm{DMU}_j \neq \mathrm{DMU}_k,$$

则 DMU_j 至多是弱 DEA 有效 ($\mathrm{C^2R}$).

(3) 对于 DMU_j, 如果存在 DMU_k, 使得 $\mathrm{DMU}_j < \mathrm{DMU}_k$, 则 DMU_j 为 DEA 无效 ($\mathrm{C^2R}$).

通过定理 9.8 可知, 极大元不一定为 DEA 有效 ($\mathrm{C^2R}$), 那么, 极大元满足什么条件才为 DEA 有效? 由 DEA 有效 ($\mathrm{C^2R}$) 的定义易知以下结论成立.

定理 9.10 如果存在一组权重 $\boldsymbol{u}, \boldsymbol{v} > \mathbf{0}$, 使得对任意的 $\mathrm{DMU}_l \in T$, 总有

$$\frac{\boldsymbol{u}^{\mathrm{T}}\boldsymbol{y}_l}{\boldsymbol{v}^{\mathrm{T}}\boldsymbol{x}_l} \leqq \frac{\boldsymbol{u}^{\mathrm{T}}\boldsymbol{y}_j}{\boldsymbol{v}^{\mathrm{T}}\boldsymbol{x}_j}, \quad l = 1, 2, \cdots, n$$

成立, 则 DMU_j 为 DEA 有效 ($\mathrm{C^2R}$).

9.2.2 决策单元偏序关系图的绘制及应用举例

由定理 9.8 可知 DEA 有效决策单元是某个偏序集的极大元. 以下给出各个决策单元的偏序关系图的绘制方法.

为了在三维空间更加直观的观察出各个决策单元的偏序关系图, 以各个决策单元的效率值为高, 以各个决策单元经单位化处理后的平均输入输出数据为横轴和纵轴, 即可给出决策单元的空间偏序关系图. 具体步骤如下:

步骤 1 对输入输出数据进行无量纲化处理;

步骤 2 确定各个决策单元的偏序关系及严格偏序关系;

步骤 3 计算各个决策单元的效率值;

步骤 4 计算各个决策单元的平均输入数据及输出数据;

步骤 5 以各个决策单元的效率值为竖轴, 以各个决策单元的平均输入数据及平均输出数据为横轴和纵轴画出各个决策单元的分布图;

步骤 6 用直线连接任何具有覆盖关系的决策单元, 对具有严格偏序关系的决策单元利用不同直线连接.

例 9.4 运用偏序集理论分析表 9.6 中决策单元的 DEA 有效性和偏好性.

表 9.6 具有两个输入和两个输出的决策单元指标数据

决策单元	DMU_1	DMU_2	DMU_3	DMU_4	DMU_5	DMU_6	DMU_7	DMU_8	DMU_9
输入 1	4	2	3	1	3	4	4	4	1
输入 2	2	3	3	2	3	3	2	3	3
输出 1	6	3	3	3	6	6	4	6	3
输出 2	3	3	3	3	6	8	3	6	3

应用 Matlab 软件计算得知: DMU_1, DMU_4, DMU_5, DMU_6 为 DEA 有效 ($\mathrm{C^2R}$), DMU_9 为弱 DEA 有效, 其他决策单元为 DEA 无效.

图 9.4 给出决策单元之间的偏序关系, 其中 DMU_1, DMU_4, DMU_5, DMU_6 为极大元.

比较 DEA 有效单元和偏序集的极大元可以发现: DMU_9 为弱 DEA 有效, 但由于

$$\mathrm{DMU}_9 \ll_1 \mathrm{DMU}_4,$$

所以, DMU_9 不是偏序集的极大元.

$\mathrm{DMU}_2, \mathrm{DMU}_3$ 为 DEA 无效, 在偏序集中存在 DMU_4, 使得

$$\mathrm{DMU}_2 < \mathrm{DMU}_4, \quad \mathrm{DMU}_3 < \mathrm{DMU}_4,$$

因此, DMU_2, DMU_3 都不是极大元.

DMU_7 为 DEA 无效, 但在偏序集中不存在任何决策单元与 DMU_7 存在严格序关系.

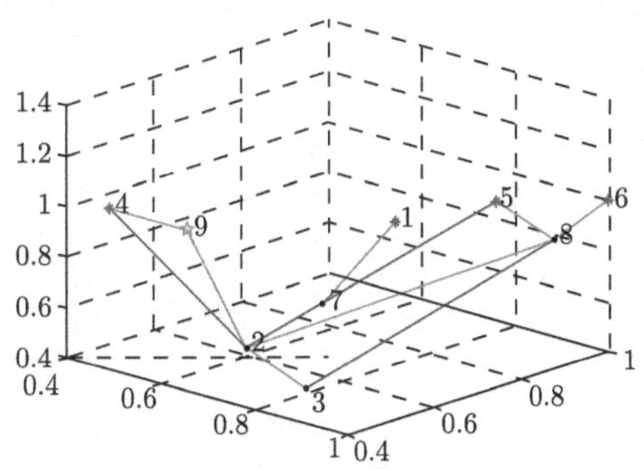

图 9.4 决策单元偏序关系图

例 9.5 表 9.7 中给出具有三个输入指标和三个输出指标的 10 个决策单元数据.

表 9.7 具有孤立弱有效及有效决策单元的输入输出数据

决策单元	DMU_1	DMU_2	DMU_3	DMU_4	DMU_5	DMU_6	DMU_7	DMU_8	DMU_9	DMU_{10}
输入 1	5	2	9	5	1	8	2	1	7	2
输入 2	6	9	4	2	1	7	1	2	1	6
输入 3	4	9	6	3	9	9	5	1	7	5
输出 1	5	3	2	2	3	3	1	6	3	4
输出 2	4	5	5	5	9	8	9	5	7	2
输出 3	1	2	3	4	5	3	5	9	2	4

通过计算可知 DMU_5, DMU_7, DMU_8 为 DEA 有效, 其他决策单元均为 DEA 无效. 其中 DMU_7 是孤立的极大元, DMU_9 是孤立的弱 DEA 有效极大元. 图 9.5 给出各决策单元之间的偏序关系.

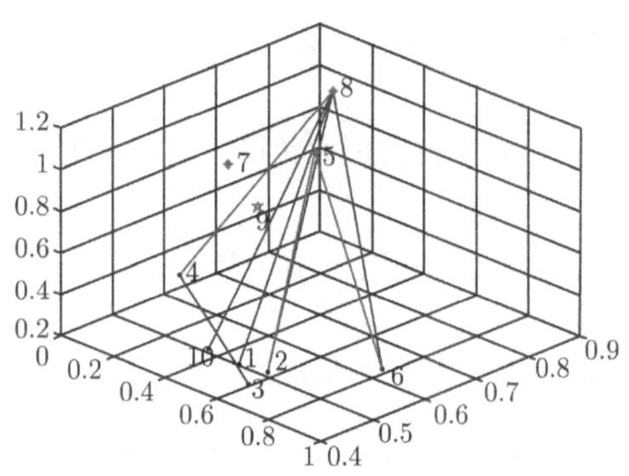

图 9.5 决策单元偏序关系图

例 9.6 表 9.8 给出具有三个输入指标和三个输出指标的 10 个决策单元数据.

表 9.8 具有孤立无效决策单元的输入输出数据

决策单元	DMU_1	DMU_2	DMU_3	DMU_4	DMU_5	DMU_6	DMU_7	DMU_8	DMU_9	DMU_{10}
输入 1	9	5	4	9	1	5	5	7	8	9
输入 2	7	9	9	3	7	2	2	1	5	2
输入 3	2	5	7	5	8	7	3	2	9	8
输出 1	3	4	7	6	6	9	5	8	8	9
输出 2	7	2	5	5	7	6	2	8	3	4
输出 3	9	4	4	2	1	1	5	9	2	1

通过计算可知 DMU_5, DMU_6, DMU_8 是 DEA 有效的. DMU_3 是孤立的 DEA 无效单元. DMU_1 是弱 DEA 有效决策单元且 $DMU_1 \ll_1 DMU_8$. 图 9.6 给出决策单元之间的偏序关系.

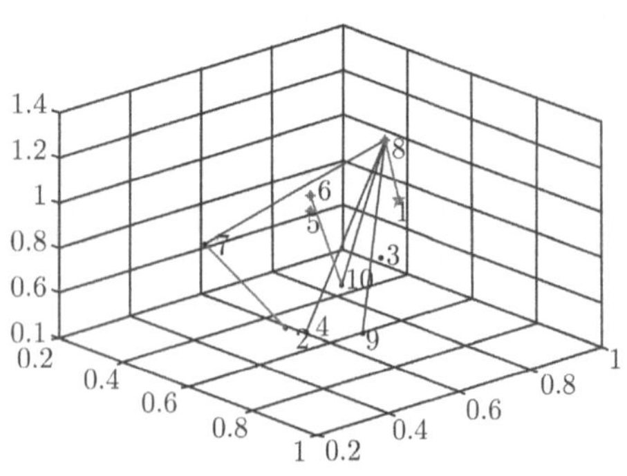

图 9.6 决策单元偏序关系图

例 9.7 应用 Matlab 随机生成具有三个输入指标及三个输出指标的 30 个决策单元、50 个决策单元及 100 个决策单元的数据, 并绘出决策单元的偏序关系分布图 (图 9.7~ 图 9.9).

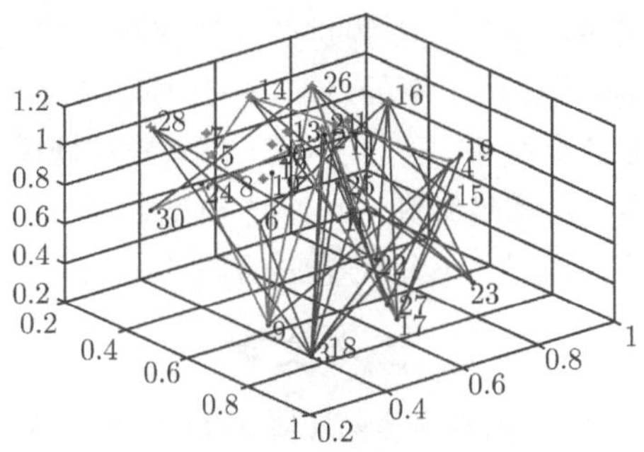

图 9.7 30 个决策单元的偏序关系图

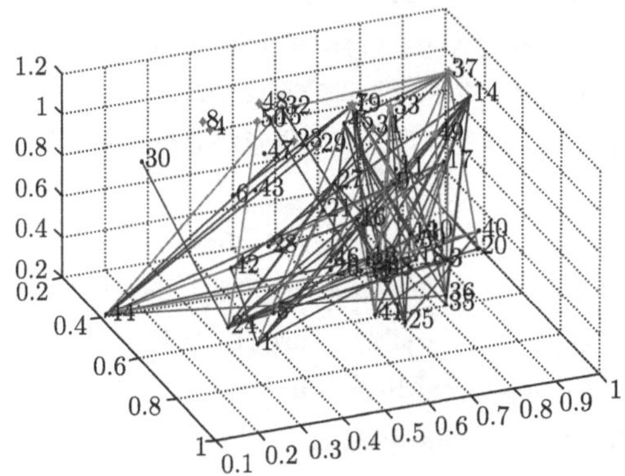

图 9.8 50 个决策单元的偏序关系图

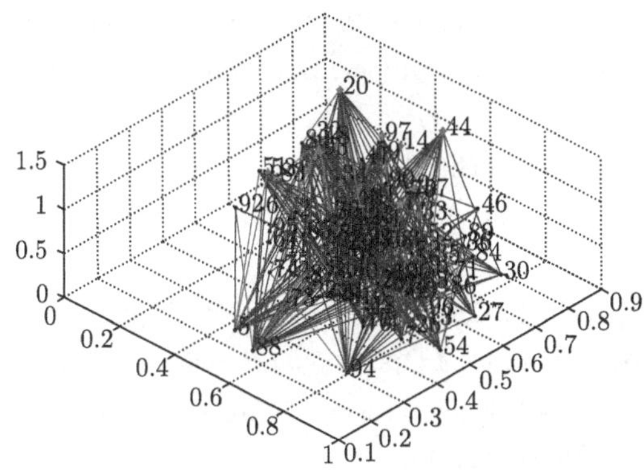

图 9.9 100 个决策单元的偏序关系图

9.3 结 束 语

本章应用偏序集理论研究了 DEA有效 (C^2R)、弱 DEA 有效 (C^2R) 及 DEA 无效问题. C^2R 模型中引进的偏序关系为进一步研究决策单元的有效性提供了新的工具, 也为决策单元的投影提供了新的思路. C^2R 模型中不同类型的极大元也为评价决策单元提供了更多的参照系. 但由于 C^2R 模型满足规模收益不变的性质, 而其他很多 DEA 模型并不一定满足锥性, 如 BC^2 模型、FG 模型和 ST 模型等. 因此, 本章结论不能直接推广到其他 DEA 模型中, 有关结论还有待进一步研究.

参考文献

[1] 木仁, 马占新, 崔巍. 基于偏序集理论的数据包络分析 [J]. 系统工程与电子技术, 2013, 35(2): 350-356

[2] Charnes A, Cooper W W, Rhoes E. Measuring the efficiency of decision making units[J]. European Journal of Operational Research, 1978, 2(6): 429-444

[3] Grätzer G. General Lattice Theory[M]. New York: Academic Press, 1978

[4] 马占新, 唐焕文, 戴仰山. 偏序集理论在数据包络分析中的应用研究 [J]. 系统工程学报, 2002, 17(1) :19-25

[5] Sengupta J. Data envelopment analysis for efficiency measurement in the stochastic case[J]. Computers and Operations Research, 1987, 14(2): 117-129

[6] Li S X. Stochastic models and variable returns to scales in data envelopment analysis[J]. European Journal of Operational Research, 1998, 104(3): 532-548

[7] Sueyoshi T. Stochastic DEA for restructure strategy: an application to a Japanese petroleum company[J]. International Journal of Management Science, 2000, 28(4): 385-398

[8] Lahdelma R, Miettinen K, Salminen P. Ordinal criteria in stochastic multicriteria acceptability analysis (SMAA)[J]. European Journal of Operational Research, 2003, 147(1): 117-127

[9] Lahdelma R,Salminen P. Stochastic multicriteria acceptability analysis using the data envelopment model[J]. European Journal of Operational Research, 2006, 170(1): 241-252

[10] Wu D S, Lee C G. Stochastic DEA with ordinal data applied to a multi-attribute pricing problem[J]. European Journal of Operational Research, 2010, 207(3): 1679-1688

[11] Kao C, Liu S T. Fuzzy efficiency measures in data envelopment analysis[J]. Fuzzy sets and Systems, 2000, 113(3): 427-437.

[12] Guo P, Tanaka H. Fuzzy DEA:a perceptual evaluation method[J]. Fuzzy Sets and Systems, 2001, 119(1): 149-160

[13] Lertworasirikul S, Shu-Cherng F, Joines A J, Nuttle L W H. Fuzzy data envelopment analysis (DEA): a possibility approach[J]. Fuzzy Sets and Systems, 2003, 139(2): 379-394

[14] Despotis D K, Smirlis Y G. Data envelopment analysis with imprecise data[J]. European

Journal of Operational Research, 2002, 140(1): 24-36

[15] Entani T, Maeda Y, Tanaka H. Dual models of interval DEA and its extension to interval data[J]. European Journal of Operational Research, 2002, 136(1): 32-45

[16] Wang Y M, Greatbanks R, Yang J B. Interval efficiency assessment using data envelopment analysis[J]. Fuzzy Sets and Systems, 2005, 153(3): 347-370

[17] Amirteimoori A R, Kordrostami S. Efficient surfaces and an efficiency index in DEA: a constant returns to scale[J]. Applied Mathematics and Computation, 2005, 163(2): 683-691

[18] Sueyoshi T, Sekitani K. Computational strategy for Russell measure in DEA: second-order cone programming[J]. European Journal of Operational Research, 2007, 180(1): 459-471

[19] Saati S M, Memariani A, Jahanshahloo G R. Efficiency analysis and ranking of DMUs with fuzzy data[J]. Fuzzy Optimization and Decision Making, 2002, 1(3): 255-267

[20] Jahanshahloo G R, Hosseinzadeh L F, Shoja N, et al. Ranking using l_1-norm in data envelopment analysis[J]. Applied Mathematics and Computation, 2004, 153(1): 215-224

[21] Wen M, You C, Kang R. A new ranking method to fuzzy data envelopment analysis[J]. Computers and Mathematics with Applications, 2010, 59(11): 3398-3404

第 10 章　偏序集理论与模糊综合评价

在模糊综合评价过程中, 对一个决策单元的评价只用到决策单元自身的信息, 而其他决策单元提供的系统信息则没有被利用, 从而在一定程度上造成数据信息浪费. 另外, 模糊综合评价方法只能给出各方案好坏的程度, 却无法找出无效的原因, 同时, 各因素的权重确定存在一定的主观性. 因此, 本章从偏序集的理论出发, 构造模糊样本可能集, 给出一个建立在模糊综合评判基础上的广义模糊 DEA 模型. 该模型不仅能增强模糊综合评判结果的客观性, 更重要的是它可以从系统的角度给出模糊综合评判中较差单元无效的原因, 并能为较差单元的改进提供许多有用的信息. 本章内容主要取材于文献 [1].

自从 1965 年 Zadeh 提出用模糊集合描述和分析模糊现象以来, 模糊数学发展十分迅速[2], 其中模糊综合评判方法在综合评价与决策分析等领域得到了广泛关注, 现已成为一种常用且重要的系统综合评价方法. 但在具体应用过程中, 模糊综合评判方法还存在以下问题:

(1) 模糊综合评判方法仅能告诉决策者各方案的好坏程度, 却无法找出较差方案无效的原因.

(2) 模糊综合评判方法没有利用所有被评价单元提供的系统信息, 指出较差单元应如何调整自身结构、提高综合性能.

(3) 在模糊综合评判过程中, 各因素的权数分配主要靠人的主观判断, 当因素较多时, 权数难以恰当分配[3].

基于上述问题, 本章应用偏序集理论, 给出一个建立在 DEA 方法[4] 基础上的辅助模型. 该模型不仅可以找出模糊综合评判中较差单元无效的原因, 给出其进一步改进的信息, 而且还能够增强模糊综合评判结果的客观性.

10.1　模糊综合评判方法

以下首先从文献 [3] 和文献 [5] 中选取一些关于模糊综合评判的内容作为后续研究的基础知识.

综合评判是指对多种因素所影响的事物或现象进行总的评价, 若这种评价过程涉及模糊问题, 便是模糊综合评判. 它一般包括以下 6 个步骤.

1. 建立因素集

因素集是由影响评判对象的各种因素所组成的集合, 即

$$U=\{u_1,u_2,u_3,\cdots,u_m\},$$

其中 U 是因素集, $u_i\,(i=1,2,\cdots,m)$ 代表各种影响因素, 这些因素通常都具有不同程度的模糊性.

例如, 评判工程结构的安全系数时, 可以取影响安全系数取值的因素为

u_1—— 设计水平;

u_2—— 制造水平;

u_3—— 材质优劣;

u_4—— 重要程度;

u_5—— 使用条件;

u_6—— 维修费用与灾害损失费用的多少; 等等.

上述因素 $u_i\,(i=1,2,\cdots,6)$ 都是模糊的, 由它们所组成的集合便是评判安全系数的因素集:

$$U=\{u_1,u_2,u_3,\cdots,u_6\},$$

其中因素集中的因素可以是模糊的, 也可以是非模糊的. 但它们对因素集 U 的关系, 要么 $u_i\in U$, 要么 $u_i\notin U\,(i=1,2,\cdots,m)$, 二者必居其一. 因此, 因素集本身应是一普通集合.

又如对电视的评价, 可以取

$$U=\{u_1(\text{图像}),u_2(\text{声音}),u_3(\text{价格})\}.$$

2. 建立权重

在因素集中各因素的重要程度可能不同, 为了反映各因素的重要程度, 对各因素 $u_i\,(i=1,2,\cdots,m)$ 应赋予一定的权数 $a_i\,(i=1,2,\cdots,m)$. 由各权数所组成的向量:

$$\tilde{\boldsymbol{A}}=(a_1,a_2,\cdots,a_m),$$

称为因素的权重向量.

通常各权数 $a_i\,(i=1,2,\cdots,m)$ 应满足归一性和非负性条件:

$$\sum_{i=1}^{m}a_i=1,\quad a_i\geqq 0,\quad i=1,2,\cdots,m.$$

各个权重一般由人们根据实际问题的需要主观地确定. 同样的因素如果取不同的权数, 则评判的结果可能不同.

例如, 如果一个顾客对图像要求较高、价格其次、音质要求一般, 相应的权系数向量为

$$\tilde{\boldsymbol{A}} = (0.5,\ 0.2,\ 0.3).$$

3. 建立备择集

备择集是评判者对评判对象可能作出的各种评判结果所组成的集合. 通常用大写字母 V 表示, 即

$$V = \{v_1, v_2, \cdots, v_n\},$$

各元素 $v_i\,(i = 1, 2, \cdots, n)$ 代表各种可能的总评判结果. 模糊综合评判的目的就是在综合考虑所有影响因素的基础上, 从备择集中得出一个最佳的评价结果.

例如, 对电视机的评价, 备择集中的元素可以取为

$$V = \left\{v_1(\text{很好}), v_2(\text{较好}), v_3(\text{一般}), v_4(\text{不好})\right\}.$$

显然, v_i 对 V 的关系也是普通集合关系.

4. 单因素模糊评判

单独从一个因素出发进行评判, 以确定评判对象对备择集元素的隶属程度, 称为单因素模糊评判.

设评判对象按因素集中第 i 个因素 u_i 进行评判, 对备择集中第 j 个元素 v_j 的隶属度为 r_{ij}, 则按第 i 个因素 u_i 评判的结果, 可用隶属度向量

$$\widetilde{\boldsymbol{R}}_i = (r_{i1}, r_{i2}, \cdots, r_{in})$$

来表示.

同理, 可得相应于每个因素的单因素评判结果如下:

$$\begin{aligned}\widetilde{\boldsymbol{R}}_1 &= (r_{11}, r_{12}, r_{13}, \cdots, r_{1n}),\\ \widetilde{\boldsymbol{R}}_2 &= (r_{21}, r_{22}, r_{23}, \cdots, r_{2n}),\\ &\cdots\\ \widetilde{\boldsymbol{R}}_m &= (r_{m1}, r_{m2}, r_{m3}, \cdots, r_{mn}).\end{aligned}$$

将各单因素评判结果的隶属向量为行组成的矩阵

$$\widetilde{\boldsymbol{R}} = \begin{bmatrix} r_{11} & r_{12} & r_{13} & \cdots & r_{1n} \\ r_{21} & r_{22} & r_{23} & \cdots & r_{2n} \\ \vdots & \vdots & \vdots & & \vdots \\ r_{m1} & r_{m2} & r_{m3} & \cdots & r_{mn} \end{bmatrix},$$

称为单因素评判矩阵. 显然, $\widetilde{\boldsymbol{R}}$ 为一模糊矩阵.

例如, 某一台电视机, 请人评判, 就图像而言, 50%的人说 "很好", 40%的人说 "较好", 10%的人说 "一般", 没有人说 "不好", 则可取

$$\widetilde{\boldsymbol{R}}_1=(r_{11},r_{12},r_{13},r_{14})=(0.5,0.4,0.1,0),$$

同样地, 可以请这些人对声音进行评判, 假定结果为

$$\widetilde{\boldsymbol{R}}_2=(0.4,0.3,0.2,0.1),$$

对价格的评判结果为

$$\widetilde{\boldsymbol{R}}_3=(0,0.1,0.3,0.6),$$

则把它们合并成一个矩阵

$$\widetilde{\boldsymbol{R}}=\begin{bmatrix}0.5&0.4&0.1&0\\0.4&0.3&0.2&0.1\\0&0.1&0.3&0.6\end{bmatrix}.$$

5. 模糊综合评判

单因素模糊评判, 仅反映了一个因素对评判对象的影响. 这显然是不够的. 为了综合考虑所有因素的影响, 得出科学的评判结果, 这便是模糊综合评判.

如何考虑所有因素的影响呢? 从单因素评判矩阵 $\tilde{\boldsymbol{R}}$ 可以看出: $\tilde{\boldsymbol{R}}$ 的第 i 行, 反映了第 i 个因素影响评判对象取各个备择元素的程度; $\tilde{\boldsymbol{R}}$ 的第 j 列, 反映了所有因素影响评判对象取第 j 个备择因素的程度.

因此, 可用各列元素之和

$$R_j=\sum_{i=1}^{m}r_{ij},\quad j=1,2,\cdots,n,$$

来反映所有因素的综合影响. 由于这样做并未考虑各因素的重要程度, 如果在式 R_j 的各项作用以相应因素的权数 $a_i\,(i=1,2,\cdots,m)$, 则能更合理地反映所有因素的综合影响. 因此, 模糊综合评判可表示为

$$\widetilde{\boldsymbol{B}}=\widetilde{\boldsymbol{A}}\cdot\widetilde{\boldsymbol{R}}.$$

权重集 $\widetilde{\boldsymbol{A}}$ 可视为一行 m 列的模糊矩阵, 上式可按模糊矩阵乘法进行运算, 即

$$\widetilde{\boldsymbol{B}}=(a_1,a_2,\cdots,a_m)\cdot\begin{bmatrix}r_{11}&r_{12}&\cdots&r_{1n}\\r_{21}&r_{22}&\cdots&r_{2n}\\\vdots&\vdots&&\vdots\\r_{m1}&r_{m2}&\cdots&r_{mn}\end{bmatrix}=(b_1,b_2,\cdots,b_n),$$

式中

$$b_j = \bigvee_{i=1}^{m} (a_i \wedge r_{ij}), \quad j = 1, 2, \cdots, n,$$

$\widetilde{\boldsymbol{B}}$ 称为模糊综合评判集; $b_j\,(j = 1, 2, \cdots, n)$ 称为模糊综合评判指标, 简称评判指标. b_j 的含义是: 综合考虑所有因素的影响时, 评判对象对备择集中第 j 个元素的隶属度.

例如, 对电视机的评价中,

$$\widetilde{\boldsymbol{B}} = (0.5, 0.2, 0.3) \cdot \begin{bmatrix} 0.5 & 0.4 & 0.1 & 0 \\ 0.4 & 0.3 & 0.2 & 0.1 \\ 0 & 0.1 & 0.3 & 0.6 \end{bmatrix} = (0.5, 0.4, 0.3, 0.3).$$

6. 评判指标的处理

得到评判指标 $b_j\,(j = 1, 2, \cdots, n)$ 之后, 便可根据以下几种方法确定评判对象的具体结果.

(1) 最大隶属度法.

取与最大的评判指标 $\max\limits_j b_j$ 相对应的备择元素 v_L 为评判的结果, 即

$$\overline{V} = \left\{ v_L \,\middle|\, v_L \to \max_j b_j \right\}.$$

最大隶属度法仅考虑最大评判指标的贡献, 舍去了其他指标所提供的信息, 这实际上丢失了一些有用的信息; 另外, 当最大的评判指标不止一个时, 用最大隶属度法便很难决定具体的评判结果. 因此, 通常都采用加权平均法.

(2) 加权平均法.

取以 b_j 为权数, 对各个备择元素 v_j 进行加权平均的值为评判的结果, 即

$$\overline{V} = \sum_{j=1}^{n} b_j v_j \Big/ \sum_{j=1}^{n} b_j.$$

如果评判指标 b_j 已归一化, 则

$$\overline{V} = \sum_{j=1}^{n} b_j v_j.$$

如果评判结果是数量 (如安全系数), 则按最大隶属度法或加权平均法取值获得的结果就是对模糊综合评判的结果. 如果评判结果不是数量, 如评判某技术人员使用计算机的能力, 则备择集将是

$$V = \{强, 较强, 一般, 弱\}.$$

此时, 无法应用上述加权平均法, 而只能用最大隶属度法. 若仍要用加权平均法, 则需将备择集元素 (强, 较强, 一般, 弱) 进行数量化, 即分别用一些适当的数字来表示它们.

(3) 模糊分布法.

这种方法直接把评判指标作为评判结果; 或将评判指标归一化, 用归一化的评判指标作为评判结果. 归一化的具体作法如下:

先求各评判指标之和, 即

$$b = b_1 + b_2 + \cdots + b_n = \sum_{j=1}^{n} b_j,$$

再用 b 除原来的各个评判指标, 得到

$$\widetilde{\boldsymbol{B}}' = \left(\frac{b_1}{b}, \frac{b_2}{b}, \cdots, \frac{b_n}{b}\right) = (b'_1, b'_2, \cdots, b'_n),$$

$\widetilde{\boldsymbol{B}}'$ 为归一化的模糊综合评判集; $b'_j\,(j = 1, 2, \cdots, n)$ 为归一化的模糊综合评判指标, 即

$$\sum_{j=1}^{n} b'_j = 1.$$

各个评判指标, 具体反映了评判对象在所评判的特性方面的分布状态, 使评判者对评判对象有更深入的了解, 并能作各种灵活的处理.

例如, 对电视机的评价中,

$$\begin{aligned}\widetilde{\boldsymbol{B}}' &= (0.5/1.5, 0.4/1.5, 0.3/1.5, 0.3/1.5)\\ &= (0.33, 0.27, 0.2, 0.2),\end{aligned}$$

即对这一电视的评价, “很好” 的隶属度是 0.33, “较好” 是 0.27, “一般” 与 “不好” 都是 0.2, 看来评价结果偏好.

例如, 评判某种游艇受买主或顾客的欢迎程度时, 备择集可以是

$$V = \left\{很欢迎\,(v_1), 欢迎\,(v_2), 一般\,(v_3), 不欢迎\,(v_4)\right\}.$$

这时, 评判指标将指出很欢迎、欢迎、一般、不欢迎的买主各占的百分比. 这对于船舶制造厂, 无疑是非常重要的市场信息. 这里就不宜采用最大隶属度法或加权平均法, 而采用模糊分布法. 如果评判对象是某工程设计参数时, 则评判指标将指出该参数合理的分布状态, 设计者可据此得出有关的结论, 这是采用模糊分布法的一大优点.

10.2 基于模糊综合评判的 DEA 模型

模糊综合评判方法在评价过程中仅孤立地使用每个单元的信息. 事实上, 同类事物间的相似性与关联性是必然的. 依据同类事物间的这种联系, 不仅可以发现被评价单元在同类单元中的相对位置, 而且还能根据同类单元提供的信息发现被评价单元的弱点, 提出较差单元进一步改进的策略和办法.

假设在某一模糊综合评判过程中, 选择的因素集为

$$U=\{u_1,u_2,u_3,\cdots,u_m\},$$

其中 U 是因素集, $u_i\,(i=1,2,\cdots,m)$ 代表各种影响因素, 这些因素通常都具有不同程度的模糊性.

备择集为

$$V=\{v_1,v_2,\cdots,v_n\},$$

其中各元素 $v_i\,(i=1,2,\cdots,n)$ 代表各种可能的评判结果. 如果 V 中元素不是数值, 则将其数量化. 并假设

$$v_1>v_2>\cdots>v_n>0.$$

当对某 N 个同类决策单元进行模糊综合评价时, 决策者已获得第 p 个决策单元的模糊关系矩阵为

$$\boldsymbol{R}^{(p)}=(r_{ij}^{(p)})_{m\times n},$$

其中 $r_{ij}^{(p)}\in[0,1]$ 表示第 p 个单元的第 i 个因素相对于第 j 个评价结果的程度.

根据模糊分布法的原理,

$$\left(r_{i1}^{(p)}\Big/\sum_{j=1}^{n}r_{ij}^{(p)},\cdots,r_{in}^{(p)}\Big/\sum_{j=1}^{n}r_{ij}^{(p)}\right)$$

就是决策单元 p 的第 i 个因素对备择集中各种结果的大致隶属程度. 再根据加权平均法, 可得到指标 i 的总评价值 $R_i^{(p)}$ 为

$$r_i^{(p)}=\sum_{j=1}^{n}\left(r_{ij}^{(p)}\Big/\sum_{k=1}^{n}r_{ik}^{(p)}\right)v_j=\sum_{j=1}^{n}r_{ij}^{(p)}v_j\Big/\sum_{j=1}^{n}r_{ij}^{(p)}.$$

这样

$$\boldsymbol{r}^{(p)}=(r_1^{(p)},r_2^{(p)},\cdots,r_m^{(p)})^{\mathrm{T}}$$

代表了决策单元 p 各指标的一种绩效状态.

假设所有同类决策单元的可能绩效状态 $(R_1^{(p)}, R_2^{(p)}, \cdots, R_m^{(p)})^{\mathrm{T}}$ 构成的集合为 *TFuzzy*, 以下根据模糊综合评判中对单指标因素度量的具体方法, 并借助于 DEA 方法中可能集构造的基本理论 [4] 对 *TFuzzy* 给出一种经验估计.

假设决策单元的绩效可能集 *TFuzzy* 满足以下 4 条公理.

(1) 平凡性公理:

$$\boldsymbol{r}^{(p)} \in TFuzzy, \quad p = 1, 2, \cdots, N,$$

现实存在的状态理所当然是可能存在的状态.

(2) 凸性公理:

对任意的 $\boldsymbol{r} \in TFuzzy$ 和 $\bar{\boldsymbol{r}} \in TFuzzy$, 以及任意的 $\lambda \in [0,1]$ 均有

$$\lambda \boldsymbol{r} + (1-\lambda)\bar{\boldsymbol{r}} \in TFuzzy.$$

(3) 无效性公理:

对任意的 $\boldsymbol{r} \in TFuzzy$, 并且 $\tilde{\boldsymbol{r}} \leqq \boldsymbol{r}$, 均有

$$\tilde{\boldsymbol{r}} \in TFuzzy.$$

(4) 最小性公理:

可能集 $TFuzzy$ 是满足公理 (1)~ 公理 (3) 的所有集合的交集.

满足上述 4 个条件的集合 $TFuzzy$ 是唯一确定的,

$$TFuzzy = \left\{ (r_1,r_2,\cdots,r_m)^{\mathrm{T}} \,\middle|\, r_i \leqq \sum_{p=1}^{N} \left(\sum_{j=1}^{n} r_{ij}^{(p)} v_j \Big/ \sum_{j=1}^{n} r_{ij}^{(p)} \right) \lambda_p,\ i = 1, 2, \cdots, m, \right.$$
$$\left. \sum_{p=1}^{N} \lambda_p = 1, (\lambda_1, \lambda_2, \cdots, \lambda_N)^{\mathrm{T}} \geqq \mathbf{0} \right\}.$$

对于一个决策单元, 如果它的绩效值在经验可能集上达到极大, 则认为该决策单元为有效单元. 因此, 在集合 $TFuzzy$ 上引入偏序关系 $\ll$ 如下.

对任意的 $\boldsymbol{r}, \bar{\boldsymbol{r}} \in TFuzzy$,

$$\boldsymbol{r} \ll \bar{\boldsymbol{r}} \text{当且仅当} \boldsymbol{r} \leqq \bar{\boldsymbol{r}}.$$

由上述分析, 可以给出如下定义.

定义 10.1 对于决策单元 p_0, 若它的指标

$$\boldsymbol{r}^{(p_0)} = (r_1^{(p_0)}, r_2^{(p_0)}, \cdots, r_m^{(p_0)})^{\mathrm{T}}$$

是偏序集 $(TFuzzy, \ll)$ 的极大元, 则称决策单元 p_0 为**F-DEA 有效**.

对于多目标规划

$$\text{(F-VP)}\begin{cases} V-\max(y_1,y_2,\cdots,y_m),\\ \text{s.t.}\qquad \boldsymbol{y}\in TFuzzy,\end{cases}$$

显然有以下结论.

定理 10.1 决策单元 p_0 为 F-DEA 有效当且仅当 $\boldsymbol{r}^{(p_0)}$ 为多目标规划 (F-VP) 的 Pareto 有效解.

某个决策单元在可能集 $TFuzzy$ 上达到 Pareto 有效, 则表示 $TFuzzy$ 中没有任何决策单元的指标值比该决策单元更好. 这和极大元的定义是一致的.

决策单元 p_0 的 F-DEA 有效性只与 $v_j\,(j=1,2,\cdots,n)$ 的相对大小有关, 而与每个 v_j 的具体大小无关, 这可以由以下定理证明.

定理 10.2 若 $v_j\,(j=1,2,\cdots,n)$ 同时扩大或缩小正的倍数, 则决策单元 p_0 的 F-DEA 有效性不变.

证明 若 $v_j\,(j=1,2,\cdots,n)$ 同时扩大或缩小正的倍数 t, 则 $r_i^{(p)}(i=1,2,\cdots,m)$ 也同时扩大或缩小正的倍数 t. 经过这样的变换后, 多目标规划 (F-VP) 变换为

$$\text{(F-VP1)}\begin{cases} V-\max(y_1,y_2,\cdots,y_m),\\ \text{s.t.}\qquad \boldsymbol{y}\in TFuzzyB,\end{cases}$$

其中

$$TFuzzyB=\left\{\boldsymbol{y}\,\middle|\, y_i\leqq t\sum_{p=1}^{N}\left(\sum_{j=1}^{n}r_{ij}^{(p)}v_j\Big/\sum_{j=1}^{n}r_{ij}^{(p)}\right)\lambda_p\ ,i=1,2,\cdots,m,\right.$$
$$\left.\sum_{p=1}^{N}\lambda_p=1,\boldsymbol{\lambda}=(\lambda_1,\lambda_2,\cdots,\lambda_N)^{\mathrm{T}}\geqq\mathbf{0}\right\}.$$

(1) 易证 $\boldsymbol{r}^{(p_0)}$ 为 (F-VP) 的 Pareto 有效解当且仅当 $t\boldsymbol{r}^{(p_0)}$ 为 (F-VP1) 的 Pareto 有效解.

(2) 若在 $v_j\,(j=1,2,\cdots,n)$ 变化前决策单元 p_0 为 F-DEA 有效, 由定理 10.1 知, 当且仅当 $\boldsymbol{r}^{(p_0)}$ 为 (F-VP) 的 Pareto 有效解, 由 (1) 可知, 当且仅当 $t\boldsymbol{r}^{(p_0)}$ 为 (F-VP1) 的 Pareto 有效解. 由定理 10.1 知变换后决策单元 p_0 也为 F-DEA 有效. 反之也成立. 证毕.

对于规划

$$\text{(P)}\begin{cases} \max\left(\boldsymbol{\mu}^{\mathrm{T}}\boldsymbol{r}^{(p_0)}+\delta\right)=V_{\mathrm{P}},\\ \text{s.t.}\quad \boldsymbol{\mu}^{\mathrm{T}}\boldsymbol{r}^{(p)}+\delta\leqq 0,\quad p=1,2,\cdots,N,\\ \qquad\ \ \boldsymbol{\mu}\geqq\mathbf{0}\end{cases}$$

以及

$$
(\mathrm{D})\begin{cases}\min\left(-\boldsymbol{e}^{\mathrm{T}}\boldsymbol{S}\right)=V_{\mathrm{D}},\\ \text{s.t. }\displaystyle\sum_{p=1}^{N}\boldsymbol{r}^{(p)}\lambda_p-\boldsymbol{S}=\boldsymbol{r}^{(p_0)},\\ \displaystyle\sum_{p=1}^{N}\lambda_p=1,\\ \boldsymbol{\lambda}\geqq\boldsymbol{0},\quad \boldsymbol{S}\geqq\boldsymbol{0},\end{cases}
$$

可以证明以下结论成立.

引理 10.1 若 $\boldsymbol{r}^{(p_0)}\in TFuzzy$, 则

(1) $\boldsymbol{r}^{(p_0)}$ 为 (F-VP) 的 Pareto 有效解的充要条件是规划 (P) 的最优解 $\bar{\boldsymbol{\mu}},\bar{\delta}$, 有 $\bar{\boldsymbol{\mu}}>\boldsymbol{0}$ 且 $V_{\mathrm{P}}=0$;

(2) $\boldsymbol{r}^{(p_0)}$ 为 (F-VP) 的 Pareto 有效解当且仅当规划 (D) 的最优值 $V_{\mathrm{D}}=0$.

由引理 10.1 可知, 对决策单元 p_0 有以下结论.

定理 10.3 (1) 决策单元 p_0 为 F-DEA 有效当且仅当

$$
(\text{F-D})\begin{cases}\min\varphi-\displaystyle\sum_{i=1}^{m}\left(\sum_{j=1}^{n}r_{ij}^{(p_0)}v_j\Big/\sum_{j=1}^{n}r_{ij}{}^{(p_0)}\right)a_i=V_{\text{F-D}},\\ \text{s.t. }\displaystyle\sum_{i=1}^{m}\left(\sum_{j=1}^{n}r_{ij}^{(p)}v_j\Big/\sum_{j=1}^{n}r_{ij}^{(p)}\right)a_i\leqq\varphi,\quad p=1,2,\cdots,N,\\ \displaystyle\sum_{i=1}^{m}a_i=1,\\ a_i\geqq 0,\quad i=1,2,\cdots,m\end{cases}
$$

的最优解中存在 $\boldsymbol{a}=(a_1,a_2,\cdots,a_m)^{\mathrm{T}}>\boldsymbol{0}$, 并且 $V_{\text{F-D}}=0$.

(2) 决策单元 p_0 为 F-DEA 有效当且仅当

$$
(\text{F-DD})\begin{cases}\min\ (-\boldsymbol{e}^{\mathrm{T}}\boldsymbol{S})=V_{\text{F-DD}},\\ \text{s.t. }\displaystyle\sum_{p=1}^{N}\left(\sum_{j=1}^{n}r_{ij}^{(p)}v_j\Big/\sum_{j=1}^{n}r_{ij}^{(p)}\right)\lambda_p-s_i=\sum_{j=1}^{n}r_{ij}^{(p_0)}v_j\Big/\sum_{j=1}^{n}r_{ij}^{(p_0)},i=1,\cdots,m,\\ \displaystyle\sum_{p=1}^{N}\lambda_p=1,\\ \boldsymbol{\lambda}\geqq\boldsymbol{0},\quad \boldsymbol{S}\geqq\boldsymbol{0}\end{cases}
$$

的最优值 $V_{\text{F-DD}}=0$.

证明　在规划问题 (P), (D) 和 (F-VP) 中, 令

$$\boldsymbol{r}^{(p)}=\left(\sum_{j=1}^{n}r_{1j}^{(p)}v_j\Big/\sum_{j=1}^{n}r_{1j}^{(p)},\cdots,\sum_{j=1}^{n}r_{mj}^{(p)}v_j\Big/\sum_{j=1}^{n}r_{mj}^{(p)}\right)^{\mathrm{T}},$$

$$\boldsymbol{r}^{(p_0)}=\left(\sum_{j=1}^{n}r_{1j}^{(p_0)}v_j\Big/\sum_{j=1}^{n}r_{1j}^{(p_0)},\cdots,\sum_{j=1}^{n}r_{mj}^{(p_0)}v_j\Big/\sum_{j=1}^{n}r_{mj}^{(p_0)}\right)^{\mathrm{T}}.$$

由引理 10.1 的结论可知, $\boldsymbol{r}^{(p_0)}$ 在 $TFuzzy$ 上达到 Pareto 有效当且仅当 (F-DD) 的最优值 $V_{\text{F-DD}}=0$, 当且仅当下面的线性规划问题 (PF-D) 的最优解中存在 $\boldsymbol{a}>\boldsymbol{0}$, 并且 $V_{\text{PF-D}}=0$.

$$(\text{PF-D})\begin{cases}\max\displaystyle\sum_{i=1}^{m}\left(\sum_{j=1}^{n}r_{ij}^{(p_0)}v_j\Big/\sum_{j=1}^{n}r_{ij}^{(p_0)}\right)a_i+\delta=V_{\text{PF-D}},\\ \text{s.t.}\ \displaystyle\sum_{i=1}^{m}\left(\sum_{j=1}^{n}r_{ij}^{(p)}v_j\Big/\sum_{j=1}^{n}r_{ij}^{(p)}\right)a_i+\delta\leqq 0,\quad p=1,2,\cdots,N,\\ a_i\geqq 0,\quad i=1,2,\cdots,m.\end{cases}$$

可以证明线性规划问题 (F-D) 与 (PF-D) 之间存在以下关系.

若 $\bar{\delta},\bar{a}_i\,(i=1,2,\cdots,m)$ 是 (PF-D) 的最优解, 则

$$-\bar{\delta}\Big/\sum_{j=1}^{m}\bar{a}_j,\quad \bar{a}_i\Big/\sum_{j=1}^{m}\bar{a}_j,\quad i=1,2,\cdots,m$$

是 (F-D) 的最优解.

反之, 若 $\bar{\varphi},\bar{a}_i\,(i=1,2,\cdots,m)$ 是 (F-D) 的最优解, 则 $-\bar{\varphi},\bar{a}_i\,(i=1,2,\cdots,m)$ 是 (PF-D) 的最优解. 由 F-DEA 有效的定义易知结论成立. 证毕.

分析 F-D 模型可进一步得到以下结论.

定理 10.4　若 $\bar{\boldsymbol{a}},\bar{\varphi}$ 是 (F-D) 的一个最优解, 则必存在某一 $p(1\leqq p\leqq N)$, 使得

$$\bar{\varphi}=\sum_{i=1}^{m}\left(\sum_{j=1}^{n}r_{ij}^{(p)}v_j\Big/\sum_{j=1}^{n}r_{ij}^{(p)}\right)\bar{a}_i.$$

证明　反证法. 若不然, 令

$$\bar{\varphi}_1=\max_{1\leqq p\leqq N}\left(\bar{\varphi}-\sum_{i=1}^{m}\left(\sum_{j=1}^{n}r_{ij}^{(p)}v_j\Big/\sum_{j=1}^{n}r_{ij}^{(p)}\right)\bar{a}_i\right),$$

由约束条件知 $\bar{\varphi}_1 > 0$.

可以验证, $\bar{\boldsymbol{a}}, \bar{\varphi} - \bar{\varphi}_1$ 是 (F-D) 的一个可行解, 并且

$$(\bar{\varphi} - \bar{\varphi}_1) - \sum_{i=1}^{m} \left(\sum_{j=1}^{n} r_{ij}^{(p_0)} v_j \Big/ \sum_{j=1}^{n} r_{ij}^{(p_0)} \right) \bar{a}_i < \bar{\varphi} - \sum_{i=1}^{m} \left(\sum_{j=1}^{n} r_{ij}^{(p_0)} v_j \Big/ \sum_{j=1}^{n} r_{ij}^{(p_0)} \right) \bar{a}_i,$$

这与 $\bar{\boldsymbol{a}}, \bar{\varphi}$ 是 (F-D) 的最优解矛盾. 证毕.

因为 $r_i^{(p)}$ 是决策单元 p 的单项指标 i 的评价值, a_i 是指标 i 的权重, 这样由加权法可得决策单元 p 的总评价值为

$$\sum_{i=1}^{m} r_i^{(p)} a_i = \sum_{i=1}^{m} \left(\sum_{j=1}^{n} r_{ij}^{(p)} v_j \Big/ \sum_{j=1}^{n} r_{ij}^{(p)} \right) a_i.$$

因此, 由定理 10.3 和定理 10.4 可知, (F-D) 模型本身也具有一定的含义, 它表示从最有利于被评价单元的角度选择一组权重, 使得被评价单元与最优单元的差距最小, 并且当决策单元 p 为 F-DEA 有效时, 这一差距为 0.

定理 10.5 若决策单元 p_0 不是 F-DEA 有效, $\bar{\boldsymbol{\lambda}}, \bar{\boldsymbol{S}}$ 为 (F-DD) 的最优解, 则它的投影

$$\boldsymbol{r}^{(p_0)} + \bar{\boldsymbol{S}}$$

为 F-DEA 有效.

证明 若 $\bar{\boldsymbol{\lambda}}, \bar{\boldsymbol{S}}$ 为 (F-DD) 的最优解, 令

$$\bar{\boldsymbol{r}} = \boldsymbol{r}^{(p_0)} + \bar{\boldsymbol{S}},$$

应用引理 10.1 的结论, 类似于定理 10.3 可以证明, $\bar{\boldsymbol{R}}$ 为 (F-VP) 的 Pareto 有效解, 因此, 由 F-DEA 有效的定义知, $\bar{\boldsymbol{R}}$ 对应的单元为 F-DEA 有效. 证毕.

通过以上讨论, 可以对模糊综合评判中的无效单元进行以下分析.

10.3 模糊综合评判结果无效的原因分析

在模糊综合评判过程中, 向量

$$\boldsymbol{B}^{(p_0)} = \left(b_1^{(p_0)}, b_2^{(p_0)}, \cdots, b_n^{(p_0)} \right) = \left(a_1^0, a_2^0, \cdots, a_m^0 \right) \begin{bmatrix} r_{11}^{(p_0)} & r_{12}^{(p_0)} & \cdots & r_{1n}^{(p_0)} \\ r_{21}^{(p_0)} & r_{22}^{(p_0)} & \cdots & r_{2n}^{(p_0)} \\ \vdots & \vdots & & \vdots \\ r_{m1}^{(p_0)} & r_{m2}^{(p_0)} & \cdots & r_{mn}^{(p_0)} \end{bmatrix}$$

给出考虑所有因素的影响时, 决策单元 p_0 对评价集中各元素的隶属情况. 同时, 由加权平均法即可得到它的综合评判结果为

$$V^{(p_0)}=\sum_{j=1}^{n}b_j^{(p_0)}v_j\bigg/\sum_{j=1}^{n}b_j^{(p_0)}.$$

在某些情况下, 当决策单元 p_0 的模糊综合评判结果并不理想时, 可能下列信息更为重要. 即决策单元较差的原因是什么, 应如何进行调整, 调整后预计的结果怎样. 这可以通过决策单元的 F-DEA 有效性分析给出.

1. 决策单元较差的原因

当应用 (F-DD) 模型进行计算时, 若决策单元 p_0 为 F-DEA 无效, 则由 F-DEA 有效的定义可知, 存在 $(r_1,\cdots,r_m)\in TFuzzy$, 使得

$$\left(r_1^{(p_0)},\cdots,r_m^{(p_0)}\right)^{\mathrm{T}}\leqslant(r_1,\cdots,r_m)^{\mathrm{T}},$$

这表明决策单元 p_0 的整体性能还没有达到 Pareto 有效的状态. 由定理 10.5 知, 与一组可能的综合指标 $\boldsymbol{r}^{(p_0)}+\bar{\boldsymbol{S}}$ 相比, 它较差的原因主要表现在集合

$$I=\{i|\bar{s}_i\neq 0\}$$

中的指标的性能没有达到比较理想的程度. 因此, 这些方面还有待于进一步提高.

2. 决策单元调整的方向

由上述分析可见, 若决策单元 p_0 为 F-DEA 无效, 于是由定理 10.4 知

$$\boldsymbol{r}^{(p_0)}+\bar{\boldsymbol{S}}\in TFuzzy,$$

且

$$\left(r_1^{(p_0)},\cdots,r_m^{(p_0)}\right)^{\mathrm{T}}\leqslant\boldsymbol{r}^{(p_0)}+\bar{\boldsymbol{S}}\ .$$

这表明决策单元 p_0 各项指标的整体性能仍有提高的可能性和必要性. 显然, 决策单元达到有效的一个可行的途径就是把评价值由 $\boldsymbol{r}^{(p_0)}$ 提高为 $\boldsymbol{r}^{(p_0)}+\bar{\boldsymbol{S}}$. 在满足前面公理化假设的前提下, 这种调整是可行的, 并且从目前观察到的决策单元来看, 通过这种调整后, 各项指标的性能不可能再提高, 除非降低某些指标的性能.

3. 结果的预测

假设应用模糊综合评判方法已经确定了各指标的权重为

$$\left(a_1^0,a_2^0,\cdots,a_m^0\right)\geqq\mathbf{0},$$

且 $\sum_{i=1}^{m} a_i^0=1$, 那么还可以进一步估计通过这样的调整后它的评价值可能提高的程度, 即综合性能提高的可行幅度.

对决策单元 p_0 的各单项指标评价值进行加权处理, 则得调整前后总的评价值 $L_{前}$ 和 $L_{后}$ 分别为

$$L_{前}=\sum_{i=1}^{m}\left(\sum_{j=1}^{n} r_{ij}^{(p_0)} v_j \Big/ \sum_{j=1}^{n} r_{ij}^{(p_0)}\right) a_i^0,$$

$$L_{后}=\sum_{i=1}^{m}\left(\left(\sum_{j=1}^{n} r_{ij}^{(p_0)} v_j \Big/ \sum_{j=1}^{n} r_{ij}^{(p_0)}\right)+\bar{s}_i\right) a_i^0.$$

由上式可得

$$\max_{1\leqq j\leqq n} v_j \geqq L_{后} \geqq L_{前} \geqq \min_{1\leqq j\leqq n} v_j.$$

因此, 必存在 v_p, v_q, 使得

$$v_p=\min\{v_j|v_j\geqq L_{后}\},$$

$$v_q=\max\{v_j|v_j\leqq L_{前}\},$$

故得

$$v_p \geqq L_{后} \geqq L_{前} \geqq v_q.$$

这样就可以对调整前后的评价结果给出大致的估计. 当然, 为了得到比较可靠信息, 还必须根据具体情况进行进一步的分析和论证.

通过上述结论可见 (F-D) 模型具有以下优点: 首先, 对模糊综合评判结果较差单元可以通过 DEA 有效前沿面的理论提供进一步改进的信息和完善的策略. 其次, 应用 (F-D) 模型不必事先确定权重, 并且决策单元的有效性不依赖于模糊综合评判的评价集中元素大小, 因而提高了结果的客观性. 另外, (F-D) 模型还具有模型简单、理论完备, 易于应用等特点.

10.4 带有权重约束的模糊 DEA 模型

对于 (F-D) 模型中的权重并没有限制, 但在许多实际问题中, 为了体现各指标间的相对重要程度和制约关系, 还要对权重加以限制. 然而, 想确切地给出权重的大小是比较困难的, 但根据事件本身的情况以及定性分析的结果, 却可以得到权重间的一些定量或定性关系. 假设它们可以用线性不等式

$$\boldsymbol{C}\boldsymbol{a}^{\mathrm{T}} \geqq \boldsymbol{b}^0$$

来表示, 那么 (F-D) 模型的一般形式可表示如下:

$$
\text{(GF-D)}\begin{cases}
\min\ \varphi-\displaystyle\sum_{i=1}^{m}\left(\sum_{j=1}^{n}r_{ij}^{(p_0)}v_j\Big/\sum_{j=1}^{n}r_{ij}^{(p_0)}\right)a_i=V_{\text{GF-D}},\\
\text{s.t.}\ \ \displaystyle\sum_{i=1}^{m}\left(\sum_{j=1}^{n}r_{ij}^{(p)}v_j\Big/\sum_{j=1}^{n}r_{ij}^{(p)}\right)a_i\leqq\varphi,\quad p=1,2,\cdots,N,\\
\boldsymbol{C}\boldsymbol{a}^{\mathrm{T}}\geqq\boldsymbol{b}^0,\\
\boldsymbol{a}\geqq\mathbf{0},
\end{cases}
$$

其中

$$\boldsymbol{a}=(a_1,a_2,\cdots,a_m)$$

为一组变量, $\boldsymbol{C}_{n_1\times m}$ 是系数矩阵,

$$\boldsymbol{b}^0=\left(b_1^0,\cdots,b_{n_1}^0\right)^{\mathrm{T}}$$

为常向量.

记

$$
\begin{aligned}
W=\Bigg\{(\lambda_1,\cdots,\lambda_{N+n_1},s_1,\cdots,s_m)\,\Bigg|\,&\sum_{p=1}^{N}\left(\sum_{j=1}^{n}r_{ij}^{(p)}v_j\Big/\sum_{j=1}^{n}r_{ij}^{(p)}\right)\lambda_p\\
&-\sum_{j=1}^{n_1}c_{ji}\lambda_{N+j}-s_i=\sum_{j=1}^{n}r_{ij}^{(p_0)}v_j\Big/\sum_{j=1}^{n}r_{ij}^{(p_0)},\sum_{p=1}^{N}\lambda_p=1,\\
&\lambda_p\geqq0,s_i\geqq0,p=1,\cdots,N+n_1,i=1,2,\cdots,m\Bigg\}.
\end{aligned}
$$

这样, (GF-D) 的对偶问题可表示为

$$
\text{(GF-DD)}\begin{cases}
\max\ \ \displaystyle\sum_{j=1}^{n_1}b_j^0\lambda_{N+j}=V_{\text{GF-DD}},\\
\text{s.t.}\ \ (\lambda_1,\cdots,\lambda_{N+n_1},s_1,\cdots,s_m)\in W.
\end{cases}
$$

定义 10.2　对于某一决策单元 p_0, 若线性规划 (GF-D) 的最优解中存在 $\boldsymbol{a}>\mathbf{0}$, 并且 $V_{\text{GF-D}}=0$, 则称决策单元 p_0 为 GF-DEA 有效.

利用 (GF-D) 判断决策单元的 GF-DEA 有效性不太容易. 对它的对偶规划引入非阿基米德无穷小量后就可以得到一种比较简单的判定决策单元 GF-DEA 有效性的方法, 先给出如下引理.

引理 10.2[6]　假设对任意 $\boldsymbol{x}\in R$ 均有 $\boldsymbol{d}^{\mathrm{T}}\boldsymbol{x}\geqq0$, 其中 (不失一般性)

$$R=\{\boldsymbol{x}|\boldsymbol{A}\boldsymbol{x}=\boldsymbol{b},\boldsymbol{x}\geqq\mathbf{0}\}.$$

考虑线性规划问题

$$(\mathrm{GH1})\begin{cases}\min & \boldsymbol{c}^{\mathrm{T}}\boldsymbol{x},\\ \text{s.t.} & \boldsymbol{A}\boldsymbol{x}=\boldsymbol{b},\\ & \boldsymbol{x}\geqq\boldsymbol{0},\end{cases}$$

若其最优解的集合为 R^*, 则存在 $\bar{\varepsilon}>0$, 对于任意 $\varepsilon\in(0,\bar{\varepsilon})$, 线性规划问题

$$(\mathrm{GH2})\begin{cases}\min & \boldsymbol{c}^{\mathrm{T}}\boldsymbol{x}-\varepsilon\cdot\boldsymbol{d}^{\mathrm{T}}\boldsymbol{x},\\ \text{s.t.} & \boldsymbol{A}\boldsymbol{x}=\boldsymbol{b},\\ & \boldsymbol{x}\geqq\boldsymbol{0}\end{cases}$$

的最优解 (顶点) 也是下面的线性规划问题的最优解:

$$(\mathrm{GH3})\begin{cases}\max & \boldsymbol{d}^{\mathrm{T}}\boldsymbol{x},\\ \text{s.t.} & \boldsymbol{x}\in R^*.\end{cases}$$

定理 10.6 设 ε 是非阿基米德无穷小量, 若线性规划问题 $(\mathrm{GD_S})$ 的最优值为 0, 并且对于最优解 $\boldsymbol{\lambda}^0,\boldsymbol{s}^0$, 有 $\boldsymbol{s}^0=\boldsymbol{0}$, 则决策单元 p_0 为 GF-DEA 有效.

$$(\mathrm{GD_S})\begin{cases}\min & \left(-\varepsilon\sum\limits_{j=1}^{m}s_i-\sum\limits_{j=1}^{n_1}b_j^0\lambda_{N+j}\right)=V_{\mathrm{GD_S}},\\ \text{s.t.} & (\lambda_1,\cdots,\lambda_{N+n_1},s_1,\cdots,s_m)\in W.\end{cases}$$

证明 (1) 显然, 由线性规划的松紧定理及紧松定理 [7] 易知, 决策单元 p_0 为 GF-DEA 有效当且仅当 (GF-DD) 的最优值为 0, 且对它的任意最优解 $\boldsymbol{\lambda}^*,\boldsymbol{s}^*$ 都有 $\boldsymbol{s}^*=\boldsymbol{0}$.

(2) 令

$$\boldsymbol{d}=(\underbrace{0,\cdots,0}_{N+n_1},\underbrace{\varepsilon,\cdots,\varepsilon}_{m})^{\mathrm{T}},\quad \boldsymbol{x}=(\lambda_1,\cdots,\lambda_{N+n_1},s_1,\cdots,s_m)^{\mathrm{T}},$$

这样可以将 $(\mathrm{GD_S})$ 化成引理 10.2 中 (GH2) 的形式, 对于 (GF-DD) 的任一可行解 $\boldsymbol{x}$, 由于 $\boldsymbol{d},\boldsymbol{x}$ 非负, 故有

$$\boldsymbol{d}^{\mathrm{T}}\boldsymbol{x}\geqq 0.$$

由引理 10.2 知 (线性规划问题 $\mathrm{GD_S}$) 的最优解 $\boldsymbol{\lambda}^0,\boldsymbol{s}^0$ 也是 (CH4) 的最优解,

$$(\mathrm{GH4})\begin{cases}\max & \boldsymbol{d}^{\mathrm{T}}\boldsymbol{x},\\ \text{s.t.} & \boldsymbol{x}\in\bar{R},\end{cases}$$

其中 $\bar{R}$ 是线性规划 (GF-DD) 的最优解集合.

若 $\boldsymbol{s}^0=\boldsymbol{0}$, 则 (GH4) 的最优值也为 0, 由此可知, 对 (GF-DD) 的每一个最优解 $\boldsymbol{\lambda}^*,\boldsymbol{s}^*$ 都有 $\boldsymbol{s}^*=\boldsymbol{0}$; 否则, 它与 (GH4) 的最优值为 0 矛盾. 由 (1) 知, 决策单元 p_0 为 GF-DEA 有效. 证毕.

10.5 应用举例

10.5.1 F-D 方法在方案评价与择优中的应用

在某平台的安全设计过程中共有 5 种备选方案, 其中对每种备选方案都已经进行了模糊综合评判. 在此基础上, 可以从所有备选方案的评判矩阵出发, 以单项指标性能对评价集的隶属情况为基础来考察每个方案的指标整体性能是否达到有效状态.

假设每种方案有三个评价指标: 人员安全状况、资产安全状况以及环境保护状况. 应用公式

$$r_i^{(p)} = \sum_{j=1}^{n} r_{ij}^{(p)} v_j / \sum_{j=1}^{n} r_{ij}^{(p)}, \quad i = 1,2,3, \quad p = 1,2,3,4,5,$$

算得各方案对应的 $r_i^{(p)}$ 如表 10.1 所示.

表 10.1 方案对应的 $r_i^{(p)}$ 的取值情况

决策单元	1	2	3	4	5
人员安全指数	0.794	0.632	0.802	0.748	0.693
财产安全指数	0.680	0.413	0.457	0.650	0.540
环境安全指数	0.875	0.865	0.825	0.815	0.745

应用 (F-DD) 进行计算, 得到以下结果 (表 10.2).

表 10.2 变量 s 以及最优值 $V_{\text{F-DD}}$ 的取值情况

决策单元	1	2	3	4	5
s_1	0.000	0.162	0.000	0.046	0.101
s_2	0.000	0.267	0.000	0.030	0.140
s_3	0.000	0.010	0.000	0.060	0.130
$V_{\text{F-DD}}$	0.000	0.439	0.000	0.136	0.371

从计算结果看, 方案 1 和方案 3 为 F-DEA 有效单元, 这表明方案 1 和方案 3 可以使各项指标的性能达到 Pareto 有效, 而其他方案不可能比这两种方案更有效.

10.5.2 F-D 方法在方案改进中的应用

在生产过程中发现某一平台的安全性需要进一步提高, 模糊综合评判的结果为较差. 为此, 需要借鉴其他同类平台的信息, 找出较差的原因, 并发现进一步改进的可能性.

为方便起见, 假设共有 5 个平台, 它们相应的安全指数与表 10.1 相同, 假设被评价平台为单元 4. 另外, 还有 4 种实际模型 (决策单元 1, 2, 3, 5) 可供参考, 应用 (F-DD) 计算的结果如表 10.1 和表 10.2 所示.

从表 10.2 的计算情况来看, 决策单元 4 对应的 s_1, s_2, s_3 均不为 0, 这表明人员安全性、财产安全性以及环境安全性都没有达到有效的状态, 仍需进一步提高. 当将平台的人员安全指数、财产安全指数和环境安全指数分别提高到

$$\left(r_1^{(p)} + s_1, r_2^{(p)} + s_2, r_3^{(p)} + s_3\right) = (0.794, 0.68, 0.875)$$

时, 平台的综合安全指数将达到 Pareto 有效状态, 即将三项指标性能指数分别提高 6.150%, 4.615%, 7.362%是一个可供参考的目标.

从上述分析可见, F-D 方法不仅可以发现平台安全性较差的原因, 而且还可能提供一些有效、可行的建议供决策者参考.

10.6 结 束 语

上面讨论的 F-DEA 有效性问题具有比较广泛的应用领域, 它不仅是对模糊综合评判方法的必要补充, 而且还能增强模糊综合评判的整体性与系统性, 同时也为应用 DEA 方法评价一类模糊性问题提供了有效的思路和办法. 对该类问题的深入研究将有助于模糊综合评判方法与 DEA 方法的进一步结合与发展.

参 考 文 献

[1] 马占新, 任慧龙, 戴仰山. 模糊综合评判方法的进一步分析 [J]. 模糊系统与数学, 2001, 15(3): 61-68

[2] Zadeh L A. Fuzzy Sets[J]. Information and Control, 1965, 8: 338-353

[3] 杨松林. 工程模糊论方法及其应用 [M]. 北京: 国防工业出版社, 1996

[4] 马占新. 广义数据包络分析方法 [M]. 北京: 科学出版社, 2012

[5] 王众托. 系统工程引论 [M]. 北京: 电子工业出版社, 1991

[6] 魏权龄. 评价相对有效的 DEA 方法 [M]. 北京: 中国人民大学出版社, 1988

[7] 魏权龄, 王日爽, 徐兵. 数学规划引论 [M]. 北京: 北京航空航天大学出版社, 1991

第 11 章　偏序集理论与风险综合评估

应用偏序集理论与数据包络分析方法的思想, 给出 n 维空间中极大风险曲面、极小风险曲面以及可接受风险曲面的概念, 进而推广传统的 F-N 曲线分析方法. 该方法不仅能对决策单元的风险状况进行排序和评价, 而且还能根据被评价单元在极大风险曲面和极小风险曲面上的投影预测极大风险或给出决策单元可能降低到的极小风险层次. 本章共分以下 3 个部分: ①依据极大风险曲面、极小风险曲面给出一种多目标多准则的定量风险分析方法 (M-RE). ②应用可接受风险曲面给出一种依据样本前沿面移动划分可行集的算法 (MSF), 并将它应用于多风险区域分划以及同类单元综合风险评估 (FSA) 等问题中. ③针对风险降低的三种策略, 给出一种用于评价降低风险措施有效性的非参数方法. 本章内容主要取材于文献 [1]~ 文献 [3].

11.1　基于极大 (极小) 风险曲面的风险评估方法

系统的安全性与风险性是近代可靠性工程中研究的重要课题. 某些系统常常置于多种风险之下, 这些风险可能涉及生命、健康、环境和财产等很多方面, 产生的原因和内部关系也十分复杂. 因此, 合理地分析系统可能出现的各种风险并及时提出相应的对策, 对提高系统的安全性具有十分重要的意义. 以下基于偏序集和 DEA 方法 [4] 给出一种系统风险综合分析方法, 该方法的目的是希望从大量的同类事件的统计数据中发现系统风险的极大和极小层面, 用被评价点在极大和极小层面上的 "投影" 来预测风险指标增长的可能趋势、发现风险指标降低的可行方向, 进而根据每种风险指标代表的具体情况采取相应的对策. 另外, 应用极大风险曲面的移动还可以对各决策单元的风险状况进行分类、比较和排序, 应用风险曲面对风险区域进行划分.

11.1.1　极大风险与极小风险的预测

对于存在多种风险的系统, 对它的风险分类方法可以有多种. 例如, 可以根据产生的原因分为人为失误、硬件故障以及外部事件等; 可以根据事故的类型分为碰撞、火灾、爆炸等; 也可以根据被作用的对象分为人、物、环境等.

风险大小一般采用以下公式计算:

$$R = f(pr,\ re),$$

其中 re 表示某事故后果的严重性, pr 表示该后果发生的概率 (图 11.1).

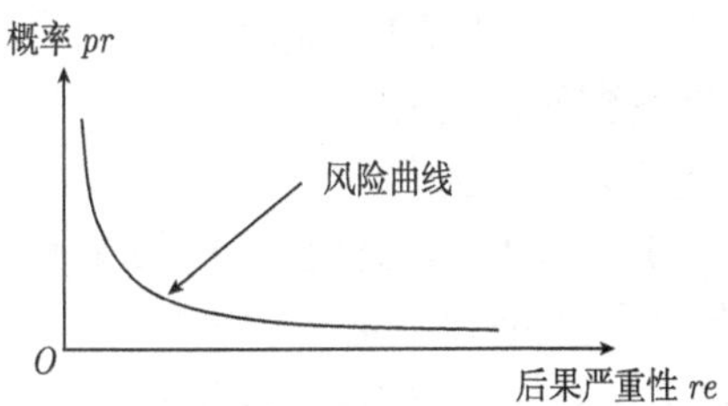

图 11.1 某种风险的严重性及其概率分布

在实际应用中, 对风险 R 的计算一般简化为以下更适于操作的表达式:

$$R = \sum_k (pr_k \times re_k),$$

其中 re_k 表示某事故第 k 种后果的严重性, pr_k 表示第 k 种后果发生的概率.

假设共有 n 个同类决策单元, 每个决策单元均有 m 种风险, 每种风险指标值均为事故发生后果的严重性和相应发生概率乘积的和. 记第 j 个决策单元的第 i 种风险指标值为 R_{ij}, 则向量

$$\boldsymbol{R}_j = (R_{1j}, R_{2j}, \cdots, R_{mj})^{\mathrm{T}}$$

代表了决策单元 j 的一种风险状况.

假设当

$$\boldsymbol{\lambda} = (\lambda_1, \lambda_2, \cdots, \lambda_n)^{\mathrm{T}} \geqq \mathbf{0}, \quad \sum_{j=1}^{n} \lambda_j = 1$$

时, 组合 $\sum\limits_{j=1}^{n} \boldsymbol{R}_j \lambda_j$ 也是决策单元可能出现的一种风险状况, 则可分下面两种情况进行讨论.

1. 考虑极大风险的情况

当预测风险指标可能达到的极大值时, 不妨认为更小的风险

$$\boldsymbol{Y} = (y_1, y_2, \cdots, y_m)^{\mathrm{T}}, \quad \boldsymbol{Y} \leqq \sum_{j=1}^{n} \boldsymbol{R}_j \lambda_j$$

也是可能发生的.

当参考点的数目足够多时, 状态集

$$T_{\max} = \left\{ \boldsymbol{Y} \middle| \boldsymbol{Y} \leqq \sum_{j=1}^{n} \boldsymbol{R}_j \lambda_j, \sum_{j=1}^{n} \lambda_j = 1, \boldsymbol{\lambda} = (\lambda_1, \lambda_2, \cdots, \lambda_n)^{\mathrm{T}} \geqq \boldsymbol{0} \right\}$$

中的极大元 (极大风险状态) 就构成了若干超平面, 超平面上的点基本上能够反映决策单元的风险指标可能达到的极大值.

定义 $T_{\max}$ 上的二元关系 $\ll_0$ 为

$$\boldsymbol{Y}_1 \ll_0 \boldsymbol{Y}_2 \text{ 当且仅当 } \boldsymbol{Y}_1 \leqq \boldsymbol{Y}_2,$$

其中 $\leqq$ 即为通常的大小关系, 则有以下定义.

定义 11.1 对于决策单元 j_0, 若它的风险指标值

$$\boldsymbol{R}_{j_0} = (R_{1j_0}, R_{2j_0}, \cdots, R_{mj_0})^{\mathrm{T}}$$

是偏序集 $(T_{\max}, \ll_0)$ 的极大元, 则称决策单元 j_0 的风险为DEA 极大.

对于多目标规划

$$(\mathrm{VP}) \begin{cases} V-\max(y_1, y_2, \cdots, y_m), \\ \text{s.t.} \quad \boldsymbol{y} \in T_{\max}, \end{cases}$$

有以下结论.

定理 11.1 风险指标值 $\boldsymbol{R}_{j_0}$ 为 $(T_{\max}, \ll_0)$ 的极大元当且仅当 $\boldsymbol{R}_{j_0}$ 是多目标规划 (VP) 的 Pareto 有效解.

证明 $\boldsymbol{R}_{j_0}$ 是多目标规划 (VP) 的 Pareto 有效解当且仅当不存在

$$\boldsymbol{Y} \in T_{\max}, \quad \boldsymbol{Y} \neq \boldsymbol{R}_{j_0},$$

使得

$$\boldsymbol{R}_{j_0} \leqq \boldsymbol{Y} (\text{即} \boldsymbol{R}_{j_0} \ll_0 \boldsymbol{Y}),$$

由定义 11.1 知, 当且仅当 $\boldsymbol{R}_{j_0}$ 是 $(T_{\max}, \ll_0)$ 的极大元. 证毕.

对于模型

$$(\mathrm{D}) \begin{cases} \min \quad -\boldsymbol{e}^{\mathrm{T}} \boldsymbol{S} = V_{\mathrm{D}}, \\ \text{s.t.} \quad \displaystyle\sum_{j=1}^{n} \boldsymbol{R}_j \lambda_j - \boldsymbol{S} = \boldsymbol{R}_{j_0}, \\ \qquad \displaystyle\sum_{j=1}^{n} \lambda_j = 1, \\ \qquad \boldsymbol{\lambda} \geqq \boldsymbol{0}, \quad \boldsymbol{S} \geqq \boldsymbol{0}, \end{cases}$$

易得以下结论.

定理 11.2 对于 $\boldsymbol{R}_{j_0} \in T_{\max}$, 以下 4 个结论等价:

(1) $\boldsymbol{R}_{j_0}$ 对应的决策单元风险为 DEA 极大;

(2) $\boldsymbol{R}_{j_0}$ 为 (VP) 的 Pareto 有效解;

(3) 模型 (D) 的最优值 $V_{\rm D}$=0;

(4) 存在 $\bar{\boldsymbol{\mu}}$, $\bar{u}_0$, 使得

$$\bar{\boldsymbol{\mu}}^{\rm T}\boldsymbol{R}_{j_0} + \bar{u}_0 = 0, \quad \bar{\boldsymbol{\mu}} > \boldsymbol{0},$$

$$\bar{\boldsymbol{\mu}}^{\rm T}\boldsymbol{R}_j + \bar{u}_0 \leqq 0, \quad j = 1, 2, \cdots, n.$$

证明 由定理 11.1 知结论 (1) 和 (2) 等价. 结论 (2) 和 (3) 等价显然成立. 由线性规划的对偶理论可知结论 (3) 和 (4) 等价. 证毕.

由定义 11.1 可知: 风险指标值可能达到的极大值集合可以用 $T_{\max}$ 中的极大元的集合来估计, 由定理 11.2 可知: 极大风险曲面可以由以下定义来刻画.

定义 11.2 若存在 $\bar{\boldsymbol{\mu}}, \bar{u}_0$ 满足

$$\bar{\boldsymbol{\mu}}^{\rm T}\boldsymbol{R}_{j_0} + \bar{u}_0 = 0, \quad \bar{\boldsymbol{\mu}} > \boldsymbol{0},$$

$$\bar{\boldsymbol{\mu}}^{\rm T}\boldsymbol{R}_j + \bar{u}_0 \leqq 0, \quad j = 1, 2, \cdots, n,$$

则称 $\bar{\boldsymbol{\mu}}, \bar{u}_0$ 确定的超平面

$$\bar{\boldsymbol{\mu}}^{\rm T}\boldsymbol{Y} + \bar{u}_0 = 0$$

与状态集 $T_{\max}$ 的交集为极大风险曲面.

定理 11.3 若 (D) 的最优解为

$$\boldsymbol{\lambda}^0 = (\lambda_1^0, \cdots, \lambda_n^0)^{\rm T}, \quad \boldsymbol{S}^0 = (s_1^0, \cdots, s_m^0)^{\rm T},$$

则

$$\boldsymbol{R}_{j_0} + \boldsymbol{S}^0 = \sum_{j=1}^{n} \boldsymbol{R}_j \lambda_j^0$$

为 (VP) 的 Pareto 有效解.

由定理 11.3 可知: 决策者可以根据决策单元 j_0 在超平面上的投影来预测风险指标可能达到的极大值. 若决策单元 j_0 的指标值不在某个极大风险曲面上, 则模型 (D) 的最优值不为 0. 若 (D) 的最优解为

$$\boldsymbol{\lambda}^0 = (\lambda_1^0, \cdots, \lambda_n^0)^{\rm T}, \quad \boldsymbol{S}^0 = (s_1^0, \cdots, s_m^0)^{\rm T},$$

则称 $\boldsymbol{R}_{j_0} + \boldsymbol{S}^0$ 为决策单元 j_0 在极大风险曲面上的投影.

该投影表示决策单元 j_0 各项风险指标继续增长后可能达到的一种极大状态. 这一状态下各项风险指标值不可能同时继续增大, 除非降低某个风险指标的大小.

2. 考虑极小风险的情况

当考虑决策单元各种风险减小的可能性或者预测风险可能降到的极小值时, 不妨认为更大风险

$$\boldsymbol{Y}=(y_1,y_2,\cdots,y_m)^{\mathrm{T}},\quad \boldsymbol{Y}\geqq\sum_{j=1}^{n}\boldsymbol{R}_j\lambda_j$$

也是可能发生的, 则状态集

$$T_{\min}=\left\{\boldsymbol{Y}\middle|\boldsymbol{Y}\geqq\sum_{j=1}^{n}\boldsymbol{R}_j\lambda_j,\sum_{j=1}^{n}\lambda_j=1,\boldsymbol{\lambda}=(\lambda_1,\lambda_2,\cdots,\lambda_n)^{\mathrm{T}}\geqq\boldsymbol{0}\right\}$$

中的极小元 (极小风险状态) 构成了若干超平面, 超平面上的点基本上能够反映决策单元风险指标可能达到的极小程度 (即决策者偏好达到的极大程度).

定义 $T_{\min}$ 上的二元关系 $\ll_1$ 为

$$\boldsymbol{Y}_1\ll_1\boldsymbol{Y}_2\quad 当且仅当\quad \boldsymbol{Y}_2\leqq\boldsymbol{Y}_1,$$

其中 $\leqq$ 即为通常的大小关系, 则有以下定义.

定义 11.3　对于决策单元 j_0, 若它的风险指标值

$$\boldsymbol{R}_{j_0}=(R_{1j_0},R_{2j_0},\cdots,R_{mj_0})^{\mathrm{T}}$$

是偏序集 $(T_{\min},\ll_1)$ 的极大元, 则称决策单元 j_0 的风险为 DEA 极小.

对于多目标规划

$$(\mathrm{VP}_1)\begin{cases}V-\min(y_1,y_2,\cdots,y_m),\\ \text{s.t.}\quad \boldsymbol{y}\in T_{\min},\end{cases}$$

有以下结论.

定理 11.4　风险向量值 $\boldsymbol{R}_{j_0}$ 为 $(T_{\min},\ll_1)$ 的极大元当且仅当 $\boldsymbol{R}_{j_0}$ 是多目标规划 (VP_1) 的 Pareto 有效解.

证明　$\boldsymbol{R}_{j_0}$ 是多目标规划 (VP_1) 的 Pareto 有效解当且仅当不存在

$$\boldsymbol{Y}\in T_{\min},\quad \boldsymbol{Y}\neq\boldsymbol{R}_{j_0},$$

使得

$$\boldsymbol{R}_{j_0}\geqq\boldsymbol{Y}\ (即\boldsymbol{R}_{j_0}\ll_1\boldsymbol{Y}),$$

由定义 11.3 知, 当且仅当 $\boldsymbol{R}_{j_0}$ 是 $(T_{\min},\ll_1)$ 的极大元. 证毕.

对于模型

$$(\mathrm{D}_1)\begin{cases}\min & (-\boldsymbol{e}^{\mathrm{T}}\boldsymbol{S})=V_{\mathrm{D}_1},\\ \text{s.t.} & \displaystyle\sum_{j=1}^{n}\boldsymbol{R}_j\lambda_j+\boldsymbol{S}=\boldsymbol{R}_{j_0},\\ & \displaystyle\sum_{j=1}^{n}\lambda_j=1,\\ & \boldsymbol{\lambda}\geqq\boldsymbol{0},\quad \boldsymbol{S}\geqq\boldsymbol{0},\end{cases}$$

易得以下结论.

定理 11.5 对于 $\boldsymbol{R}_{j_0}\in T_{\min}$, 以下 4 个结论等价:

(1) $\boldsymbol{R}_{j_0}$ 对应的决策单元风险为 DEA 极小.

(2) $\boldsymbol{R}_{j_0}$ 为 (VP_1) 的 Pareto 有效解.

(3) 规划 (D_1) 的最优值 $V_{\mathrm{D}_1}=0$.

(4) 存在 $\bar{\boldsymbol{\mu}}$, $\bar{u}_0$, 使得

$$\bar{\boldsymbol{\mu}}^{\mathrm{T}}\boldsymbol{R}_{j_0}+\bar{u}_0=0,\quad \bar{\boldsymbol{\mu}}>\boldsymbol{0},$$

$$\bar{\boldsymbol{\mu}}^{\mathrm{T}}\boldsymbol{R}_j+\bar{u}_0\geqq 0,\quad j=1,2,\cdots,n.$$

由定理 11.5 可知: 风险指标可能达到的极小值实际上就是 $T_{\min}$ 中的极大元集合, 它们构成的极小风险曲面可以由以下定义刻画.

定义 11.4 若存在 $\bar{\boldsymbol{\mu}},\bar{u}_0$ 满足

$$\bar{\boldsymbol{\mu}}^{\mathrm{T}}\boldsymbol{R}_{j_0}+\bar{u}_0=0,\quad \bar{\boldsymbol{\mu}}>\boldsymbol{0},$$

$$\bar{\boldsymbol{\mu}}^{\mathrm{T}}\boldsymbol{R}_j+\bar{u}_0\geqq 0,\quad j=1,2,\cdots,n,$$

则称 $\bar{\boldsymbol{\mu}},\bar{u}_0$ 确定的超平面

$$\bar{\boldsymbol{\mu}}^{\mathrm{T}}\boldsymbol{Y}+\bar{u}_0=0$$

与状态集 $T_{\min}$ 的交集为极小风险曲面.

定理 11.6 若规划 (D_1) 的最优解为

$$\boldsymbol{\lambda}^0=(\lambda_1^0,\cdots,\lambda_n^0)^{\mathrm{T}},\quad \boldsymbol{S}^0=(s_1^0,\cdots,s_m^0)^{\mathrm{T}},$$

则

$$\boldsymbol{R}_{j_0}-\boldsymbol{S}^0=\sum_{j=1}^{n}\boldsymbol{R}_j\lambda_j^0$$

为 (VP_1) 的 Pareto 有效解.

由定理 11.6 可知: 决策者可以根据决策单元 j_0 在极小风险曲面上的投影来估计各项风险可能降到的极小值, 进而发现系统调整的可行方向. 若决策单元 j_0 的指标值不在某个极小风险曲面上, 则表示该单元的某些风险指标还可能继续降低, 这时应用模型 (D_1) 计算时最优值不为 0, 如果模型 (D_1) 的最优解为

$$\boldsymbol{\lambda}^* = (\lambda_1^*, \cdots, \lambda_n^*)^{\mathrm{T}}, \quad \boldsymbol{S}^* = (s_1^*, \cdots, s_m^*)^{\mathrm{T}},$$

则 $\boldsymbol{R}_{j_0} - \boldsymbol{S}^*$ 即为决策单元 j_0 在极小风险曲面上的投影. 它表示决策单元 j_0 的各项风险指标继续降低后可能达到的一种极小状态, 这一状态下各项风险指标不可能同时继续降低, 除非加大某个风险指标的值.

从图 11.2 可知, 通过构造极大风险曲面和极小风险曲面的办法, 可以从整体上分析决策单元风险升高或降低的可能性, 并能估计风险可能达到的极大状态和极小状态. 进而根据决策单元是否在这两个曲面上来判断风险指标是否达到了极好或极坏. 而且通过移动这两种风险曲面还可以对决策单元的风险性进行排序, 也可以对风险区域进行分类.

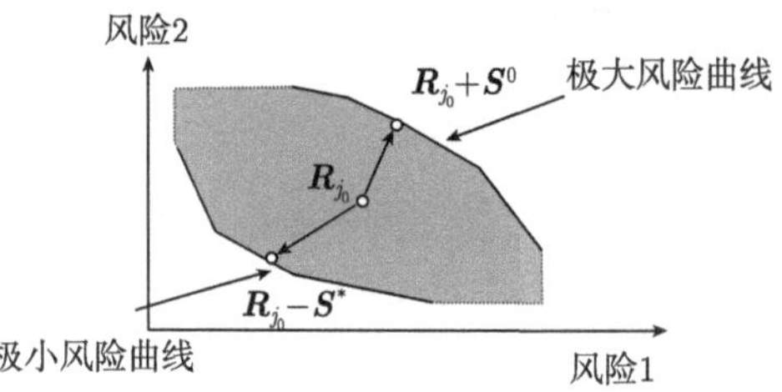

图 11.2　极大极小风险曲面及决策单元投影

11.1.2　基于极大风险曲面移动的排序方法

假设所有决策单元的集合为

$$T_{\mathrm{DMU}} = \{\boldsymbol{R}_j | j = 1, 2, \cdots, n\},$$

当应用模型 (D) 进行评价时, DEA 极大的决策单元集合为 T^{D}. 对某个 $g > 0$, 令

$$gT^{\mathrm{D}} = \left\{g\boldsymbol{R}_j = (gR_{1j}, \cdots, gR_{mj})^{\mathrm{T}} \,\middle|\, \boldsymbol{R}_j \in T^{\mathrm{D}}\right\},$$

称 g 为移动因子.

假设 Sub 是一个集合,

$$Sub \subseteq T_{\mathrm{DMU}},$$

记 $Sub \cup gT^{\mathrm{D}}$ 中所有相对于 $Sub \cup gT^{\mathrm{D}}$ 中的单元为 DEA 极大的决策单元集合为 $(Sub \cup gT^{\mathrm{D}})^{\mathrm{D}}$, 则对于 gT^{D} 有以下结论.

定理 11.7 若任意 $\boldsymbol{R}_j \in Sub$ 都有

$$\boldsymbol{R}_j \notin (Sub \cup gT^{\mathrm{D}})^{\mathrm{D}},$$

则必有

$$(Sub \cup gT^{\mathrm{D}})^{\mathrm{D}} = gT^{\mathrm{D}}.$$

证明 由于任意 $\boldsymbol{R}_j \in Sub$ 都有

$$\boldsymbol{R}_j \notin (Sub \cup gT^{\mathrm{D}})^{\mathrm{D}},$$

又因为

$$(Sub \cup gT^{\mathrm{D}})^{\mathrm{D}} \subseteq Sub \cup gT^{\mathrm{D}},$$

所以,

$$(Sub \cup gT^{\mathrm{D}})^{\mathrm{D}} \subseteq gT^{\mathrm{D}}.$$

下证 $gT^{\mathrm{D}} \subseteq (Sub \cup gT^{\mathrm{D}})^{\mathrm{D}}$.

对任意

$$g\boldsymbol{R}_{j_0} \in gT^{\mathrm{D}},$$

由于

$$\boldsymbol{R}_{j_0} \in T^{\mathrm{D}},$$

因此, 存在 $\bar{\boldsymbol{\mu}}, \bar{u}_0$ 满足

$$\bar{\boldsymbol{\mu}} > \boldsymbol{0}, \quad \bar{\boldsymbol{\mu}}^{\mathrm{T}}\boldsymbol{R}_{j_0} + \bar{u}_0 = 0,$$

$$\bar{\boldsymbol{\mu}}^{\mathrm{T}}\boldsymbol{R}_j + \bar{u}_0 \leqq 0, \quad \boldsymbol{R}_j \in T_{\mathrm{DMU}}.$$

由于

$$Sub \cup T^{\mathrm{D}} \subseteq T_{\mathrm{DMU}}, \quad g > 0,$$

故得

$$\bar{\boldsymbol{\mu}}^{\mathrm{T}} g\boldsymbol{R}_{j_0} + g\bar{u}_0 = 0,$$

$$\bar{\boldsymbol{\mu}}^{\mathrm{T}} g\boldsymbol{R}_j + g\bar{u}_0 \leqq 0, \quad g\boldsymbol{R}_j \in gT^{\mathrm{D}},$$

因此, 为了证明

$$g\boldsymbol{R}_{j_0} \in (Sub \cup gT^{\mathrm{D}})^{\mathrm{D}},$$

以下只需证明对任意 $\boldsymbol{R}_j \in Sub$, 都有

$$\bar{\boldsymbol{\mu}}^{\mathrm{T}}\boldsymbol{R}_j + g\bar{u}_0 \leqq 0.$$

(反证法) 假设存在某个 $\boldsymbol{R}_{j_1} \in Sub$, 使得

$$\bar{\boldsymbol{\mu}}^{\mathrm{T}}\boldsymbol{R}_{j_1} + g\bar{u}_0 > 0.$$

不妨设

$$\begin{aligned} w &= \bar{\boldsymbol{\mu}}^{\mathrm{T}}\boldsymbol{R}_{j_1} + g\bar{u}_0 \\ &= \max\{\bar{\boldsymbol{\mu}}^{\mathrm{T}}\boldsymbol{R}_j + g\bar{u}_0 | \boldsymbol{R}_j \in Sub\}, \end{aligned}$$

则有

$$\bar{\boldsymbol{\mu}}^{\mathrm{T}}\boldsymbol{R}_j + g\bar{u}_0 - w \leqq 0, \quad \boldsymbol{R}_j \in Sub,$$

$$\bar{\boldsymbol{\mu}}^{\mathrm{T}}\boldsymbol{R}_{j_1} + g\bar{u}_0 - w = 0,$$

$$\bar{\boldsymbol{\mu}}^{\mathrm{T}}g\boldsymbol{R}_j + g\bar{u}_0 - w \leqq 0, \quad g\boldsymbol{R}_j \in gT^{\mathrm{D}}.$$

由定理 11.2 知

$$\boldsymbol{R}_{j_1} \in (Sub \cup gT^{\mathrm{D}})^{\mathrm{D}},$$

矛盾! 证毕.

定理 11.7 表明, 在 $Sub \cup gT^{\mathrm{D}}$ 中的决策单元确定的可能集中, 若 Sub 中的任意决策单元都不在极大风险曲面上, 则 gT^{D} 中的单元必都在极大风险曲面上.

定理 11.8　假设

$$T^{\mathrm{D}} = \{\boldsymbol{R}_{j_i} | i = 1, \cdots, n_1\},$$

则有

$$\begin{aligned} T_{\max} &= \left\{\boldsymbol{Y} \middle| \boldsymbol{Y} \leqq \sum_{j=1}^{n} \boldsymbol{R}_j\lambda_j, \sum_{j=1}^{n}\lambda_j = 1, \boldsymbol{\lambda} = (\lambda_1, \lambda_2, \cdots, \lambda_n)^{\mathrm{T}} \geqq \boldsymbol{0}\right\} \\ &= \left\{\boldsymbol{Y} \middle| \boldsymbol{Y} \leqq \sum_{i=1}^{n_1} \boldsymbol{R}_{j_i}\tilde{\lambda}_i, \sum_{i=1}^{n_1}\tilde{\lambda}_i = 1, (\tilde{\lambda}_1, \tilde{\lambda}_2, \cdots, \tilde{\lambda}_{n_1})^{\mathrm{T}} \geqq \boldsymbol{0}\right\}. \end{aligned}$$

证明　若 T_{DMU} 中存在某个决策单元不为 DEA 极大, 不妨设 $\boldsymbol{R}_n$ 不为 DEA 极大, 则必存在

$$\bar{\boldsymbol{\lambda}} \geqq \boldsymbol{0}, \quad \sum_{j=1}^{n}\bar{\lambda}_j = 1,$$

使得

$$\boldsymbol{R}_n \leqslant \sum_{j=1}^{n}\boldsymbol{R}_j\bar{\lambda}_j,$$

且

$$\bar{\lambda}_n < 1,$$

故

$$\boldsymbol{R}_n \leqq \left(\sum_{j=1}^{n-1} \boldsymbol{R}_j \bar{\lambda}_j\right) / (1-\bar{\lambda}_n),$$

因此

$$\sum_{j=1}^{n} \boldsymbol{R}_j \lambda_j \leqq \sum_{j=1}^{n-1} \boldsymbol{R}_j \left(\lambda_j + \frac{\bar{\lambda}_j \lambda_n}{1-\bar{\lambda}_n}\right).$$

又由

$$\sum_{j=1}^{n-1} \left(\lambda_j + \frac{\bar{\lambda}_j \lambda_n}{1-\bar{\lambda}_n}\right) = 1,$$

可知

$$\begin{aligned} T_{\max} &= \left\{ \boldsymbol{Y} \middle| \boldsymbol{Y} \leqq \sum_{j=1}^{n} \boldsymbol{R}_j \lambda_j, \sum_{j=1}^{n} \lambda_j = 1, \boldsymbol{\lambda} = (\lambda_1, \lambda_2, \cdots, \lambda_n)^{\mathrm{T}} \geqq \boldsymbol{0} \right\} \\ &\subseteq \left\{ \boldsymbol{Y} \middle| \boldsymbol{Y} \leqq \sum_{j=1}^{n-1} \boldsymbol{R}_j \hat{\lambda}_j, \sum_{j=1}^{n-1} \hat{\lambda}_j = 1, (\hat{\lambda}_1, \hat{\lambda}_2, \cdots, \hat{\lambda}_{n-1})^{\mathrm{T}} \geqq \boldsymbol{0} \right\}. \end{aligned}$$

反之, 显然有

$$T_{\max} \supseteq \left\{ \boldsymbol{Y} \middle| \boldsymbol{Y} \leqq \sum_{j=1}^{n-1} \boldsymbol{R}_j \hat{\lambda}_j, \sum_{j=1}^{n-1} \hat{\lambda}_j = 1, (\hat{\lambda}_1, \hat{\lambda}_2, \cdots, \hat{\lambda}_{n-1})^{\mathrm{T}} \geqq \boldsymbol{0} \right\}.$$

因此有

$$T_{\max} = \left\{ \boldsymbol{Y} \middle| \boldsymbol{Y} \leqq \sum_{j=1}^{n-1} \boldsymbol{R}_j \hat{\lambda}_j, \sum_{j=1}^{n-1} \hat{\lambda}_j = 1, (\hat{\lambda}_1, \hat{\lambda}_2, \cdots, \hat{\lambda}_{n-1})^{\mathrm{T}} \geqq \boldsymbol{0} \right\}.$$

如此重复即得

$$T_{\max} = \left\{ \boldsymbol{Y} \middle| \boldsymbol{Y} \leqq \sum_{i=1}^{n_1} \boldsymbol{R}_{j_i} \tilde{\lambda}_i, \sum_{i=1}^{n_1} \tilde{\lambda}_i = 1, (\tilde{\lambda}_1, \tilde{\lambda}_2, \cdots, \tilde{\lambda}_{n_1})^{\mathrm{T}} \geqq \boldsymbol{0} \right\}.$$

证毕.

由定理 11.8 知, 极大风险曲面由 T^{D} 中的决策单元决定.

定义 11.5[5] 称 f 为两个偏序集 $(P, \ll_1)$ 和 $(Q, \ll_2)$ 之间的一个同构映射, 若 f: $P \to Q$ 是一个双射, 并且对任意 $a, b \in P$, 满足

$$a \ll_1 b \quad \text{当且仅当} \quad f(a) \ll_2 f(b).$$

定义 $T_{\max}$ 和 T_{Sub} 上的偏序关系均为通常的小于等于关系, 则有以下结论.

定理 11.9　当 Sub 中的单元均相对 $Sub\cup gT^{\mathrm{D}}$ 中的单元不为 DEA 极大时, $Sub\cup gT^{\mathrm{D}}$ 中的决策单元确定的可能集 T_{Sub} 与 T_{DMU} 中的决策单元确定的可能集 $T_{\max}$ 之间存在同构映射.

证明　假设

$$T^{\mathrm{D}}=\{\boldsymbol{R}_{j_i}\,|i=1,2,\cdots,n_1\},$$

当 Sub 中的单元均相对 $Sub\cup gT^{\mathrm{D}}$ 中的单元不为 DEA 极大时, 由定理 11.7 和定理 11.8 知

$$T_{Sub}=\left\{\boldsymbol{Y}\left|\boldsymbol{Y}\leqq\sum_{i=1}^{n_1}g\boldsymbol{R}_{j_i}\tilde{\lambda}_i,\sum_{i=1}^{n_1}\tilde{\lambda}_i=1,(\tilde{\lambda}_1,\tilde{\lambda}_2,\cdots,\tilde{\lambda}_{n_1})^{\mathrm{T}}\geqq\boldsymbol{0}\right.\right\}.$$

定义映射 $f:T_{\max}\to T_{Sub}$ 为

$$f(\boldsymbol{Y})=g\boldsymbol{Y}.$$

由于 $g>0$, 可以证明 f 是 $T_{\max}$ 和 T_{Sub} 之间的一个同构映射. 证毕.

移动极大风险曲面排序方法的步骤可叙述如下 4 个步骤.

步骤 1　对 T_{DMU} 中的决策单元应用模型 (D) 进行评价, 记 DEA 极大的决策单元集合为 T_1^{D}, 选定一组移动因子

$$1=g_1>g_2>\cdots>g_K>0,\quad K\geqq 1,$$

令 k=2.

步骤 2　若 $k>K$, 则令

$$T_k^{\mathrm{D}}=T_{\mathrm{DMU}}\backslash\bigcup_{i=1}^{k-1}T_i^{\mathrm{D}},$$

停止; 否则, 对集合

$$\left(T_{\mathrm{DMU}}\backslash\bigcup_{i=1}^{k-1}T_i^{\mathrm{D}}\right)\cup g_kT_1^{\mathrm{D}}$$

中的决策单元应用模型 (D) 考察它们的 DEA 极大性, 记 DEA 极大的决策单元集合为 W.

步骤 3　记

$$T_k^{\mathrm{D}}=W\backslash g_kT_1^{\mathrm{D}},$$

若

$$T_k^{\mathrm{D}}\neq\varnothing,$$

则令

$$k = k + 1,$$

执行步骤 2; 否则, 执行步骤 4.

步骤 4 若

$$T_{\mathrm{DMU}} \backslash \bigcup_{i=1}^{k} T_i^{\mathrm{D}} = \varnothing,$$

则停止. 否则令

$$k = k + 1,$$

执行步骤 2.

这样就得到了 T_{DMU} 中决策单元的一个分类

$$T_1^{\mathrm{D}} > T_2^{\mathrm{D}} > \cdots > T_p^{\mathrm{D}}.$$

通过极大风险面移动对决策单元进行排序的办法是针对风险事件的分类和排序给出的, 但它也适用于其他分类和排序问题, 方法具有一般性. 对于通过极小风险面移动对决策单元进行排序的办法可以类似讨论.

11.1.3 应用举例

假设在对某一水域的若干船只的风险情况进行综合分析时, 通过传统的风险评估方法已计算出该水域中航行的某 m 个船在一段时间内的单项风险指标数据如表 11.1 所示.

表 11.1 各决策单元风险指标的数据

决策单元	1	2	3	4	5	6	7	8	9
人员伤亡	0.560	0.730	0.840	0.891	0.776	0.675	0.967	0.710	0.879
财产损失	0.888	0.669	0.827	0.673	0.920	0.773	0.679	0.993	0.832

注: 单项风险指标的值可以通过计算得到, 也可是统计数据

根据表 11.1 中的数据就可以应用有效前沿面整体移动的方法对各决策单元的综合风险状况进行分类和排序或对风险的区域进行划分, 从而为风险较大的船只提供降低风险的信息和可借鉴的样本.

首先, 应用模型 (D) 可算得与各决策单元的风险指标对应的 s_1, s_2 的值如表 11.2 所示.

表 11.2 应用模型 (D) 算得的 s_1, s_2 的值

决策单元	1	2	3	4	5	6	7	8	9
s_1	0.260	0.149	0.039	0.000	0.011	0.204	0.000	0.000	0.000
s_2	0.000	0.163	0.005	0.138	0.000	0.059	0.000	0.000	0.000

从表 11.2 中的数据可知决策单元 7～ 决策单元 9 的风险指标达到了极大状态, 即它们达到了 Pareto 有效状态. 这表明相对于其他单元来说风险指标 1 和风险指标 2 不可能同时继续增大.

当分别取

$$g = 0.95, \quad 0.9, \quad 0.85, \quad 0.8$$

时, 按照移动极大风险曲面排序方法的步骤进行计算, 可算得决策单元风险状况的排序结果为

单元 7, 单元 8, 单元 9> 单元 3, 单元 5> 单元 4> 单元 1> 单元 2, 单元 6.

决策单元的分布状况可用图 11.3 表示出来.

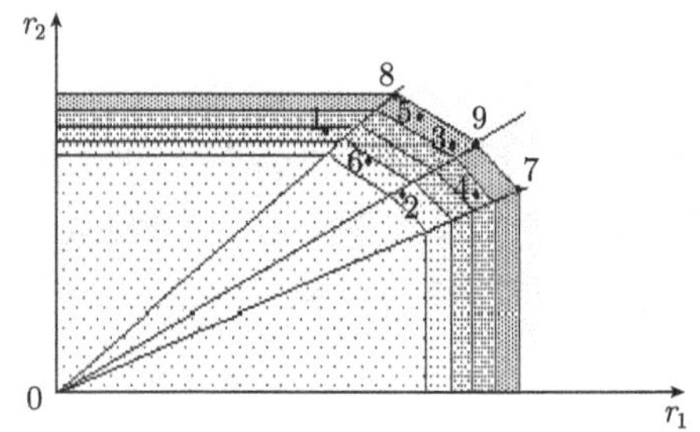

图 11.3 决策单元在极大风险曲线移动中的分布情况

当参考点选择适当时, 还可根据上述方法预测风险增长的趋势或发现风险降低的可行方向.

例如, 应用 (D) 对决策单元 3 进行计算时, 可算得 s_1, s_2 的值分别为 0.039, 0.005. 这表明从目前获得的样本数据来看, 决策单元 3 的两个风险指标均有增大的可能性. 当两个指标分别增加 0.039/0.84=4.643%和 0.005/0.827=0.605%时就不可能再同时增加, 这时就达到了极大风险状态.

应用 (D_1) 对决策单元 3 进行计算时, 可算得 s_1, s_2 的值分别是 0.11, 0.158. 这表明, 从目前获得的样本数据来看, 决策单元 3 的两个风险指标均降低的可能性也存在, 并且它们分别降低 0.11/0.84=13.095%, 0.158/0.827=19.105%后, 两个风险指标不可能再同时减小, 即达到了极小风险状态.

对于某些系统, 各种风险产生的原因比较复杂, 尤其较多地涉及人为因素时, 由于人本身就是一个复杂巨系统 [6], 因而对风险的分析将变得更加困难. 上述方法通过 "投影" 把对一个系统的整体风险分析转化为某些方面、某些局部或者某些子系统的风险分析, 不仅为简化整体风险分析提供了一种可行的思路和方法, 而且更重要的是, 它能为决策层提供许多有用的信息. 该方法特别适合具有多种风险的复杂系统. 这主要表现在以下两个方面.

(1) 在估计决策单元的极大风险层次时, 它以决策单元的风险指标的权重为变量, 从最 “有利” 决策单元的角度进行评价, 不仅避免了确定各种风险指标在优先意义下的权重, 而且还较好地体现了风险的极大性原则.

(2) 该方法不必确定各风险指标之间可能存在的某种显式关系, 这就排除了许多主观因素, 不仅增强了评价结果的客观性, 而且还使得问题得到了简化.

11.2 应用偏序集理论研究降低风险措施的有效性

在多风险系统的整个生命期中, 人们希望以较少的投入获得较大收益, 并使系统的各项风险指标尽可能降到最低程度. 为此, 常常需要制定一系列风险控制方案来实现这一目标. 然而, 想评价用于系统风险控制的投入是否得到有效利用, 仅靠成本效益分析是不够的. 一方面, 对于一个复杂系统想找出投入指标与各种风险指标之间的函数关系十分困难; 另一方面, 具有不同性质的风险在某些情况下并不能用价值来衡量. 例如, 生命损失与环境破坏是很难用价值来衡量的. 因此, 进一步探讨新方法是必要的. 通过多种方法的综合运用, 可以发挥各自的优势, 使获得的结果更加丰富、内容更加客观.

下面以 DEA 方法为基础, 给出一种降低风险措施有效性综合评价的非参数方法 (RDEA), 该方法主要针对以下几种情况进行分析:

(1) 当投入量不增时, 能否继续降低风险层次;

(2) 在不使风险层次升高的情况下, 能否降低投入量;

(3) 对于某一方案投入指标和风险指标是否还有进一步改进的可能性.

另外, 还对有关模型进行进一步分析和推广, 运用偏序集理论给出 DEA 有效性的一个充要条件, 探讨 RDEA 方法的一些相关性质. 最后, 给出该方法在船舶工程领域中的应用. RDEA 方法是建立在 DEA 理论基础上的一种非参数评价方法, 它对提高系统的安全程度、实现资源的合理利用具有一定意义.

11.2.1 降低风险措施有效性评价的模型与方法

对于一个具有多种风险的系统, 决策者为了提高系统的安全性投入了一定的人力、物力和财力. 由于对资源的不同利用与管理必将产生不同的效果, 因此, 探讨投入资源与风险降低效果之间的关系具有重要的现实意义.

假设共有 m 种投入与系统的 s 种风险有关, 并且投入指标值为 $\boldsymbol{x} \in E^m$ 时, $\boldsymbol{r} \in E^s$ 是该投入方案下系统的一组可能风险指标值 (图 11.4).

设所有 $(\boldsymbol{x}, \boldsymbol{r})$ 组成的集合为 $State$.

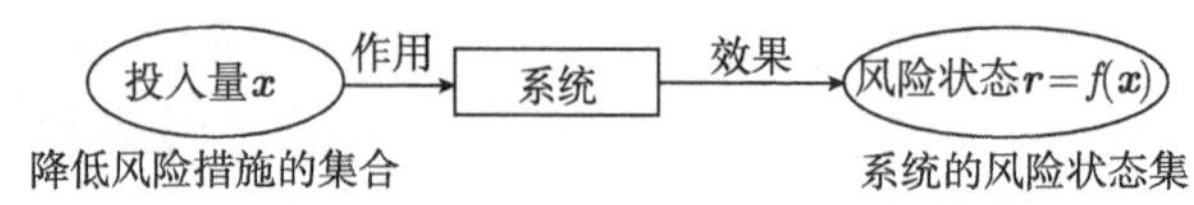

图 11.4 作用条件与作用效果关系

1. 降低风险措施的方案选优与评价

ALARP(As Low As Reasonably Practicable) 原则[7] 的目标在于把某些拟采取的措施及其预计产生的结果和确定的或公认的惯例相比较, 在满足一定要求的条件下使整体作用效果比较有效, 并且迄今为止没有更有效的措施可采纳. 这实际上, 可以解释为: 降低风险的措施在可能状态集 $State$ 中的偏好值达到极大. 因此, 决策者认定的有效措施实际上就是状态集 $State$ 中的极大元.

定义 $State$ 上的极大元 $\ll$ 如下:

$(\boldsymbol{x},\boldsymbol{r}),(\bar{\boldsymbol{x}},\bar{\boldsymbol{r}})\in State,\quad (\boldsymbol{x},\boldsymbol{r})\ll(\bar{\boldsymbol{x}},\bar{\boldsymbol{r}})$ 当且仅当 $\boldsymbol{x}\geqq\bar{\boldsymbol{x}},\boldsymbol{r}\geqq\bar{\boldsymbol{r}}$.

定义 11.6 若决策单元 $(\hat{\boldsymbol{x}},\hat{\boldsymbol{r}})$ 为状态集 $(State,\ll)$ 中的极大元, 则称决策单元 $(\hat{\boldsymbol{x}},\hat{\boldsymbol{r}})$ 为EVM 相对有效.

在实际应用中, 想确定集合 $State$ 非常困难, 特别是对于一些比较复杂的系统, 这几乎是不可能的. 因此, 从 DEA 方法的基本原理以及风险分析中的 ALARP 原则出发, 引用非参数评价的 DEA 模型中的生产可能集来代替 $State$. 这时生产可能集可表示如下:

$$EState=\left\{(\boldsymbol{x},\boldsymbol{r})\left|\sum_{j=1}^{n}\boldsymbol{x}_j\lambda_j\leqq\boldsymbol{x},\sum_{j=1}^{n}\boldsymbol{r}_j\lambda_j\leqq\boldsymbol{r},\sum_{j=1}^{n}\lambda_j=1,\lambda_j\geqq0,j=1,2,\cdots,n\right.\right\},$$

其中

$$(\boldsymbol{x}_j,\boldsymbol{r}_j),\quad j=1,2,\cdots,n$$

为目前观察到的有限多个决策单元的活动信息.

这时可以将 EVM 相对有效的概念修改如下.

定义 11.7 若决策单元 $(\hat{\boldsymbol{x}},\hat{\boldsymbol{r}})$ 为状态集 $(EState,\ll)$ 中的极大元, 则称决策单元 $(\hat{\boldsymbol{x}},\hat{\boldsymbol{r}})$ 为 EVM1 相对有效.

对于多目标规划

$$(\text{EVM1})\left\{\begin{array}{l}V-\min(x_1,x_2,\cdots,x_m,r_1,r_2,\cdots,r_s),\\ \text{s.t.}\quad(\boldsymbol{x},\boldsymbol{r})\in EState,\end{array}\right.$$

可以证明如下结论.

定理 11.10 决策单元 $(\hat{\boldsymbol{x}},\hat{\boldsymbol{r}})$ 为 EVM1 相对有效当且仅当 $(\hat{\boldsymbol{x}},\hat{\boldsymbol{r}})\in EState$ 为多目标规划 (EVM1) 的 Pareto 有效解.

证明 由于 $(\hat{\boldsymbol{x}},\hat{\boldsymbol{r}})$ 为多目标问题 (EVM1) 的 Pareto 有效解当且仅当不存在

$$(\boldsymbol{x},\boldsymbol{r})\in EState,$$

使得

$$(\boldsymbol{x},\boldsymbol{r})\neq(\hat{\boldsymbol{x}},\hat{\boldsymbol{r}})$$

并且

$$\hat{\boldsymbol{x}}\geqq\boldsymbol{x},\quad \hat{\boldsymbol{r}}\geqq\boldsymbol{r}(\text{即}(\hat{\boldsymbol{x}},\hat{\boldsymbol{r}})\ll(\boldsymbol{x},\boldsymbol{r})),$$

因此, 结论成立. 证毕.

若 $(\hat{\boldsymbol{x}},\hat{\boldsymbol{r}})$ 是多目标规划问题 (EVM1) 的 Pareto 有效解, 则表示在投入 $\hat{\boldsymbol{x}}$ 下系统风险的降低比较有效, 即除非增大某项风险或增加某项投入, 否则, 其他风险指标均不可能继续降低.

特别地, 当指标之间存在可比性时, 假设投入指标与风险指标的权重大小分别为

$$\boldsymbol{v}^0=(v_1^0,v_2^0,\cdots,v_m^0)^{\mathrm{T}}$$

和

$$\boldsymbol{u}^0=(u_1^0,u_2^0,\cdots,u_s^0)^{\mathrm{T}},$$

也可以将投入和风险的总和最小设为决策的目标, 这时有以下模型:

$$(\text{EM1})\begin{cases}\min\left(\sum_{i=1}^{m}x_iv_i^0+\sum_{j=1}^{s}r_ju_j^0\right),\\ \text{s.t.}\quad(\boldsymbol{x},\boldsymbol{r})\in EState.\end{cases}$$

定义 11.8 若决策单元 $(\hat{\boldsymbol{x}},\hat{\boldsymbol{r}})\in EState$ 为线性规划 (EM1) 的最优解, 则称决策单元 $(\hat{\boldsymbol{x}},\hat{\boldsymbol{r}})$ 为 EM1 相对有效.

一个决策单元为 EM1 相对有效, 则表示该单元对应的资源投入与风险降低的总体效果达到了最优.

以下对风险分析中两个值得关注的问题给出进一步探讨.

2. 降低风险措施中的资源优化配置

如果决策者对系统的风险要求是一定的, 那么如何实现资源的优化配置呢? 类似上面的讨论, 则有以下模型和定义:

$$(\text{EM2})\begin{cases}\min\quad\sum_{i=1}^{m}x_iv_i^0,\\ \text{s.t.}\quad(\boldsymbol{x},\boldsymbol{r})\in EIState,\end{cases}$$

$$(\text{EVM2})\begin{cases} V-\min(x_1,x_2,\cdots,x_m), \\ \text{s.t.} \quad (\boldsymbol{x},\boldsymbol{r})\in EIState, \end{cases}$$

其中

$$EIState=\left\{(\boldsymbol{x},\boldsymbol{r})\left|\sum_{j=1}^{n}\boldsymbol{x}_j\lambda_j\leqq\boldsymbol{x},\sum_{j=1}^{n}\boldsymbol{r}_j\lambda_j\leqq\boldsymbol{r}\leqq\boldsymbol{r}^0,\sum_{j=1}^{n}\lambda_j=1,\lambda_j\geqq 0,j=1,2,\cdots,n\right.\right\}.$$

定义 11.9 (1) 若决策单元 $(\hat{\boldsymbol{x}},\hat{\boldsymbol{r}})\in EIState$ 为多目标规划 (EVM2) 的 Pareto 有效解, 则称决策单元 $(\hat{\boldsymbol{x}},\hat{\boldsymbol{r}})$ 为 EVM2 相对有效. (2) 若决策单元 $(\hat{\boldsymbol{x}},\hat{\boldsymbol{r}})\in EIState$ 为线性规划 (EM2) 的最优解, 则称决策单元 $(\hat{\boldsymbol{x}},\hat{\boldsymbol{r}})$ 为 EM2 相对有效.

若 $(\hat{\boldsymbol{x}},\hat{\boldsymbol{r}})$ 为 EVM2 相对有效, 则表示在系统的风险不超过 $\boldsymbol{r}^0$ 的情况下, $(\hat{\boldsymbol{x}},\hat{\boldsymbol{r}})$ 对应的资源投入达到了有效的程度, 除非增加某项投入, 否则, 其他投入指标不可能继续降低. 若 $(\hat{\boldsymbol{x}},\hat{\boldsymbol{r}})$ 为 EM2 相对有效, 则表示在系统的风险不超过 $\boldsymbol{r}^0$ 的情况下, $(\hat{\boldsymbol{x}},\hat{\boldsymbol{r}})$ 对应的资源投入总量最小.

3. 理想风险层次的预测

为了分析在投入量不增的情况下系统的风险指标是否还有进一步改进的可能性, 给出以下两个模型:

$$(\text{EM3})\begin{cases} \min\sum_{j=1}^{s}r_j u_j^0, \\ \text{s.t.} \quad (\boldsymbol{x},\boldsymbol{r})\in ERState, \end{cases}$$

$$(\text{EVM3})\begin{cases} V-\min(r_1,r_2,\cdots,r_s), \\ \text{s.t.} \quad (\boldsymbol{x},\boldsymbol{r})\in ERState, \end{cases}$$

其中

$$ERState=\left\{(\boldsymbol{x},\boldsymbol{r})\left|\sum_{j=1}^{n}\boldsymbol{x}_j\lambda_j\leqq\boldsymbol{x}\leqq\boldsymbol{x}^0,\sum_{j=1}^{n}\boldsymbol{r}_j\lambda_j\leqq\boldsymbol{r},\sum_{j=1}^{n}\lambda_j=1,\lambda_j\geqq 0,j=1,2,\cdots,n\right.\right\}.$$

定义 11.10 (1) 若决策单元 $(\hat{\boldsymbol{x}},\hat{\boldsymbol{r}})\in ERState$ 为多目标规划 (EVM3) 的 Pareto 有效解, 则称决策单元 $(\hat{\boldsymbol{x}},\hat{\boldsymbol{r}})$ 为 EVM3 相对有效. (2) 若决策单元 $(\hat{\boldsymbol{x}},\hat{\boldsymbol{r}})\in ERState$ 为线性规划 (EM3) 的最优解, 则称决策单元 $(\hat{\boldsymbol{x}},\hat{\boldsymbol{r}})$ 为 EM3 相对有效.

若 $(\hat{\boldsymbol{x}},\hat{\boldsymbol{r}})$ 是多目标规划问题 (EVM3) 的 Pareto 有效解, 则表示在对系统投入不超过 $\boldsymbol{x}^0$ 的情况下, $(\hat{\boldsymbol{x}},\hat{\boldsymbol{r}})$ 对应的风险达到了极小的程度, 即除非增大某项风险指标, 否则, 其他风险指标不可能继续降低. 若 $(\hat{\boldsymbol{x}},\hat{\boldsymbol{r}})$ 为 EM3 相对有效, 则表示在对系统的投入不超过 $\boldsymbol{x}^0$ 的情况下, $(\hat{\boldsymbol{x}},\hat{\boldsymbol{r}})$ 对应的风险总量最小.

为了便于计算和推广, 对上述模型的基本性质进行进一步分析.

11.2.2 降低风险措施有效性的判定模型

应用模型 (EVM1)~ 模型 (EVM3) 判断决策单元的有效性并不容易, 为此给出以下模型:

$$
(\text{LM1})\begin{cases}
\max & \displaystyle\sum_{i=1}^{m} s_i^+ + \sum_{r=1}^{s} s_r^-, \\
\text{s.t.} & \displaystyle\sum_{j=1}^{n} \boldsymbol{x}_j\lambda_j + \boldsymbol{s}^+ = \hat{x}, \\
& \displaystyle\sum_{j=1}^{n} \boldsymbol{r}_j\lambda_j + \boldsymbol{s}^- = \hat{\boldsymbol{r}}, \\
& \displaystyle\sum_{j=1}^{n} \lambda_j = 1, \\
& \boldsymbol{s}^+, \boldsymbol{s}^-, \boldsymbol{\lambda} \geqq \boldsymbol{0},
\end{cases}
$$

$$
(\text{LM2})\begin{cases}
\max & \displaystyle\sum_{i=1}^{m} s_i^+, \\
\text{s.t.} & \displaystyle\sum_{j=1}^{n} \boldsymbol{x}_j\lambda_j + \boldsymbol{s}^+ = \hat{\boldsymbol{x}}, \\
& \displaystyle\sum_{j=1}^{n} \boldsymbol{r}_j\lambda_j + \boldsymbol{s}^- = \boldsymbol{r}^0, \\
& \displaystyle\sum_{j=1}^{n} \lambda_j = 1, \\
& \boldsymbol{s}^+, \boldsymbol{s}^-, \boldsymbol{\lambda} \geqq \boldsymbol{0},
\end{cases}
$$

$$
(\text{LM3})\begin{cases}
\max & \displaystyle\sum_{r=1}^{s} s_r^-, \\
\text{s.t.} & \displaystyle\sum_{j=1}^{n} \boldsymbol{x}_j\lambda_j + \boldsymbol{s}^+ = \boldsymbol{x}^0, \\
& \displaystyle\sum_{j=1}^{n} \boldsymbol{r}_j\lambda_j + \boldsymbol{s}^- = \hat{\boldsymbol{r}}, \\
& \displaystyle\sum_{j=1}^{n} \lambda_j = 1, \\
& \boldsymbol{s}^+, \boldsymbol{s}^-, \boldsymbol{\lambda} \geqq \boldsymbol{0}.
\end{cases}
$$

对于线性规划 (LM1)~(LM3), 有以下结论成立.

定理 11.11 (1) 若 $(\hat{\boldsymbol{x}}, \hat{\boldsymbol{r}}) \in EState$, 则 $(\hat{\boldsymbol{x}}, \hat{\boldsymbol{r}})$ 为 EVM1 相对有效当且仅当线性规划 (LM1) 的最优值为 0.

(2) 若 $(\hat{\boldsymbol{x}},\hat{\boldsymbol{r}})\in EIState$, 则 $(\hat{\boldsymbol{x}},\hat{\boldsymbol{r}})$ 为 EVM2 相对有效当且仅当线性规划 (LM2) 的最优值为 0.

(3) 若 $(\hat{\boldsymbol{x}},\hat{\boldsymbol{r}})\in ERState$, 则 $(\hat{\boldsymbol{x}},\hat{\boldsymbol{r}})$ 为 EVM3 相对有效当且仅当线性规划 (LM3) 的最优值为 0.

证明 (1) 若决策单元 $(\hat{\boldsymbol{x}},\hat{\boldsymbol{r}})$ 为 EVM1 相对有效, 则线性规划 (LM1) 的最优值为 0. 若不然, 由于

$$\boldsymbol{s}^+,\boldsymbol{s}^-\geqq\boldsymbol{0},$$

则必存在

$$(\boldsymbol{s}^+,\boldsymbol{s}^-)\neq\boldsymbol{0},\quad \boldsymbol{\lambda}\geqq\boldsymbol{0},$$

使得

$$\sum_{j=1}^{n}\boldsymbol{x}_j\lambda_j+\boldsymbol{s}^+=\hat{\boldsymbol{x}},$$

$$\sum_{j=1}^{n}\boldsymbol{r}_j\lambda_j+\boldsymbol{s}^-=\hat{\boldsymbol{r}},\quad \sum_{j=1}^{n}\lambda_j=1.$$

这与 $(\hat{\boldsymbol{x}},\hat{\boldsymbol{r}})$ 为 (EVM1) 的 Pareto 有效解矛盾!

反之, 若线性规划 (LM1) 的最优值为 0, 则决策单元 $(\hat{\boldsymbol{x}},\hat{\boldsymbol{r}})$ 为 EVM1 相对有效, 否则, 若 $(\hat{\boldsymbol{x}},\hat{\boldsymbol{r}})$ 不是线性规划 (EVM1) 的 Pareto 有效解, 则存在 $(\boldsymbol{x},\boldsymbol{r})\in EState$, 使得

$$(\boldsymbol{x},\boldsymbol{r})\leqslant(\hat{\boldsymbol{x}},\hat{\boldsymbol{r}}).$$

故可知存在 $\bar{\boldsymbol{\lambda}}\geqq\boldsymbol{0}$, 使得

$$\left(\sum_{j=1}^{n}\boldsymbol{x}_j\bar{\lambda}_j,\sum_{j=1}^{n}\boldsymbol{r}_j\bar{\lambda}_j\right)\leqslant(\hat{\boldsymbol{x}},\hat{\boldsymbol{r}}),$$

$$\sum_{j=1}^{n}\bar{\lambda}_j=1.$$

令

$$\boldsymbol{s}^+=\hat{\boldsymbol{x}}-\sum_{j=1}^{n}\boldsymbol{x}_j\bar{\lambda}_j,$$

$$\boldsymbol{s}^-=\hat{\boldsymbol{r}}-\sum_{j=1}^{n}\boldsymbol{r}_j\bar{\lambda}_j,$$

显然 $(\boldsymbol{s}^+,\ \boldsymbol{s}^-,\bar{\boldsymbol{\lambda}})$ 为线性规划 (LM1) 的可行解, 并且

$$(\boldsymbol{s}^+,\boldsymbol{s}^-)\neq\boldsymbol{0},$$

故线性规划 (LM1) 的最优值不为 0. 矛盾!

(2) 若决策单元 $(\hat{\boldsymbol{x}},\hat{\boldsymbol{r}})$ 为 EVM2 相对有效, 则线性规划 (LM2) 的最优值为 0. 若不然, 必存在 $\boldsymbol{s}^+,\boldsymbol{s}^-,\boldsymbol{\lambda}\geqq\boldsymbol{0}$, 使得

$$\sum_{j=1}^{n}\boldsymbol{x}_j\lambda_j+\boldsymbol{s}^+=\hat{\boldsymbol{x}},$$

$$\sum_{j=1}^{n}\boldsymbol{r}_j\lambda_j+\boldsymbol{s}^-=\boldsymbol{r}^0,\quad \sum_{j=1}^{n}\lambda_j=1,$$

并且

$$\boldsymbol{s}^+\geqslant\boldsymbol{0}.$$

显然

$$\left(\sum_{j=1}^{n}\boldsymbol{x}_j\lambda_j,\sum_{j=1}^{n}\boldsymbol{r}_j\lambda_j\right)\in EIState,$$

并且

$$\sum_{j=1}^{n}\boldsymbol{x}_j\lambda_j\leqslant\hat{\boldsymbol{x}},$$

这与 $(\hat{\boldsymbol{x}},\hat{\boldsymbol{r}})$ 为 (EVM2) 的 Pareto 有效解矛盾!

反之, 若线性规划 (LM2) 的最优值为 0, 则决策单元 $(\hat{\boldsymbol{x}},\hat{\boldsymbol{r}})$ 为 EVM2 相对有效. 否则, 若 $(\hat{\boldsymbol{x}},\hat{\boldsymbol{r}})$ 不是 (EVM2) 的 Pareto 有效解, 则存在

$$(\boldsymbol{x},\boldsymbol{r})\in EIState,$$

使得 $\boldsymbol{x}\leqslant\hat{\boldsymbol{x}}$. 由于

$$(\boldsymbol{x},\boldsymbol{r})\in EIState,$$

可知存在 $\bar{\boldsymbol{\lambda}}\geqq\boldsymbol{0}$, 使得

$$\sum_{j=1}^{n}\boldsymbol{x}_j\bar{\lambda}_j\leqq\boldsymbol{x},\quad \sum_{j=1}^{n}\boldsymbol{r}_j\bar{\lambda}_j\leqq\boldsymbol{r}\leqq\boldsymbol{r}^0,$$

$$\sum_{j=1}^{n}\bar{\lambda}_j=1.$$

令

$$\boldsymbol{s}^+=\hat{\boldsymbol{x}}-\sum_{j=1}^{n}\boldsymbol{x}_j\bar{\lambda}_j,$$

$$s^- = r^0 - \sum_{j=1}^{n} r_j \bar{\lambda}_j,$$

可以验证 $(s^+, s^-, \bar{\lambda})$ 为 (LM2) 的可行解, 并且

$$s^+ \neq 0,$$

故线性规划 (LM2) 的最优值不为 0. 矛盾!

(3) 类似可证. 证毕.

进一步地, 对于无效单元可以通过以下调整变为有效单元.

定理 11.12　(1) 若 $(\hat{x}, \hat{r}) \in EState$ 不为 EVM1 相对有效, 并且 $(s^{+0}, s^{-0}, \lambda^0)$ 是线性规划 (LM1) 的最优解, 则 $(\hat{x} - s^{+0}, \hat{r} - s^{-0})$ 为 EVM1 相对有效;

(2) 若 $(\hat{x}, \hat{r}) \in EIState$ 不为 EVM2 相对有效, 并且 $(s^{+0}, s^{-0}, \lambda^0)$ 是线性规划 (LM2) 的最优解, 则 $(\hat{x} - s^{+0}, r^0 - s^{-0})$ 为 EVM2 相对有效;

(3) 若 $(\hat{x}, \hat{r}) \in ERState$ 不为 EVM3 相对有效, 并且 $(s^{+0}, s^{-0}, \lambda^0)$ 是线性规划 (LM3) 的最优解, 则 $(x^0 - s^{+0}, \hat{r} - s^{-0})$ 为 EVM3 相对有效.

证明　(1) 假设 $(\hat{x} - s^{+0}, \hat{r} - s^{-0})$ 为 EVM1 无效, 由定义知, $(\hat{x} - s^{+0}, \hat{r} - s^{-0})$ 不是 (EVM1) 的 Pareto 有效解. 因此, 存在 $(x, r) \in EState$, 使得

$$(x, r) \leqslant (\hat{x} - s^{+0}, \hat{r} - s^{-0}).$$

故可知存在 $\bar{\lambda} \geqq 0$, 使得

$$\left(\sum_{j=1}^{n} x_j \bar{\lambda}_j, \sum_{j=1}^{n} r_j \bar{\lambda}_j \right) \leqslant (\hat{x} - s^{+0}, \hat{r} - s^{-0}),$$

并且

$$\sum_{j=1}^{n} \bar{\lambda}_j = 1.$$

令

$$s^{+1} = \hat{x} - s^{+0} - \sum_{j=1}^{n} x_j \bar{\lambda}_j,$$

$$s^{-1} = \hat{r} - s^{-0} - \sum_{j=1}^{n} r_j \bar{\lambda}_j,$$

显然 $(s^{+1} + s^{+0}, s^{-1} + s^{-0}, \bar{\lambda})$ 为 (LM1) 的可行解, 这与线性规划 (LM1) 的最优值为

$$\sum_{i=1}^{m} s_i^{+0} + \sum_{r=1}^{s} s_r^{-0}$$

矛盾!

(2) 假设 $(\hat{\boldsymbol{x}}-\boldsymbol{s}^{+0},\boldsymbol{r}^0-\boldsymbol{s}^{-0})$ 为 EVM2 无效, 由定义知, $(\hat{\boldsymbol{x}}-\boldsymbol{s}^{+0},\boldsymbol{r}^0-\boldsymbol{s}^{-0})$ 不是 (EVM2) 的 Pareto 有效解. 因此, 存在

$$(\boldsymbol{x},\boldsymbol{r})\in EIState,$$

使得

$$\boldsymbol{x}\leqslant\hat{\boldsymbol{x}}-\boldsymbol{s}^{+0}.$$

由

$$(\boldsymbol{x},\boldsymbol{r})\in EIState$$

可知, 存在 $\bar{\boldsymbol{\lambda}}\geqq\mathbf{0}$, 使得

$$\sum_{j=1}^{n}\boldsymbol{x}_j\bar{\lambda}_j\leqq\boldsymbol{x},\quad \sum_{j=1}^{n}\boldsymbol{r}_j\bar{\lambda}_j\leqq\boldsymbol{r}\leqq\boldsymbol{r}^0,$$

并且

$$\sum_{j=1}^{n}\bar{\lambda}_j=1.$$

令

$$\boldsymbol{s}^{+1}=\hat{\boldsymbol{x}}-\boldsymbol{s}^{+0}-\sum_{j=1}^{n}\boldsymbol{x}_j\bar{\lambda}_j,$$

$$\boldsymbol{s}^{-1}=\boldsymbol{r}^0-\sum_{j=1}^{n}\boldsymbol{r}_j\bar{\lambda}_j,$$

可以验证 $(\boldsymbol{s}^{+1}+\boldsymbol{s}^{+0},\ \boldsymbol{s}^{-1},\ \bar{\boldsymbol{\lambda}})$ 为线性规划 (LM2) 的可行解, 这与线性规划 (LM2) 的最优值为 $\sum\limits_{i=1}^{m}s_i^{+0}$ 矛盾!

(3) 类似可证. 证毕.

对于规划

$$(\text{DEM})\begin{cases}\min & \theta,\\ \text{s.t.} & \sum\limits_{j=1}^{n}\boldsymbol{x}_j\lambda_j+\boldsymbol{s}^+=\boldsymbol{x}_{j_0},\\ & \sum\limits_{j=1}^{n}\boldsymbol{r}_j\lambda_j+\boldsymbol{s}^-=\theta\boldsymbol{r}_{j_0},\\ & \sum\limits_{j=1}^{n}\lambda_j=1,\\ & \boldsymbol{s}^+,\boldsymbol{s}^-,\boldsymbol{\lambda}\geqq\mathbf{0}.\end{cases}$$

容易证明以下结论: 方案 $(\boldsymbol{x}_{j_0},\boldsymbol{r}_{j_0})$ 为 EVM1 相对有效当且仅当 (DEM) 的最优值为 1, 并且对其任意最优解均有

$$\boldsymbol{s}^{+}=\boldsymbol{0},\quad \boldsymbol{s}^{-}=\boldsymbol{0}.$$

11.2.3 权重受限的降低风险措施有效性分析模型

上述方法主要是针对权重可以确定或权重无约束情况进行探讨的, 实际上, 更多情况处于两者之间, 即权重属于某一区间、具有某种序关系或定量关系等. 以下给出权重受限的 (EVM1) 模型:

$$(\mathrm{CE})\begin{cases}\min & (\boldsymbol{\omega}^{\mathrm{T}}\boldsymbol{x}_{j_0}+\boldsymbol{\mu}^{\mathrm{T}}\boldsymbol{r}_{j_0}+\mu_0),\\ \text{s.t.} & \boldsymbol{\omega}^{\mathrm{T}}\boldsymbol{x}_{j}+\boldsymbol{\mu}^{\mathrm{T}}\boldsymbol{r}_{j}+\mu_0\geqq 0,\quad j=1,2,\cdots,n,\\ & (\boldsymbol{\omega},\boldsymbol{\mu})\in U.\end{cases}$$

为了便于运算, 根据风险分析中权重约束的实际情况, 这里取

$$U=\left\{(\boldsymbol{\omega},\boldsymbol{\mu})\,\middle|\,\boldsymbol{A}(\boldsymbol{\omega},\boldsymbol{\mu})^{\mathrm{T}}\geqq \boldsymbol{b},\boldsymbol{\omega}\geqq\boldsymbol{0},\boldsymbol{\mu}\geqq\boldsymbol{0}\right\},$$

其中

$$\boldsymbol{A}=(a_{ij})_{p\times(m+s)}$$

是常数矩阵, 并设

$$\boldsymbol{b}=(b_1,b_2,\cdots,b_p)^{\mathrm{T}}$$

是常向量.

线性规划 (CE) 的对偶规划可表示为

$$(\mathrm{DCE})\begin{cases}\max & \displaystyle\sum_{j=1}^{p}b_j\lambda_{n+j}=V_{\mathrm{DCE}},\\ \text{s.t.} & \displaystyle\sum_{j=1}^{n}x_{ij}\lambda_j+\sum_{j=1}^{p}a_{ji}\lambda_{n+j}+s_i^{+}=x_{ij_0},i=1,\cdots,m,\\ & \displaystyle\sum_{j=1}^{n}r_{kj}\lambda_j+\sum_{j=1}^{p}a_{j(k+m)}\lambda_{n+j}+s_{m+k}^{+}=r_{kj_0},k=1,\cdots,s,\\ & \displaystyle\sum_{j=1}^{n}\lambda_j=1,\\ & \lambda_1,\cdots,\lambda_{n+p},s_1^{+},\cdots,s_{m+s}^{+}\geqq 0.\end{cases}$$

定义 11.11 若规划 (DCE) 的最优值为 0, 并且对它的任意最优解

$$\boldsymbol{\lambda}^{*}=(\lambda_1,\cdots,\lambda_{n+p})^{\mathrm{T}},\quad \boldsymbol{s}^{+*}=(s_1^{+},\cdots,s_{m+s}^{+})^{\mathrm{T}},$$

都有

$$s^{+*} = \mathbf{0},$$

则称决策单元 $(\boldsymbol{x}_{j_0}, \boldsymbol{r}_{j_0})$ 为 CE 有效单元.

利用 (DCE) 判断决策单元的 CE 有效性不太容易. 若对它引入非阿基米德无穷小量后, 就可以得到一种比较简单的判定决策单元 CE 有效性的方法.

定理 11.13 设 ε 是非阿基米德无穷小量, 若规划 (DCE_S) 的最优值为 0, 并且最优解 $\boldsymbol{\lambda}^0, \boldsymbol{s}^0$ 中 $\boldsymbol{s}^0 = \mathbf{0}$, 则决策单元 $(\boldsymbol{x}_{j_0}, \boldsymbol{r}_{j_0})$ 为 CE 有效.

$$(\mathrm{DCE_S})\begin{cases} \max \quad \displaystyle\sum_{j=1}^{p} b_j\lambda_{n+j} + \varepsilon\sum_{i=1}^{m+s} s_i = V_{\mathrm{DCE_S}}, \\ \text{s.t.} \quad \displaystyle\sum_{j=1}^{n} x_{ij}\lambda_j + \sum_{j=1}^{p} a_{ji}\lambda_{n+j} + s_i^+ = x_{ij_0}, i = 1, \cdots, m, \\ \qquad \displaystyle\sum_{j=1}^{n} r_{kj}\lambda_j + \sum_{j=1}^{p} a_{j(k+m)}\lambda_{n+j} + s_{m+k}^+ = r_{kj_0}, k = 1, \cdots, s, \\ \qquad \displaystyle\sum_{j=1}^{n} \lambda_j = 1, \\ \qquad \lambda_1, \cdots, \lambda_{n+p}, s_1^+, \cdots, s_{m+s}^+ \geqq 0. \end{cases}$$

证明 令

$$\boldsymbol{d} = (\underbrace{0, \cdots, 0}_{n+p}, \underbrace{1, \cdots, 1}_{m+s})^{\mathrm{T}},$$

$$\boldsymbol{x} = (\lambda_1, \cdots, \lambda_{n+p}, s_1, \cdots, s_{m+s})^{\mathrm{T}},$$

这样可以将 (DCE_S) 化成引理 10.2 中 (GH2) 的形式, 对于规划 (DCE) 的任一可行解 $\boldsymbol{x}$, 由于 $\boldsymbol{d}, \boldsymbol{x}$ 非负, 故有

$$\boldsymbol{d}^{\mathrm{T}}\boldsymbol{x} \geqq 0.$$

由引理 10.2 知, (DCE_S) 的最优解 $\boldsymbol{\lambda}^0, \boldsymbol{s}^0$ 也是 (GH4) 的最优解.

$$(\mathrm{GH4})\begin{cases} \max \ \boldsymbol{d}^{\mathrm{T}}\boldsymbol{x}, \\ \text{s.t.} \ \boldsymbol{x} \in \bar{R}, \end{cases}$$

其中 $\bar{R}$ 是线性规划 (DCE) 的最优解集合.

若

$$\boldsymbol{s}^0 = \mathbf{0},$$

则可知 (GH4) 的最优值也为 0, 由此可知规划 (DCE) 的每一个最优解 $\boldsymbol{\lambda}^*, \boldsymbol{s}^*$, 都有

$$\boldsymbol{s}^* = \mathbf{0}.$$

否则, 它与 (GH4) 的最优值为 0 矛盾. 因此, 决策单元 $(\boldsymbol{x}_{j_0}, \boldsymbol{r}_{j_0})$ 为 CE 有效. 证毕.

11.2.4 应用举例

假设某类平台共有两种主要风险, 在对其维护的过程中, 根据实际情况, 决定在两个方面进行投入, 过去成功运用的方案和新制定方案共有 7 种. 通过分析模拟等手段已经估算出这些方案实施后平台的可能风险层次如表 11.3 所示.

表 11.3 各种方案预计情况一览表

决策单元	方案 1	方案 2	方案 3	方案 4	方案 5	方案 6	方案 7
人员素质投资指数 $\boldsymbol{x}_1$	0.206	0.227	0.39	0.454	0.6	0.372	0.616
安全设施建设投资指数 $\boldsymbol{x}_2$	0.338	0.505	0.498	0.355	0.559	0.51	0.369
人员风险指数 r_1	0.361	0.382	0.39	0.339	0.6	0.42	0.544
资产风险指数 r_2	0.344	0.356	0.594	0.39	0.391	0.68	0.6

(1) 应用 (EVM1) 模型进行分组计算, 得到各方案的有效性具有如下顺序:

方案 1, 方案 4> 方案 2, 方案 3, 方案 7> 方案 5, 方案 6.

如果决策者准备采用方案 2, 则应用 (LM1) 模型可算得

$$s_1^+ = 0.021, \quad s_2^+ = 0.167, \quad s_1^- = 0.021, \quad s_2^- = 0.012.$$

这表明从以往的经验数据来看, 方案 2 的资源投入量和相应的风险降低情况可能还没有达到有效的状态, 从计算结果来看, 系统可以用更少的投入来获得目前方案所能达到的风险层次. 因此, 有必要对方案 2 的资源分配关系以及系统的内部结构进行调整. 由定理 11.12 可知, 如果调整后各项指标若能小于等于

$$x_1 = 0.227 - 0.021, \quad x_2 = 0.505 - 0.167, \quad r_1 = 0.382 - 0.021, \quad r_2 = 0.356 - 0.012,$$

则表明这种调整符合 ALARP 原则, 即和确定的惯例或方案相比较, 调整后的新方案的投入和收益达到了有效配置.

(2) 如果系统仅要求风险不超过

$$\boldsymbol{r}^0 = (0.5, 0.5)^{\mathrm{T}}$$

即可, 为实现资源优化配置, 由定理 11.12 应用 (LM2) 模型计算知, 投入可调整为

$$x_1 = 0.227 - 0.021 = 0.206, \quad x_2 = 0.505 - 0.167 = 0.338,$$

这时系统预计风险层次为

$$r_1 = 0.5 - 0.139 = 0.361, \quad r_2 = 0.5 - 0.156 = 0.344,$$

也就是采取方案 1 效果更好.

(3) 如果系统仅要求投入量不超过

$$\boldsymbol{x}^0 = (0.55, 0.55)^{\mathrm{T}}$$

即可, 应用定理 11.12 可算得系统预计可达到的一种较理想风险层次为

$$r_1 = 0.382 - 0.021 = 0.361, \quad r_2 = 0.356 - 0.012 = 0.344,$$

并且预计的投入大致为

$$x_1 = 0.55 - 0.344 = 0.206, \quad x_2 = 0.55 - 0.212 = 0.338.$$

从上述应用举例可见, 本章提出的方法充分运用已有的成功案例的经验数据和信息, 从系统性、全局性的角度出发对新制定的方案进行分析, 对选择降低系统风险措施、确定系统目标, 进行资源的优化配置等都可以提出一些建设性的意见, 具有一定的现实意义. 同时, 应用该方法对系统进行安全综合评估不仅方法简单、理论完备、可操作性强, 而且不必事先确定指标间的显式关系, 不必事先确定指标间的相对权重, 因而更具客观性.

参 考 文 献

[1] 马占新, 任慧龙, 戴仰山. DEA 方法在多风险事件综合评价中的应用研究 [J]. 系统工程与电子技术, 2001, 23(8): 7-11

[2] 马占新, 任慧龙. 一种基于样本的综合评价方法及其在 FSA 中的应用研究 [J]. 系统工程理论与实践, 2003,23(2):95-101

[3] 马占新, 唐焕文. 降低风险措施有效性综合评价的一种非参数方法 [J]. 运筹学学报, 2005, 9(3): 89-96

[4] Charnes A, Cooper W W, Rhodes E. Measuring the efficiency of decision making units[J]. European Journal of Operational Research, 1978, 2(6): 429-444

[5] Gratzer G. General lattice theory[M]. New York: Academic Press, 1978

[6] 钱学森, 于景元, 戴汝为. 一个科学新领域 —— 开放的复杂巨系统及其方法论 [C]//科学决策与系统工程. 北京: 中国科学技术出版社, 1990: 1-8

[7] Yoshida K, Eknes M L, Ludolphy W L H. Risk assessment[C]//Proceedings of the 14th international ship and offshore structures congress, Nagasaki, Japan, 2000: 5-36

索　引